中国工程院重大咨询研究项目

我国煤矿安全及废弃矿井资源开发利用战略研究

袁 亮 主编

第1卷

我国煤矿安全及废弃矿井资源开发利用战略研究总论

袁 亮等 著

科 学 出 版 社

北 京

内 容 简 介

当前我国煤炭工业中部分矿井已到达其生命周期，或不符合安全生产的要求或开采成本高亏损严重，直接关闭此类矿井不仅造成资源的巨大浪费，还有可能诱发后续的安全、环境及社会等问题。本书系统介绍了国内外煤矿安全及废弃矿井资源开发利用现状，归纳总结了国内外关闭/废弃矿井资源开发利用的主要途径和模式，根据我国煤矿发展战略阶段面临的新挑战和不同废弃矿井资源禀赋条件下进行开发利用所面临的制约因素，结合国家可持续发展能源战略布局，从科技创新、产业管理等方面，提出了我国煤矿安全及废弃矿井资源开发利用战略路径和政策建议。

本书可供高等院校和科研院所的采矿工程、石油工程、岩石力学、安全工程、地质工程等相关专业的本科生、研究生、科研人员使用，也可为从事废弃矿井相关工作的管理人员及现场工程技术人员提供参考。

审图号：GS（2019）5384　　GS（2019）5239

图书在版编目（CIP）数据

我国煤矿安全及废弃矿井资源开发利用战略研究总论/ 袁亮等著. —北京：科学出版社，2020.11
（我国煤矿安全及废弃矿井资源开发利用战略研究/袁亮主编；1）
中国工程院重大咨询研究项目
ISBN 978-7-03-066597-3

Ⅰ. ①我… Ⅱ. ①袁… Ⅲ. ①煤矿-安全生产-研究-中国 ②矿井-矿产资源开发-研究-中国 Ⅳ. ①TD7 ②TD214

中国版本图书馆 CIP 数据核字（2020）第 213351 号

责任编辑：刘翠娜 / 责任校对：杨　赛
责任印制：师艳茹 / 封面设计：蓝正设计

科学出版社 出版
北京东黄城根北街 16 号
邮政编码：100717
http://www.sciencep.com

北京汇瑞嘉合文化发展有限公司 印刷
科学出版社发行　各地新华书店经销
*
2020 年 11 月第 一 版　开本：787×1092 1/16
2020 年 11 月第一次印刷　印张：22
字数：360 000
定价：240.00 元
（如有印装质量问题，我社负责调换）

中国工程院重大咨询研究项目

我国煤矿安全及废弃矿井资源开发利用战略研究

项目顾问　李晓红　谢克昌　赵宪庚　张玉卓　黄其励

苏义脑　宋振骐　何多慧　罗平亚　钱鸣高

薛禹胜　邱爱慈　周世宁　陈森玉　顾金才

张铁岗　陈念念　袁士义　李立浧　马永生

王　安　于俊崇　岳光溪　周守为　孙龙德

蔡美峰　陈　勇　顾大钊　李根生　金智新

王双明　王国法

项目负责人　袁　亮

课题负责人

课题1　我国煤矿安全生产工程科技战略研究　　　　　　袁　亮　康红普
课题2　国内外废弃矿井资源开发利用现状研究　　　　　　刘炯天
课题3　废弃矿井煤及可再生能源开发利用战略研究　　　　凌　文
课题4　废弃矿井地下空间开发利用战略研究　　　　　　　赵文智
课题5　废弃矿井水及非常规天然气开发利用战略研究　　　武　强
课题6　废弃矿井生态开发及工业旅游战略研究　　　　　　彭苏萍
课题7　抚顺露天煤矿资源综合开发利用战略研究　　　　　袁　亮
课题8　项目战略建议　　　　　　　　　　　　　　　　　袁　亮

本书研究和撰写人员

袁　亮　　彭苏萍　　凌　文　　刘炯天　　赵文智

康红普　　武　强　　顾大钊　　刘　合　　姜耀东

赵毅鑫　　王　凯　　华心祝　　杨　科　　郝宪杰

张　通　　任　波　　徐　超　　陈登红　　江丙友

刘钦节　　张向阳　　李迎富　　李志华　　潘光耀

丛 书 序 一

煤炭是我国能源工业的基础,在未来相当长时期内,煤炭在我国一次能源供应保障中的主体地位不会改变。习近平总书记指出,在发展新能源、可再生能源的同时,还要做好煤炭这篇文章[①]。随着我国社会经济的快速发展和煤炭资源的持续开发,部分矿井已到达其生命周期,也有部分矿井不符合安全生产要求,或开采成本过高而亏损严重,正面临关闭或废弃。预计到2030年,我国关闭/废弃矿井将达到1.5万处。直接关闭或废弃此类矿井不仅会造成资源的巨大浪费和国有资产流失,还有可能诱发后续的安全、环境等问题。据调查,目前我国已关闭/废弃矿井中赋存煤炭资源量就高达420亿吨、非常规天然气近5000亿立方米、地下空间资源约为72亿立方米,并且还具有丰富的矿井水资源、地热资源、旅游资源等。以美国、加拿大、德国为代表的欧美国家,在废弃矿井储能及空间利用等方面开展了大量研究工作,并已成功应用于工程实践,而我国对于关闭/废弃矿井资源开发利用的研究起步较晚、基础理论研究薄弱、关键技术不成熟,开发利用程度远低于国外。因此,开展我国煤矿安全及废弃矿井资源开发利用研究迫在眉睫,且对于减少资源浪费、变废为宝具有重大的战略研究意义,同时可为关闭/废弃矿井企业提供一条转型脱困和可持续发展的战略路径,对于推动资源枯竭型城市转型发展具有十分重要的经济意义和政治意义。

中国工程院作为我国工程科学技术界最高荣誉性、咨询性学术机构,深入贯彻落实党中央和国务院的战略部署,针对我国煤矿安全及废弃矿井资源开发利用面临的问题与挑战,及时组织三十余位院士和上百名专家于2017~2019年开展了"我国煤矿安全及废弃矿井资源开发利用战略研究"重大咨询研究项目。项目负责人袁亮院士带领项目组成员开展了系统性的深入研究,系统调研了国内外煤矿安全及废弃矿井资源开发利用现状,足迹遍布国内外主要关闭/废弃矿井;归纳总结了国内外关闭/废弃矿井资源开发利

---

① 中国共产党新闻网. 谢克昌:"乌金"产业绿色转型. (2016-01-18) [2020-05-30]. http://theory.people.com.cn/n1/2016/0118/c40531-28063101.html.

用的主要途径和模式;根据我国煤矿安全发展面临的新挑战和不同废弃矿井资源禀赋条件下进行开发利用所面临的制约因素,从科技创新、产业管理等方面,提出了我国煤矿安全及废弃矿井资源开发利用的战略路径和政策建议。该项目凝聚了众多院士和专家的集体智慧,研究成果将为政府相关规划、政策制订和重大决策提供支持,具有深远的意义。

在此对各位院士和专家在项目研究过程中严谨的学术作风致以崇高的敬意,衷心感谢他们为国家能源发展付出的辛勤劳动。

李晓红

中国工程院　院长

2020 年 6 月

丛 书 序 二

煤炭是我国的主导能源,长期以来为我国经济发展和社会进步做出了重要贡献。我国资源赋存的基本特点是贫油、少气、相对富煤,煤炭的主体能源地位相当长一段时期内无法改变,仍将长期担负国家能源安全、经济持续健康发展重任。随着我国煤炭资源的持续开发,很多煤矿正面临关闭或废弃,预计到 2030 年,我国关闭/废弃矿井将到达 1.5 万处。这些关闭/废弃矿井仍赋存着多种、巨量的可利用资源,运用合理手段对其进行开发利用具有重大意义。但目前我国煤炭企业的关闭/废弃矿井资源再利用意识相对淡薄,大量矿井直接关闭或废弃,这不仅造成了资源的巨大浪费,还有可能诱发后续的安全、环境等问题。

我国关闭/废弃矿井资源开发利用存在极大挑战:首先,我国阶段性废弃矿井数量多,且煤矿地质条件极其复杂,难以照搬国外利用模式;其次,在国家层面,我国目前尚缺少废弃矿井资源开发利用整体战略;最后,我国关闭/废弃矿井资源开发利用基础理论研究薄弱、关键技术还不成熟。

目前,我国关闭/废弃矿井资源有两类开发利用模式:一类是储气库,利用关闭盐矿矿井建设地下储气库是目前比较成熟的模式,如金坛地区成功改造 3 口关闭老腔,形成近 5000 万立方米的工作气量。另一类是矿山地质公园,当前全国有超过 50 余处国家矿山公园。可见我国对关闭/废弃矿井资源开发利用的研究正在不断取得突破,但是整体处于试验阶段,仍有待深入研究。

我国政府高度关注煤矿安全和关闭/废弃矿井资源开发利用。十八大以来,习近平总书记多次强调要加强安全生产监管,分区分类加强安全监管执法,强化企业主体责任落实,牢牢守住安全生产底线,切实维护人民群众生命财产安全[①]。2017 年 12 月,习近平总书记考察徐州采煤塌陷地整治工程,指出"资源枯竭地区经济转型发展是一篇大文章,实践证明这篇文章完全可以做好"[②]。2018 年 9 月,习近平总书记来到抚顺矿业集团西露天矿,了解采煤沉

---

① 新华网. 习近平对安全生产作出重要指示强调 树牢安全发展理念 加强安全生产监管 切实维护人民群众生命财产安全. (2020-04-10) [2020-05-10]. http://www.xinhuanet.com/2020-04/10/c_1125837983.htm.
② 新华网. 城市重生的徐州逻辑——资源枯竭城市的转型之道. (2019-04-19) [2020-05-10]. http://www.xinhuanet.com/politics/2019-04/19/c_1124390726.htm.

陷区综合治理情况和矿坑综合改造利用打算时强调，开展采煤沉陷区综合治理，要本着科学的态度和精神，搞好评估论证，做好整合利用这篇大文章①。

为了深入贯彻落实党中央和国务院的战略部署，中国工程院于 2017～2019 年开展了"我国煤矿安全及废弃矿井资源开发利用战略研究"重大咨询研究项目。项目研究提出：首先，我国应把关闭/废弃矿井资源开发利用作为"能源革命"的重要支撑，推动储能及多能互补开发利用，开展军民融合合作，研究国防及相关资源利用，盘活国有资产。其次，政府尽快制定关闭/废弃矿井资源开发利用中长期规划，健全关闭/废弃矿井资源治理机制，由国家有关部门牵头，统筹做好关闭/废弃矿井资源开发利用顶层设计，建立关闭/废弃矿井资源综合协调管理机构，开展示范矿井建设，加大资金项目和财税支持力度，为关闭/废弃矿井资源开发利用营造良好发展生态。最后，还应加大关闭/废弃矿井资源开发利用国家科研项目支持力度，支持地下空间国际前沿原位测试等领域基础研究，将关闭/废弃矿井资源开发利用关键性技术攻关项目列入国家重点研发计划、能源技术重点创新领域和重点创新方向，促进国家级科研平台建立，培养高素质人才队伍，突破关键核心技术，提升关闭/废弃矿井资源开发利用科技支撑能力，助力蓝天、碧水、净土保卫战。

开展我国煤矿安全及废弃矿井资源开发利用战略研究，不仅能够构建煤矿安全保障体系，提高我国关闭/废弃矿井资源开发利用效率，而且可为我国关闭/废弃矿井企业提供一条转型脱困和可持续发展的战略路径，对于提高我国煤矿安全水平、促进能源结构调整、保障国家能源安全和经济持续健康发展具有重大意义。

中国工程院　院士
2020 年 5 月

① 人民网. 抚顺西露天矿综合治理与整合利用总体思路和可研报告评估论证会在京举行. (2020-05-29)[2020-05-29]. http://ln.people.com.cn/n2/2020/0529/c378318-34051917.html.

前　言

　　随着我国能源供给侧结构性改革的深入以及能源产业淘汰落后产能工作的持续推进，加之华东、东北部分能源资源逐步枯竭，废弃矿井数量将持续增加。然而废弃矿井地下仍有大量的煤炭资源、地热资源、空间资源等，地面也有丰富的土地资源以及太阳能等，这使得关闭/废弃矿井资源的综合开发利用成为我国面临的新课题、新难题。德国、英国等发达国家开展了大量探索研究，但仍未形成可供推广的成熟体系，而且我国矿井条件复杂、废弃矿井数量较多，同时考虑能源结构、技术水平、产业政策等自身特点，难以照搬国外模式。因此，开展我国废弃矿井资源综合开发利用战略研究，不仅可以为我国关闭/废弃矿井资源开发利用指明方向和提供技术支持，而且可为我国关闭/废弃矿井企业提供一条转型脱困和可持续发展的战略路径，这对于提高我国矿井安全水平、充分利用能源资源、促进可再生能源发展和改善能源结构具有重要意义。

　　经过两年多的充分调研及论证，项目系统调研了国内外煤矿安全及废弃矿井资源开发利用现状，归纳总结了国内外关闭/废弃矿井资源开发利用的主要途径和模式，根据我国煤矿发展战略阶段面临的新挑战和开发利用不同资源条件下废弃矿井所面临的制约因素，结合国家可持续发展能源战略布局，从科技创新、产业管理等方面提出了我国煤矿安全及废弃矿井资源开发利用战略路径和政策建议。

　　本书共九章。第一章为项目整体介绍，包括项目研究意义、研究现状和研究内容。第二章重点开展了我国煤矿安全生产工程科技战略研究，完善了煤矿区塌陷治理、矿井水污染、煤与瓦斯突出、冲击矿压等煤矿重大灾害的防治对策措施，提出了我国煤矿安全生产工程 2020～2050 年科技发展路线图，努力打造煤炭无人(少人)智能开采与灾害防控一体化的未来采矿方式。第三章主要开展了国内外废弃矿井资源开发利用现状分析，通过调研我国废弃矿井资源分布情况、赋存地质条件、开发利用技术和人员管理水平等，分析国内外关闭/废弃矿井特征和开发利用具备的基础条件，总结我国废弃矿井开发利用可借鉴的国外经验，提出了可采取的开发利用途径、模式和应配套的政策措施建议。第四章开展了废弃矿井煤及可再生能源开发利用战略研究，聚焦我国废弃矿井煤及可再生能源开发利用现状、存在的主要问题等，从政府政策扶持、科技创新、产业管理等方面，提出了我国废弃矿井煤及可再生能源开发利用战略路径、工程科技及政策建议。第五章开展了废弃矿井地下空间开发利用战略研究，梳理了我国现阶段废弃矿井地下空间利用的研究现状，如在油气储存及核废料埋藏封存技术方面已取得的成功经验等，同时从技术、经济方面总体分析我国废弃矿井地下空间利用存在的不足，提出适应我国废弃矿井地下空间开发利用的战略方针。第六章开展了废弃矿井水及非常规天然气开发利用战略研究，在充分调研国内外废弃矿井水及非常规天然气开发利用的基础上，总结了国内外废弃矿井水及非常规天然气开发利用经验，找出了我国废弃矿井水及非常规天然气开发利用现状及存在的问题，并分析了废弃矿井的区域水及非常规天然气赋存与开发利用潜力，提出我国废弃矿井水及非常规天然气开发利用战略路线图和相关政策建议。第七章开展了废弃矿井生态开发及工业旅游战略研究，研究了我国以及世界主要发达国家废弃矿井生态开发及工业旅游现状，分析了废弃矿井生态开发及工业旅游的潜在价值与经济社会效益，调查研究了我国废弃矿井生态环境损害现状及空域分布规律，战略性评估我国废弃矿井生态修复潜力与环境效应及其技术经济评价，提出我国废弃矿井生态开发及工业旅游发展战略的政策建议。第八章开展了抚顺露天矿资源综合开发利用战略研究，通过资料收集、现场踏勘等手段，对抚顺市和抚矿集团各类可利用的资源进行了详细调研、梳理和分析，提出了我国废弃露天矿资源开发利用战略路线图和相关政策建议。第九章为项目战略建议，综合各课题研究成果，为我国煤矿安全及废弃矿井资源开发利用提出了战略建议。

项目组希望通过本系列丛书的出版，可以为我国关闭/废弃矿井资源的开发利用提供一定的参考价值，推动我国关闭/废弃矿井资源精准开发利用研究。由于时间仓促，资料有限，对很多问题的研究有待进一步深化，欢迎各位读者批评指正。

编　者

2020 年 4 月

目　　录

第一章

项目总体介绍

我国"缺气、少油、相对富煤"，煤炭作为主体能源地位相当长一段时期内无法改变，仍将长期担负国家能源安全、经济持续健康发展重任。我国煤炭资源分布不均，开采条件极其复杂，易发生瓦斯、顶板、矿井火灾、水害、冲击地压、尘害、热害等灾害。《中共中央国务院关于推进安全生产领域改革发展的意见》指出，安全生产是关系人民群众生命财产安全的大事，是经济社会协调健康发展的标志，是党和政府对人民利益高度负责的要求。大力实施安全发展战略，以人民为中心，始终把人的生命安全放在首位，发展决不能以牺牲安全为代价。煤矿是我国安全生产的重中之重，安全发展战略要求进一步加强煤矿安全生产，为经济社会发展提供强有力的安全保障。因此，迫切需要开展我国煤矿安全生产工程科技战略研究，完善煤矿区塌陷治理、矿井水污染、煤与瓦斯突出、冲击矿压、矿井煤层自燃等煤矿重大灾害的防治对策措施，提出我国煤矿安全生产工程科技发展 2020～2050 年发展路线图，构建煤矿安全保障体系。

当前，我国煤炭工业中部分矿井已到达其生命周期，或不符合安全生产的要求或开采成本高亏损严重，直接关闭此类矿井不仅造成资源的巨大浪费，还有可能诱发后续的安全、环境及社会问题。我国关闭/废弃矿井剩余资源开发利用难度人，无法照搬国外利用模式，开展整体战略、基础理论和关键技术研究迫在眉睫。我国关闭/废弃矿井资源开发利用面临以下关键科学问题：地下煤炭气化高效转化与开发利用耦合机制、基于安全智能精准控制的地下空间储物环境保障机理、基于多场耦合的矿井水及非常规能源智能精准开发模式、构建关闭/废弃矿井可再生能源开发与微电网输能模式、构建基于生态修复与环境支持的关闭/废弃矿井工业旅游开发模式。在能源生产与消费革命和推动煤炭供给侧改革的新时代背景下，开展我国关闭/废弃矿井资源精准开发利用研究具有重要的政治和经济战略内涵。

第一节 研 究 意 义

我国化石能源资源赋存的基本特点是贫油、少气、相对富煤。2019 年，煤炭在我国一次能源的生产和消费结构中的比重分别占 69.3%和 57.7%。煤炭作为主体能源地位相当长一段时期内无法改变，仍将长期担负国家能源安全、经济持续健康发展重任。

中国工程院重点咨询研究项目"我国煤炭资源高效回收及节能战略研究"提出了"绿色资源量"的概念，是指能够满足煤矿安全、技术、经济、环境等综合条件，并支撑煤炭科学产能和科学开发的煤炭资源量。研究结果显示，我国可供开采的绿色煤炭资源量极其有限。我国预测煤炭资源量约5.97万亿t，探明煤炭储量1.3万亿t。而我国绿色煤炭资源量只有5048.95亿t，仅约占全国煤炭资源量的10%。破解该难题需要从煤炭安全开采和关闭/废弃矿井资源开发利用等方面着手。

当前我国煤炭安全开采形势依然严峻。一方面，我国中东部矿区开采历史较长，深部开采带来的灾害日趋严重。我国中东部地区随着浅部资源的日趋枯竭，深部资源开采成为趋势。从全国看，煤矿开采深度每年平均增加10～20m，我国目前千米深井已有70余处，最大深度达到1500m左右。随着开采深度的增加，开采条件更加复杂恶劣，最大地应力超过40MPa，全国共有62个高温矿井，工作面温度超过30℃的有38个，煤矿水文地质条件趋于复杂，水害种类不断增加，坚硬顶板"离层水"、隐伏陷落柱、高承压水、煤层群开采回采下层煤等水害威胁日趋严重。此外，瓦斯突出、冲击地压、热害等矿井在灾害特点上都呈现出新的变化，出现了多种灾害耦合，增大了灾害的复杂性。另一方面，西部矿区灾害防治技术亟待攻关。西部矿区煤炭资源丰富、储量巨大，西部地区相比中东部地区，地层赋存特征差异较大等因素造成现有中东部的开采技术难以适用于西部。西部矿区的高强度开采带来了一系列严重地质灾害：超长工作面、大采高开采导致大范围顶板切落压架；顶板岩层破坏所形成的裂隙通道导致突水或突水溃沙；地下水的流失造成地表植被死亡、草地沙漠化等生态环境问题；更为严重的是这些地质灾害相互影响，导致发生重特大的矿山和环境灾害。根据西部煤炭高强度开采下典型地质灾害的特征，可将其分为3类：突水溃沙型地质灾害、顶板切落型地质灾害、突水溃沙与顶板切落并发型地质灾害。西部地区的高强度开采带来的相关灾害防治技术问题已逐渐成为煤炭安全高效开采的掣肘。按国家能源需求和煤炭资源回收现状，绿色煤炭资源量仅可开采40～50年，大面积进入非绿色煤炭资源赋存区开采不可避免，必须提前布局，做好工程科技储备，将部分非绿色煤炭资源转变为绿色煤炭资源，保障国家能源安全和可持续发展。

随着我国经济社会的发展和煤炭资源的持续开发，部分矿井已到达其生命周期，也有部分落后产能矿井不符合安全生产的要求，开采成本高，亏损严重，面临关闭。尤其是近年来实施的煤炭行业供给侧结构改革，促使一批资源枯竭及落后产能矿井和露天矿坑加快关闭，形成大量的关闭/废弃矿井。据统计，"十二五"期间淘汰落后煤矿 7100 处，淘汰落后产能 5.5 亿 t/a，其中关闭煤矿产能 3.2 亿 t/a。中国工程院重点咨询项目"我国煤炭资源高效回收及节能战略研究"研究结果表明，预计到 2030 年，我国关闭/废弃矿井数量将达到 15000 处。关闭/废弃矿井关闭后，仍赋存着多种巨量的可利用资源。据调查，目前的关闭/废弃矿井中赋存煤炭资源量高达 420 亿 t，非常规天然气近 5000 亿 m^3，并且还具有丰富的矿井水资源、地热资源、空间资源和旅游资源等。由于我国煤炭企业的关闭/废弃矿井再利用意识淡薄，多数矿井直接关闭，而未开展关闭/废弃矿井资源的再开发利用。这不仅造成资源的巨大浪费，还有可能诱发后续的安全、环境及社会问题。

综上，开展我国煤矿安全及关闭/废弃矿井资源精准开发利用研究，不仅可以构建煤矿安全保障体系，而且能够减少资源浪费、变废为宝，提高关闭/废弃矿井资源开发利用效率，为关闭/废弃矿井企业提供一条转型脱困和可持续发展的战略路径，推动资源枯竭型城市转型发展。本书在深入分析国内外煤矿安全及废弃矿井资源开发利用现状的基础上，提出了我国煤矿安全生产工程科技发展 2020～2050 年发展路线图，提出旨在统筹考虑采场信息、开采扰动影响、致灾因素等的前提下，努力打造煤炭无人(少人)智能开采与灾害防控一体化的未来采矿，并指出我国关闭/废弃矿井资源利用必须走智能精准开发之路，在此基础上提出了我国煤矿安全科技和关闭/废弃矿井资源开发利用面临的科学问题，系统阐述了我国煤矿安全及关闭/废弃矿井资源的开发利用方向和研究内容。研究结果对于提高我国煤矿安全水平、促进能源结构调整、保障国家能源安全和经济持续健康发展具有重大意义。

第二节 研 究 现 状

一、我国煤矿安全现状

2013 年以来，随着我国经济发展进入新常态，能源消费需求增速放缓，能源结构调整加快，煤炭市场由长期总量不足逐渐向总量过剩转变，煤炭产量有所下降。全国煤炭产量由 2013 年的 39.74 亿 t 回落到 2016 年的 34.1 亿 t，下降 14.2%。2017 年，在经济增长、气候等多因素影响下，全国煤炭产量出现恢复性增长，煤炭产量为 35.2 亿 t，实现了供需关系的基本平衡。

2017 年，全国煤矿共发生事故 219 起、死亡 375 人，同比减少 30 起、151 人，分别下降 12%和 28.7%，煤矿安全生产形势持续稳定好转。全国煤矿实现事故总量、重特大事故、百万吨死亡率"三个明显下降"，其中重大事故 6 起、死亡 69 人，没有发生特别重大事故，重特大事故、死亡人数同比减少 5 起、125 人，分别下降 45.5%和 64.4%；百万吨死亡率 0.106，同比下降 0.05，下降 32.1%。江苏煤矿实现"零死亡"，重庆、宁夏、云南、吉林、内蒙古、湖北、广西、新疆、陕西等地煤矿事故死亡人数同比下降 50%以上，北京、内蒙古、吉林、福建、江西、山东、广西、重庆、云南、青海、宁夏、新疆等地未发生较大以上煤矿事故。

从煤矿数量上看，2016 年，美国只有约 1400 个煤矿，且大多数是安全系数更高、更容易开采的露天矿，露天矿占煤炭总产量的比重达 70%，特别是在产量前 20 名的大型煤矿中，除 4 个井工矿外其余都是露天矿；而我国多为地下煤矿，露天矿很少，其中，露天煤矿产量约占全国煤炭生产总量的 3.3%。截至 2018 年 6 月，年产 120 万 t 以下的煤矿(生产和建设煤矿)仍有 4000 处左右，占全国煤矿数量的 80%左右。

从矿井用人和工效来看，1933 年，美国煤矿人均年产量为 723t，1953 年为 1415t，1990 年快速增长到 7110t，2015 年人均年产量达到 3 万多吨。而我国煤矿从业人员 525 万人，井下作业人员 340 万人，全国单班下井超千人的煤矿 47 处。大型煤炭集团人均年产量约 1730t，只相当于美国 1953 年的水平，是目前美国人均年产量的 5.6%，而中国煤炭行业的人均年产量更低，仅为 700t 左右。矿井工效的差距主要反映煤炭工业化、自动化程度，美国采煤机械化程度早就达到 100%，而我国只有大型煤炭企业采煤机械化程度在 90%以上。尽管中国多为地下煤矿，需要的劳动力数量可能高于美国的露天煤矿，但如此巨大的差距仍然意味着劳动效率的低下。

从煤矿安全生产水平来看，美国作为世界第二大产煤国，其过去 10 多年来煤炭年产量一直稳定在 10 亿 t 左右，煤矿年死亡人数 30 人左右，其百万吨死亡率一直维持在 0.03。最近几年，我国煤炭百万吨死亡率直线下降，但仍高于美国等发达国家，2017 年全国煤矿百万吨死亡率为 0.106，仍为美国的 3 倍多。

我国除了少量的、地质条件简单且生态损害程度较轻的绿色资源外,大部分煤炭资源仍然属于非绿色资源。非绿色资源以复杂的地质赋存条件、多重地质灾害并存为特点,现有的生产技术条件还难以完全满足煤矿安全生产的需要,非绿色资源的开发技术尚不成熟,相关技术的研发已成为我国煤矿安全发展所面临的亟待解决的问题。

随着我国中东部的深部开采、西部地区的高强度开采进程的加快,煤矿地质灾害类型由单一型灾害向多元耦合型灾害转变,该类型灾害以突发性、强破坏性、难管控为特点。针对多元耦合型灾害,目前尚未明确其机理,尚未研发成套监控技术装备、防控技术措施。

煤工尘肺不仅会影响煤矿工人的身体健康,更会给企业带来沉重的经济负担。未来社会的发展与进步归根到底依赖于人的进步,确保职业健康安全将成为基本要求,然而目前在我国传统职业安全领域侧重点在于生产安全,人类健康安全未受到足够重视。传统医疗卫生领域侧重于疾病本身的防治,往往忽视遗传因素、职业环境及职业习惯对职业人群的危害。因此,积极寻找煤工尘肺的危险因素,针对性进行一级预防和个体化干预,打破基因易感性—粉尘接触—煤工尘肺这一恶性循环,对提高我国广大矿工职业人群的健康水平、提高企业经济效益和促进国民经济的可持续发展有重要意义。

近年来,国家加大了煤矿安全生产科技投入,通过实施 973 计划、863 计划、国家科技支撑计划、国家科技重大专项等一批国家科技计划,在煤矿安全领域突破了一批核心技术关键装备技术,促进了安全生产形势的不断好转。研发的煤矿井下千米定向水平钻机,最大钻孔深度达到 2311m,松软突出煤层钻机在 $f<0.5$(f 为普氏系数)条件下实现钻孔深度 271m,成孔率达到 70%,大幅度提高了瓦斯抽采效果。瓦斯含量快速准确测定技术实现了 120m 长钻孔定点取样,20min 内快速测定瓦斯含量,测定误差小于 7%。高分辨三维地震勘探可以查出 1000m 深度以内、落差 5m 以上的断层和直径 20m 以上的陷落柱。利用卫星和光纤监测技术,露天边坡和尾矿坝位移及变形的监测误差可以控制在 1mm 以内。大功率矿井潜水电泵最大功率 4000kW,最高扬程 1700m,最大流量 1100m³/h。

综上可见,近年来我国安全生产形势不断好转,但事故总量仍然较高,区域发展极不平衡。随着矿井开采深度的增加,安全保障面临严峻考验,特别是煤与瓦斯突出、冲击地压、热害等矿井灾害呈现出新的变化，出现了多种灾害耦合，增大了灾害的复杂性，防治难度更大。职业健康形势日趋严峻，尘肺病新发病例数、累计病例数和死亡病例数均居世界首位。总体上来看，现有的风险评估、监测预警、事故防控及应急救援理论、技术和装备已无法完全满足安全生产重特大事故防控新需求。

在当前研究的基础上，结合煤炭开采行业特点和现代社会技术发展方向，提出旨在统筹考虑采场信息、开采扰动影响、致灾因素等的前提下，努力打造煤炭无人（少人）智能开采与灾害防控一体化的未来采矿，对于煤矿安全战略研究具有重要意义。

二、关闭/废弃矿井资源开发利用现状

（1）国外开发利用现状。

欧美诸国现代采矿工业发达，更是造就了巨量的关闭/废弃矿井。仅以加拿大安大略省为例，约有6000座报废矿井和近7000座采空采石场和露天矿井。1963年，美国利用Denver附近Leyden废弃煤矿（距地表240～260m）建成世界首座废弃煤炭矿井地下储气库，形成1.4亿m^3储气能力。1975年，比利时在Anderlues建成废弃煤炭矿井地下储气库，形成1.8亿m^3的储气能力。在美国南达科他州一处废弃金矿，由于其开采深度达到1500m，其地下空间被斯坦福大学用来进行极深地实验，用于提供粒子物理前沿领域的暗物质直接探测实验等重大研究课题所需要的深地低辐射环境。美国铁山公司利用废弃矿井地下空间建立了第一个地下文件存储中心，其安全级别仅次于白宫和国防部的秘密资料库。1906年，德国在Asse盐矿开挖竖井，1908年开采盐矿，1964年盐矿被收购；1967～1978年，处置低中水平放射性废弃物，共处置12.5万个低中水平放射性废物桶；2005年，开始关闭工作，该项目是利用地下空间资源处置废弃物的典型案例。乌克兰在喀尔巴什州位于地面以下206～282m的岩盐矿井内外开办了一所医院，用于治疗哮喘病人，统计治愈率达84%。美国科罗拉多州的大理石矿井，出产纹理细腻、色彩华丽的名贵大理石材，开采枯竭后，遗址洞穴被人以"大理石之旅"为招牌开发旅游。

（2）国内开发利用现状。

煤炭等行业的大规模产能退出加速诸多矿井的关闭退出。目前，我国关闭/废弃矿井资源开发利用整体处于试验阶段,比较成熟的是利用废弃盐矿矿井建设地下储气库。在金坛地区成功改造 3 口废弃老腔,形成近 5000 万 m^3 的工作气量。云应、淮安、平顶山等地盐矿废弃老腔改造储气库工作正在开展。安徽含山石膏矿计划利用废弃矿山采空区改建储油库,建成后预计可形成 500 万 m^3 的储油量。此外,截至 2013 年,中国已建成开放或获批在建的国家矿山公园共有 70 多个,其中包括河北唐山开滦国家矿山公园、太原西山国家矿山公园、焦作缝山国家矿山公园等。

开发利用好关闭/废弃矿井资源是世界性难题。综上可以看出,美国、德国等发达国家开展了大量探索研究,但仍未形成可推广的成熟模式。我国对关闭/废弃矿井资源开发利用的研究起步较晚,基础理论研究薄弱,关键技术不成熟,且存在煤矿地质条件复杂、阶段性关闭/废弃矿井数量大等特殊条件,因此我国关闭/废弃矿井资源利用必须走智能精准开发之路,运用现代化信息技术,以多物理场耦合、智能感知、精准控制等理论和技术为指导,实现我国关闭/废弃矿井资源的精准开发与利用。

第三节 研 究 内 容

一、我国煤矿安全科技发展战略研究

深入贯彻习近平新时代中国特色社会主义思想,坚持以人为本的发展理念,以追求煤矿工人的生命安全与健康、保障生活与社会安定为目的,以先进的工程科技支撑本质安全和职业健康,实现煤矿“四化”,即:透明化——精准探测,实现矿井全息透明;智能化——精准开采,设备智能高效操控;减灾化——精准监控、解危、救援,实现全过程减灾;健康化——精准防护,有效控制职业危害,保障工人健康。

随着新时代人民日益增长的美好生活需要和高新技术的快速发展,煤矿安全生产理念要进行“四大转变”:由灾害管控向源头预防转变、由单一灾害防治向复合防治转变、由局部治理向区域治理转变、由管控死伤向保障健康转变。

按照煤矿“四化”的要求,构建面向未来的煤炭开采全过程(采前、采中、采后)灾害防治的精准智能开采新蓝图。到 2050 年,建成全息透明矿井、实现精准智能开采和智能防灾治灾；煤矿成为技术密集型企业；煤炭行业成为技术含量高、安全水平高、绿色无害化的高科技行业；以最少用工、最少动用储量、最少人员伤亡，保障我国煤炭安全稳定可持续供应。

根据十九大确定的我国经济社会发展的总体目标与战略部署，提出煤矿安全生产工程科技目标，从而指导我国煤矿安全生产的发展实践。

（1）2020 年，精准开采完成试验和示范工程、煤矿井下作业人员减少20%以上、示范矿井新入职职工不发生尘肺病。

（2）2035 年，精准开采煤矿占比达到 20%以上、煤矿井下作业人员减少60%以上、煤矿百万吨死亡率控制在 0.05 以内、煤矿尘肺病发病率降低 40%以上、安全生产技术水平达到世界前列。

（3）2050 年，精准开采煤矿占比达到 80%、煤炭实现井下无人作业、安全生产技术水平世界领先。

二、我国关闭/废弃矿井资源精准开发利用战略研究

1. 调研关闭/废弃矿井可利用空间资源

由政府主管部门牵头、相关部门协助，成立国家关闭/废弃矿井资源利用部际协调组，对关闭/废弃矿井资源分布、数量等基本信息进行系统调研，获取关闭/废弃矿井资源的详细数据，为国家决策提供支撑。与此同时，由行业主管部门对关闭/废弃矿井的矿山环境潜在问题、矿山环境评价、环境修复治理、地下空间与矿井水开发利用等进行调查，为关闭/废弃矿井资源开发提供科学依据。

2. 关闭/废弃矿井残余煤炭气化开发利用

自从煤炭气化的设想提出以后，英国、美国、苏联等国家先后进行了煤炭地下气化试验研究及开发工作。我国也于 20 世纪 50 年代开始进行地下煤炭气化研究与试验，并取得了一定成就。如今，依托于关闭/废弃矿井的巨大空间资源进行煤炭地下气化的研究工作，变产煤为产气，必将给我国煤炭资源开发战略增添新的活力。

（1）对我国关闭/废弃矿井适用于煤炭地下气化的资源进行全面评估，从国家层面对资源进行整合，建设煤炭地下气化产业示范区。

(2)成立国家级煤炭地下气化实验中心和工程研究中心，产、学、研相结合，进行产业化关键技术的研发与攻关，形成具有我国自主知识产权的关闭/废弃矿井地下气化技术体系。

(3)成立国家级关闭/废弃矿井地下煤气化行动小组，统筹国内地下煤气化技术的实施，制定发展策略和发展规划，制定中长期关闭/废弃矿井煤炭地下气化关键技术开发及产业化计划。

3. 关闭/废弃矿井非常规天然气开发利用

关闭/废弃矿井的非常规天然气主要以煤层气为主。关闭/废弃矿井煤层气抽采包括地面钻井、井下密闭及预留专门管道抽采。我国在煤矿关闭时，基本未采取任何措施预留抽采管道。克服当前难题，基于多场耦合理论实现非常规能源的智能精准开发，变产煤为产气。

(1)中国废弃矿井瓦斯赋存特征复杂，研究筛选煤炭开发五大区(晋陕蒙宁甘区、华东区、东北区、华南区、新青区)内的关闭/废弃矿井，分析评价不同区域非常规天然气(AMM)资源二次成藏机理与分布特点，科学评估我国废弃矿井瓦斯资源量。

(2)系统调研煤炭采掘与瓦斯抽采历史、煤层特征、资源条件等，建立废弃矿井瓦斯资源量评价模型。结合废弃矿井瓦斯赋存参数特征，构建废弃矿井瓦斯产气量预测模型及其经济性评价指标体系，定量评估废弃矿井瓦斯的极限开采量和经济价值。

(3)重点发展废弃矿井瓦斯开发利用的基础理论与关键技术，探索适合国内废弃矿井瓦斯开发利用可行性技术方案，建立国内废弃矿井瓦斯开发利用示范基地，形成废弃矿井瓦斯开发利用顶层设计与战略规划指导体系，建立健全废弃矿井瓦斯开发利用政策支撑体系。

4. 关闭/废弃矿井水资源智能精准开发

以五大区为研究对象，分析关闭/废弃煤矿区域地下水系统和地下水环境特征，基于多场耦合智能精准开发关闭/废弃矿井水，变产煤为产水。

(1)构建关闭/废弃矿井含水层污染缓解体系。在五大区中还有一定抽水条件的关闭/废弃矿井中，仍然坚持抽水和封堵较大导水通道相结合，使含水层水位保持较低水平，减少矿井水的形成。

（2）建立无抽水能力矿井群污水处理中心。矿井水水位上升会造成地下水系统污染，为此，根据五大区地下水和煤系地层特点，将矿井水导入标高较低的采空区（可以是关闭/废弃矿井群的最低且比较大的采空区），实现污水处理后分质利用。

（3）深化采空区地下水库开发。在以"导-储-用"为核心的煤矿地下水保护利用理念上，未来需按照不同的地质条件，进一步研究采空区空间规模储水，在采空区水库设计思路方面取得新突破。

5. 关闭/废弃矿井油气储存与放射性废物处置

当前，我国油气储库规模和能力严重不足，地下储库作为能源系统重要的基础设施，具备现实需求。同时，随着核电机组的大规模建设，未来数十年运行将产生近百万立方米的放射性固体废物，而目前我国还没有专门处置核电厂放射性固体废物的处置库，很多核电厂的暂存库只能超期暂存废物。根据我国关于放射性废物处置的法律法规、标准规范，关闭/废弃矿井可以用于处置放射性固体废物。未来，可围绕未来核电厂所在区域，就近选择关闭/废弃矿井进行评估，建设放射性废物处置库。

（1）从国家层面统一规划油气存储、放射性废物处置设施布局，出台关闭/废弃矿井地下空间利用政策和指导意见，形成关闭/废弃矿井改建油气储库、放射性废物处置库国家战略与利用规划方案。

（2）根据关闭/废弃矿井的不同类型及特点，综合考虑地质、管道、安全、经济、环境等因素下建立关闭/废弃矿井改建油气储库、放射性废物处置库选址原则与评价优选方法。

（3）同步开展关闭/废弃矿井改建油气储库、放射性废物处置库的建设条件、改造技术研究，针对不同类型关闭/废弃矿井进行油气地下储库、放射性固体废物库的工程改造技术、密封技术、经济性和安全性评价等专门的技术攻关。

6. 关闭/废弃矿井地下空间抽水蓄能发电

地下抽水蓄能发电在美国、德国等已经成为一种比较成熟的技术，其中大部分地下抽水蓄能电站均是依托废弃矿井建立的。我国若要实现关闭/废弃矿井地下空间抽水蓄能发电，需要全面研究关闭/废弃矿井开发利用过程中矿井水资源化的政策、经济、能源、环境问题，开展利用关闭/废弃矿井建设地下水库、矿井水循环利用和抽水蓄能发电等技术研究。

(1)结合未来关闭/废弃矿井分布、数量及容积等参数，充分利用关闭/废弃矿井中巨大的地下空间，实现储水、蓄能发电、矿井水循环利用和新能源开发等多重目标，实现变产煤为产电。

(2)建立地下水库建设与抽水蓄能发电的技术路线图，提出亟需攻克的关键技术领域和研发平台，构建煤矿地下水库、矿井水循环利用与抽水蓄能发电一体化技术体系。

7. 关闭/废弃矿井可再生能源开发利用

关闭/废弃矿井可再生能源的开发利用，需建立在摸清沉陷区土地地质条件和封存状态、可再生能源资源禀赋、周边电力需求及输送条件等的基础上，利用信息化及大数据分析等技术手段建立关闭/废弃矿井可再生能源开发利用与微电网输能模式。

(1)综合评估沉陷区土地利用条件，结合可再生能源资源需求等情况，遵循安全、科学、环保、经济的原则，统筹规划、系统确定"重点开发"、"潜在开发"和"不开发"等几种类型。

(2)加强基于不同类型沉陷区光伏、地热能、风电等适用技术创新、系统优化的基础研究，建立关闭/废弃矿井可再生能源利用的技术创新平台。

(3)采用大数据分析等技术手段建立可再生能源为主、分布式电源多元互补的关闭/废弃矿井新能源微电网技术体系。

8. 关闭/废弃矿井生态修复与接续产业培育

目前，我国在关闭/废弃矿井生态开发方面主要集中于土地的复垦和生态修复，而对于接续产业的培育重视不足。未来应在借鉴国外成功经验的基础上，综合考虑矿区环境特点、经济水平、人力资源构成等要素，培育新产业，优化产业结构，促进区域经济可持续发展。

(1)综合考虑不同关闭/废弃矿区所处地理位置、可开发利用资源类型、气候环境特点、地区经济发展水平等因素，设计分类别、分层次的关闭/废弃矿区生态开发技术路线，以及各节点任务及支撑技术。

(2)因地制宜，合理利用关闭/废弃矿山资源，培育和发展集高新技术产业、制造业、教育、医疗、旅游服务业等产业为一体的产业集群，实现关闭/废弃矿区产业结构升级，有效带动就业，逐步成为区域新的经济增长点。

9. 关闭/废弃矿井工业旅游开发

利用关闭/废弃矿井开展工业旅游是解决关闭/废弃矿井现实问题的重要举措，加强关闭/废弃矿井工业旅游战略研究对于资源枯竭型城市转型、扩大就业渠道及采矿工业遗产保护都具有十分重要的现实意义。

(1)全面评估我国关闭/废弃矿井地下空间旅游资源的本底特征、地理空间分布规律和矿井空间形态特征，构建适合不同地域、不同类型、不同尺度的关闭/废弃矿井旅游资源开发格局。

(2)综合我国各区域工业化水平与全国旅游资源开发总体布局，按照梯度发展规律进行关闭/废弃矿井工业旅游开发，优先发展东部、东北部，逐步发展中部和西部，重点开发经济转型迫切、代表特定时代生产力进步和社会发展的关闭/废弃矿区。

(3)通过"关闭/废弃矿井+旅游"模式创新，形成新型旅游产品，促进关闭/废弃矿区城镇化、农业现代化、新型工业化、现代服务业信息化融合发展，尽可能保持工业遗产原真性的前提下打造具有观光、休闲和游憩功能的旅游吸引物。

10. 关闭/废弃露天矿坑智能精准开发利用

关闭/废弃露天矿坑同样赋存大量可利用空间资源，开展资源枯竭露天矿空间资源开发利用战略研究，对提高我国资源枯竭露天矿安全水平、提高关闭/废弃矿井资源开发利用效率意义重大。

(1)开展资源枯竭深大露天矿空间资源开发利用规划研究。在对深大露天矿空间资源调研分析和获得基本数据的基础上，对可利用空间资源进行分类，制定资源枯竭深大露天矿空间资源开发利用规划方案与发展路线图。

(2)以典型露天矿坑为研究对象，分析其空间资源条件、土地资源利用和生态环境现状以及地质灾害现状等，总结相关产业面临的问题与挑战。

(3)研究区域发展与露天矿坑的耦合关系，分析资源枯竭矿区转型发展政策环境，提出资源枯竭露天矿资源开发利用工程科技难题和开发利用方案。

11. 利用关闭/废弃矿井建设国家级科研平台

利用关闭/废弃矿井地下空间资源建设国家级科研平台,开展科学研究、数据存储等在一些发达国家已形成非常健全的法律法规,而我国在此领域起步较晚,需要借鉴国外先进经验,形成具有中国特色的技术方法。

(1)通过设立关闭/废弃矿井地下空间资源利用国家重点研发计划课题,强化关闭/废弃矿井建设的基础研究,鼓励高校、科研院所与企业联合攻关,实现产、学、研、用结合,推动关闭/废弃矿井空间利用研究。

(2)根据国外成功经验,地下空间资源可以作为科学研究的重要场所和载体,利用关闭/废弃千米深井地下空间资源建设1:1地质条件国家实验室,开展极深地实验研究,为国防科工、国家安全提供有力保障。

12. 关闭/废弃矿井资源开发利用政策研究

出台支持关闭/废弃矿井资源开发利用的政策和管理办法,简化审批程序。开展关闭/废弃矿井地下空间资源开发利用产业财政补贴、减免税、专项基金等多种扶持政策的研究。

应高度重视关闭/废弃矿井资源开发利用,加大关闭/废弃矿井资源开发利用科学问题的研究力度,力争2020年关闭/废弃矿井开发利用率达到20%以上,全面启动关闭/废弃矿井资源开发利用;2030年关闭/废弃矿井开发利用率达到30%以上,开发利用技术达到国际先进水平;2050年关闭/废弃矿井开发利用率达到50%以上,开发利用技术达到国际领先水平,助推中国能源科技强国梦。

第二章

我国煤矿安全生产工程科技战略研究

开展我国煤矿安全生产工程科技战略研究，完善矿井水害、煤与瓦斯突出、冲击矿压、煤层自燃等煤矿重大灾害的防治对策措施，制定我国煤矿安全生产工程科技发展 2020～2050 年发展路线图，构建煤矿安全保障体系。在上述研究的基础上，结合煤炭开采特点和现代社会技术发展方向，提出在统筹考虑采场信息、开采扰动影响、致灾因素等的前提下，努力打造煤炭无人（少人）智能开采与灾害防控一体化的未来采矿技术，对于煤矿安全战略研究具有重要意义。

第一节　现　状　分　析

一、煤矿安全生产现状分析

1. 煤矿生产现状

改革开放以来，全国煤炭产量从 1978 年的 6.18 亿 t 增加到 2013 年的 39.74 亿 t，年均增长 5.5%；其中，1978～1996 年，年均增长 4.6%；2001～2013 年，年均增长 8.6%。2013 年全国煤炭产量是 1978 年的 6.43 倍（图 2-1）。

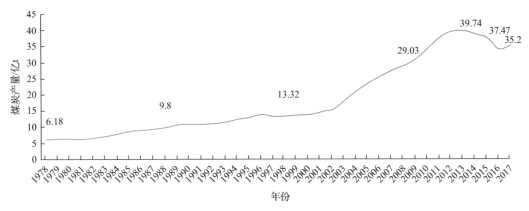

图 2-1　1978～2017 年全国原煤产量图

2013 年以来，随着我国经济发展进入新常态，能源消费需求增速放缓，能源结构调整加快，煤炭市场由长期总量不足逐渐向总量过剩转变，煤炭产量有所下降。全国煤炭产量由 2013 年的 39.74 亿 t 回落到 2016 年的 34.1 亿 t，下降了 14.2%。2017 年，在经济增长等多因素影响下，全国煤炭产量出现恢复性增长，煤炭产量达到 35.2 亿 t，实现了供需关系的基本平衡。

从全国煤炭产量分布来看，东部地区及中部地区煤炭产量占全国的比重从 1978 年的 78.8%下降到 2017 年的 41.8%（表 2-1）；晋陕蒙煤炭产量占比由 1978 年的 20.70%上升到了 2017 年的 66.32%，提高了 46.1 个百分点。2017 年，神东、陕北、晋北等 14 个大型煤炭基地产量占全国的 94.30%，比 2003 年开发初期（含新疆）提高了 16.3 个百分点。煤炭产量超过亿吨的省份不断增加，1979 年山西煤炭产量首次跨过亿吨级门槛，1996 年河南成为第二个亿吨级产煤省。2017 年底，全国煤炭产量超过亿吨的省份增加到了 8 个，产量达 30.6 亿 t，占全国的 86.8%。

表 2-1 改革开放以来我国东、中、西部煤炭产量占比变化情况　　　（单位：%）

年份	东部地区	中部地区	西部地区
1978	42.30	36.50	21.20
2002	26.50	41.60	31.90
2013	11.10	33.90	55.00
2017	9.40	32.40	58.20

2. 煤矿安全生产现状

2017 年，全国煤矿共发生事故 219 起、死亡 375 人，同比分别减少 30 起、151 人，分别下降 12%、28.7%，煤矿安全生产形势持续稳定好转，全国煤矿实现事故总量、重特大事故、百万吨死亡率"三个明显下降"，其中重大事故 6 起、死亡 69 人，没有发生特别重大事故，重特大事故同比减少 5 起、125 人，分别下降 45.5%、64.4%；百万吨死亡率为 0.106，同比减少 0.05，下降了 32.1%（图 2-2）。江苏煤矿实现"零死亡"，重庆、宁夏、云南、吉林、内蒙古、湖北、广西、新疆、陕西等地煤矿事故死亡人数同比下

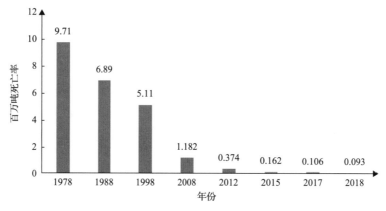

图 2-2 1978～2018 年全国煤矿百万吨死亡率变化情况

降 50%以上，北京、内蒙古、吉林、福建、江西、山东、广西、重庆、云南、青海、宁夏、新疆和新疆生产建设兵团等地未发生较大以上煤矿事故。2018 年全国煤矿实现事故总量、较大事故、重特大事故和百万吨死亡率"四个下降"，其中煤矿百万吨死亡率为 0.093，首次降至 0.1 以下，达到世界产煤中等发达国家水平，煤矿安全生产创历史最高水平。

3. 去产能对煤矿安全生产的影响

去产能在压缩煤炭产能、减少煤矿数量、促进市场供需平衡、优化产业结构的同时，也为煤矿安全生产状况的持续稳定好转奠定了基础。

(1)生产重心向资源赋存条件好的地区集中。

近年来，在国家相关规划的引导下，煤炭生产重心向晋陕蒙宁地区集中的趋势明显。2017 年前 10 个月，晋陕蒙宁地区煤炭产量占全国的 68.8%，同比提高了 2.8 个百分点。今后随着供给侧结构性改革的不断深化，一些资源赋存条件复杂、埋藏深、地质构造复杂，瓦斯、水害和冲击地压等灾害严重的煤矿将逐步退出，晋陕蒙宁地区煤炭产量比重将进一步提高，将促进煤矿安全生产水平的提高。

(2)煤矿生产力水平得到大幅提升。

煤炭企业重视提高煤矿机械化、智能化水平，截至 2018 年，全国已建成大型现代化煤矿 1200 多处，产量比重占全国的 75%以上，其中，建成年产千万吨级特大型煤矿 59 处，产能近 8 亿 t/a；建成智能化开采煤矿 47 处；优质产能快速增加，煤炭现代化水平大幅提高，不仅提高了劳动生产力水平，也改善了煤矿安全生产环境。

(3)小煤矿关闭退出力度大。

小煤矿一直是安全生产的重灾区。2016 年以来，全国小煤矿退出超过 2000 处，截至 2018 年，小煤矿产能仅占全国总产能(生产煤矿)的 6.2%。大力度地关停小煤矿改变了我国长期以来以中小煤矿为主的生产格局，在很大程度上提高了我国煤炭行业的安全生产水平。

(4)违法违规生产、超能力生产得到遏制。

国家有关部门加大安全执法力度，对全国煤矿产能进行公告，组织开展了控制违法违规生产、超能力生产专项检查，形成了有力的震慑态势，煤矿生产秩序明显好转。

(5)安全投入增加。

通过去产能，煤炭价格理性回升，煤炭企业经济效益实现明显好转。煤炭企业抓住经营效益好转的有利时机，加大投入，优化生产布局，实现采掘正常接替，加快装备更新，弥补安全欠账，为安全形势好转奠定了基础。

(6)煤矿安全管理取得了新的实践。

山东、四川等省份煤矿探索实施取消夜班工作制，改变了煤矿多年连续作业、疲劳作战的习惯，井下工作人员能够保持旺盛的体力和较好的精神状态，促进了安全生产。

二、煤矿安全生产工程科技发展现状

近年来，国家加大了煤矿安全生产科技的投入，通过实施国家重点基础研究发展计划(973 计划)、国家高技术研究发展计划(863 计划)、国家科技支撑计划、国家科技重大专项等一批国家科技计划，在煤矿安全领域突破了一批核心技术和装备，促进了安全生产形势的不断好转。研发的煤矿井下千米定向水平钻机，最大钻孔深度达到 2311m，松软突出煤层钻机在 $f<0.5$ 条件下实现钻孔深度 271m，成孔率达到 70%，大幅度提高了瓦斯抽采效果。瓦斯含量快速准确测定技术实现了 120m 长钻孔定点取样，可在 20min 内快速测定瓦斯含量，测定误差小于 7%。高分辨三维地震勘探可以查出 1000m 深度以内落差 5m 以上的断层和直径 20m 以上的陷落柱。利用卫星和光纤监测技术，露天边坡和尾矿坝位移与变形的监测误差可以控制在 1mm 内。大功率矿井潜水电泵最大功率为 4000kW，最高扬程为 1700m，最大流量为 1100m³/h。

第二节　研　究　结　论

一、煤矿安全生产重大变革研判

1. 煤炭行业脱掉高危行业帽子的转折点

煤炭安全生产发展与煤炭行业的发展关系密切,根据煤炭安全生产水平的发展特点,将中华人民共和国成立以来的煤炭安全发展历程分为三个大的时期、五个不同的发展阶段(图 2-3)。

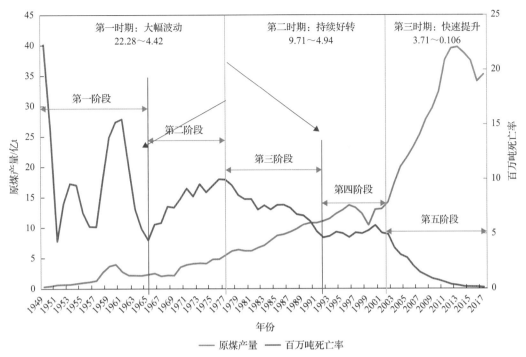

图 2-3 1949～2017 年全国原煤产量与百万吨死亡率

（1）煤矿安全生产水平大幅波动时期（1949～1977 年）。

该时期保障煤炭生产和供应是煤炭工业的中心任务。建设的煤矿以中小煤矿为主，以煤矿数量保障煤炭供应。矿井生产工艺以爆破法为主，煤矿生产技术装备较为落后。再加上中华人民共和国成立初期，安全生产技术人员匮乏，制定的煤矿安全生产技术文件落实不到位，未全面实现法制化、规范化管理，且安全投入不足，导致煤矿事故较多，灾害防控难度较大。该时期煤矿百万吨死亡率在 22.28～4.42 波动，煤矿事故以瓦斯、顶板事故为主，即群死群伤事故较多，安全生产形势十分严峻。

第一阶段（1949～1965 年）。受"大跃进"时期片面追求高经济指标影响，事故数量上升。1958～1961 年，工矿企业年平均事故死亡比"一五"时期增长了近 4 倍，1960 年 5 月 8 日，山西大同老白洞煤矿发生煤尘爆炸事故，死亡 684 人，为中华人民共和国成立以来最严重的矿难。1963 年国务院颁布了《关于加强企业生产中安全工作的几项规定》，恢复重建安全生产秩序，事故明显下降。

第二阶段（1966～1977 年）。"文化大革命"时期，企业管理受到冲击，导致事故频发。1970 年劳动部并入国家计划委员会，其安全生产综合管理职能也相应转移。这一阶段政府和企业安全管理一度失控，1971～1973 年，工矿企业年平均事故死亡 16119 人，较 1962～1967 年增长了 2.7 倍。

(2)煤矿安全生产水平持续好转时期(1978～2002 年)。

该时期由保障煤炭供应计划开采逐步转变为通过技术进步推进煤矿安全高效开采，大型煤炭基地建设取得重大进展，煤矿百万吨死亡率由 1978 年的 9.71 下降到了 2002 年的 4.94，煤矿安全生产形势总体持续稳定好转。

第一阶段(1978～1992 年)。1978 年，我国引进了 100 套综采成套设备，开启了煤矿机械化生产时代。1978 年 12 月十一届三中全会召开以后，国家对煤炭工业管理体制进行了有计划的改革，重点解决了煤炭供需矛盾，以及基本建设规模、速度与煤炭产量增长不协调等问题。在经济快速发展和市场需求拉动下，行业发展仍然是以提高产量、保障供应为重点，实施"国家、集体、个体一齐上，大中小煤矿一起搞"的方针，全国煤矿数量由 1982 年的 1.8 万处增加到 1992 年的 8.2 万处。通过提高机械化程度、加强煤矿生产管理力度，1992 年的煤矿百万吨死亡率下降至 5.43。

在改革开放的背景下，我国经济实现了飞速增长。经济的快速发展离不开能源的大量需求。作为我国基础能源的煤炭需求量大幅增加，而受当时技术等因素的限制，煤矿规模难以短时间内大幅增加，仅能通过增加煤矿数量得以实现，因此不少中小煤矿在该阶段建立。随着煤矿机械化成套装备的不断引进，大型煤矿的安全生产水平相比于炮采工作面有了大幅提升，煤矿安全生产形势有了明显好转。中小型煤矿的成倍增加，必然导致技术水平、管理水平良莠不齐的现象。相对落后的煤矿采掘工效较低，在过于强调产量的情况下，增加了采掘工作面数量，增大了煤矿安全生产风险。整体来看，该阶段易引发群死群伤事故的地点主要是机械装备水平较低、用人较多的中小煤矿。

第二阶段(1992～2002 年)。该阶段煤炭行业历经市场化改革、产业政策调整和第一轮结构调整。在煤炭市场化改革的背景下，1992 年，国家召开了安全高效矿井建设座谈会和工作会议，安全高效矿井由 1993 年的 12 处增加至 2003 年的 164 处。在建设安全高效矿井的同时，通过关井压产等措施，优化了煤炭产业结构，整体提升了行业机械化水平。

为响应国家安全高效矿井建设的号召，全国推进大型煤炭基地建设，兼并重组形成了若干个大型煤炭企业集团，煤矿安全生产管理水平进一步提升,煤矿安全生产形势有了较大的改观。截至 1997 年,8.2 万处煤矿产量 11.14 亿 t,在金融危机的影响下,煤炭供大于求,煤矿陷入困境,安全生产投入不足,安全事故多发,死亡人数攀升至 6753 人,百万吨死亡率达 5.1。

(3) 煤矿安全生产水平快速提升时期(2003～2017 年)。

2000 年初,在国家煤炭工业局加挂国家煤矿安全监察局的牌子,成立了 20 个省级监察局和 71 个地区办事处,实行统一垂直管理。2001 年初,组建了国家安全生产监督管理局,与国家煤矿安全监察局"一个机构、两块牌子"。2002 年 11 月出台了《中华人民共和国安全生产法》,安全生产开始步入比较健全的法制轨道。该时期历经煤炭"黄金十年",煤炭产业得到了快速发展,煤矿企业对安全生产投入持续增加,践行煤炭安全绿色开采理念,采煤机械化程度大幅提升,重大灾害治理关键技术及装备得到推广应用,建设了一批煤炭安全领域科研平台,煤矿安全生产水平快速提升,煤矿百万吨死亡率由 2003 年的 3.71 下降至 2017 年的 0.106。

矿务局向大型煤炭企业集团转型,企业市场主体地位得到加强,煤炭生产力水平快速提升。煤炭市场化改革不断深入,在政府推动下出现了煤电、煤钢、煤建材、煤焦化、现代煤化工及物流、房地产、金融等多元产业快速发展时期。形成了神华模式、淮南模式和大同塔山、神华宁东等工业园区模式等。该期间煤炭行业效益较好,部分煤炭企业在利益驱使下,开工建设大型煤矿。经历了"黄金十年",煤矿盈利能力大幅提升,煤矿生产形势有了明显好转。2017 年煤矿发生重特大事故 6 起,死亡 69 人,相比于 2003 年分别降低了 88.24%、93.50%,煤矿百万吨死亡率为 0.106。

整体看来,在煤矿安全监控体系不断完善,安全生产管理水平不断提升的情况下,全国重特大事故得到基本遏制,但个别煤矿仍存在发生群死群伤事故的风险。尤其是开采深度较大的中东部地区的煤矿,煤矿的动力灾害凸显,现有技术还难以完全防控。

(4) 未来煤矿安全生产水平预测。

2018 年以后,随着煤矿采深不断加大,复合耦合灾害概率增加,煤炭开采技术革命不断推进,精准智能开采将会成为煤炭开采新方向,煤矿百万吨死亡率将会持续下降,煤矿安全生产形势将实现根本性好转,煤炭行业将脱掉高危行业的帽子。煤矿安全生产也由生产事故防治向煤矿工人职业健康防护转变,从满足煤矿工人美好生活需求出发,进一步提升煤矿安全生产的管理要求，将发生历史性转折与突破。

2. 煤矿由分散小型化向集约大型化的转折点

1) 煤矿产量和数量变化趋势分析

1958 年，3.2 万处煤矿生产 1.5 亿 t；1978 年，全国国有煤矿 2263 处、产量 46428 万 t，平均单井规模 20.52 万 t/a；乡镇煤矿产量 9352 万 t，占全国总产量的 15.4%（表 2-2）。1988 年全国煤矿数量达到 6.5 万处，平均单井规模下降到 1.52 万 t/a，其中乡镇煤矿快速发展到 6.3 万处，单井规模仅为 0.56 万 t/a；1992 年，原煤炭工业部提出"建设高产高效矿井，加快煤炭工业现代化"的号召；此后，全国推进大型煤炭基地建设，兼并重组形成了若干个大型煤炭企业集团，到 2008 年，全国共有各类煤矿 1.8 万处，生产煤炭 27.93 亿 t，平均单井产量提高到 126.63 万 t/a。

此后的 10 年里，大型煤炭基地建设、企业兼并重组、"双高"矿井建设和淘汰落后产能不断推进。2017 年，14 个大型煤炭基地产量占全国的 94.3%。前 4 家大型煤炭企业产量占全国总产量的 26.5%，前 8 家大型煤炭企业产量占比接近 40%。这些数据表明，大型煤炭基地对保障煤炭稳定供应的作用日益突出，大型煤炭企业集团、大型现代化煤矿成为煤炭供应的主力军。2018 年 5800 处煤矿生产 36.8 亿 t，矿井规模稳步增长，平均单井产量 63 万 t/a。

表 2-2　煤矿数量和产量变化

年份	国有煤矿			乡镇煤矿		
	数量/处	产量/万 t	平均规模/万 t	数量/处	产量/万 t	平均规模/万 t
1958	529	14050	26.56	32000	1000	0.03
1978	2263	46428	20.52	17800	9352	0.54
1982	2208	51540	23.34	16000	14607	0.91
1988	2326	63397	27.26	63000	35154	0.56
2002	1648	98180	59.58	12734	43351	3.40
2005	1733	131581	75.93	16741	83551	4.99
年份	数量/处		产量/万 t		平均规模/万 t	
2017	5800		368000		63	

2) 集约化生产与煤矿安全生产的相关性分析

(1) 我国煤矿机械装备水平及工效与国外差距大。

从煤矿数量上看，2016 年，美国只有约 1400 个煤矿，且大多数是安全系数更高、更容易开采的露天矿，露天矿占煤炭总产量的比重达 70%。特别是在产量前 20 名的大型煤矿中，除了四个井工矿外，其余都是露天矿，而我国多为地下煤矿，露天矿很少，其中，露天煤矿产量约占全国煤炭生产总量的 3.3%。截至 2018 年 6 月，年产 120 万 t 以下煤矿 (生产和建设煤矿) 仍有 4000 处左右，占全国煤矿数量的 80% 左右。

从矿井用人和工效来看，1933 年，美国煤矿人均年产量为 723t，1953 年为 1415t，1990 年快速增长到 7110t，2015 年达到 3 万多吨，而我国煤矿从业人员为 525 万人，井下作业人员为 340 万人，全国单班下井超千人的煤矿有 47 处。大型煤炭集团人均年产量约 1730t，是美国人均年产量的 5.6%，只相当于美国 1953 年的水平。而中国煤炭行业的人均年产量更低，仅为 700t 左右。矿井工效的差距主要反映了煤炭工业化、自动化程度，美国采煤机械化程度早已达到 100%，而我国只有大型煤炭企业采煤机械化程度在 90% 以上。尽管中国多为地下煤矿，需要的劳动力数量可能高于美国的露天煤矿，但如此巨大的差距意味着我国煤矿的劳动效率极其低下。

从煤矿安全生产水平来看，美国作为世界第二大产煤国，其过去 10 多年来煤炭年产量一直稳定在 10 亿 t 左右，煤矿年死亡人数为 30 人左右，其百万吨死亡率一直维持在 0.03。最近几年，中国煤矿百万吨死亡率直线下降，但仍高于美国等发达国家，2017 年全国煤矿百万吨死亡率为 0.106，仍为美国的三倍多。

(2) 国家能源集团与全国煤矿的集约化、安全水平对比。

煤矿开发逐渐向集约化和大型化发展，煤矿数量从 1958 年的 3.2 万处逐渐减少至 2018 年的 5800 处，同时煤炭产量从 1958 年的 1.4 亿 t 大幅增长至 2018 年的 36.8 亿 t，煤矿数量大幅少，而煤炭产量则大幅增加，煤矿正实现集约大型开发的转折。

而煤矿大型化生产使煤矿安全水平明显提升。据统计，国家能源集团 2017 年煤炭产量为 5.09 亿 t，生产煤矿仅 64 处，平均生产规模约 800 万 t/处。而 2018 年全国煤炭产量为 36.8 亿 t，生产煤矿数为 5800 处，平均生产规模仅为 63 万 t/处。对比来看，国家能源集团的矿井规模要远大于全国平均水平。与此同时，2018 年国家能源集团的百万吨死亡率仅为 0.005，而全国煤矿百万吨死亡率达 0.093，简单来看，煤矿大型化的程度与煤矿安全水平呈正相关关系。

煤矿大型化建设成为趋势，并通过矿井机械自动化水平的不断提升实现集约化生产，煤矿单产单井水平快速提高。预计 2050 年，煤矿数将在 300 处以下，人员工效将达到 2 万 t/人，煤矿死亡人数将达到个位数，百万吨死亡率将降到 0.001 及以下。

3. 煤矿事故向多元化耦合灾害的转折

近年来，我国煤矿安全生产事故发生数量、死亡人数均快速减少，煤矿百万吨死亡率也逐年下降。统计数据显示，我国煤矿百万吨死亡率从 1978 年的 9.71 减少到了 2018 年的 0.093，煤矿安全生产事故发生数量从 1978 年的 1403 起减少到了 2018 年的 224 起，死亡人数从 1978 年的 6001 人减少到了 2018 年的 333 人。但是 2018 年山东龙郓煤业 "10·20" 煤矿事故等多元因素耦合型灾害事故给煤矿安全生产带来了新的警示。

从目前来看，我国煤矿单元因素事故已经得到了较大控制，监测、预报、预警机理已较为清晰，已形成较为完善的防范和治理手段。而冲击地压等多元因素耦合事故为近期发生的主要重大事故。动力突变型致灾与流体渐变型致灾不同，其机理和防治技术研究得还不深入，尚未形成有效防范手段，将成为新防范的重点。

4. 煤矿安全实现向保护健康的转折

煤矿工人在井下环境下作业，长期接触到煤尘、岩尘和危害气体，极易患不同程度的尘肺和噪声聋等职业病。职业病危害占比逐渐凸显。当前，我国绝大部分煤矿粉尘治理尚未达到人体健康要求，煤矿尘肺病累计近 45 万人。

为满足煤矿工人对美好生活的向往，不仅要在煤矿死伤管控上下功夫，还要加强健康防护；不仅要重视地上 $PM_{2.5}$，也需关注井下 $PM_{2.5}$，降低职业病发病率。

5. 煤矿人员实现向复合型技能人才的转变

过去煤矿属于艰苦行业,煤矿机械自动化程度偏低,工人以体能输出为主,工作环境差、收入较低、社会认可度较差,在收入未明显高于甚至明显低于其他行业的情况下,难以吸引大批人才。黑龙江科技大学采矿工程专业近年来第一志愿报考比例和从事煤矿生产的人数逐年下降,中国矿业大学安全工程专业尽管第一志愿报考比例相对稳定,但是从事煤矿生产的人数已下降到个位数。

现今,综采、综放和精准智能开采等技术革命,亟须培养一批既能掌握安全技术,又能现场操作的复合技能型专业人才,从过去的体力型向技能型转变,以满足煤矿机械化、自动化、信息化和智能化的需求。因此,必须改善井下工作环境,提高收入水平,提升其社会认可度,才能吸引人才。

二、新时代煤矿安全生产工程科技需求

1. 煤矿安全生产工程科技存在的问题

近年来,我国安全生产形势不断好转,但事故总量仍然较高,区域发展极不平衡;随着矿井开采深度的增加,安全保障面临严峻考验;特别是煤与瓦斯突出、冲击地压、热害等矿井灾害呈现出新的变化,出现了多种灾害耦合,增强了灾害的复杂性,防治难度更大;职业危害形势日趋严峻,职业病中尘肺病新发病例数、累计病例数和死亡病例数均居世界首位。总体上来看,现有的风险评估、监测预警、事故防控及应急救援理论、技术和装备已无法完全满足安全生产重特大事故防控新需求。

(1)复杂的煤田地质条件要求更高的勘探精度。

我国煤炭资源分布广,但是煤层赋存条件差异大,且地处欧亚板块接合部,地质构造复杂,对地质勘探程度和精度要求更高。目前我国初步形成了具有中国煤田地质特色的勘查理论体系,"以地震主导,多手段配合,井上下联合"的立体式综合勘探体系逐渐成熟。但随着煤层埋藏深度的增加,煤层上覆岩层厚度增加,下部煤层上覆采空区的存在使得浅部煤炭地质勘探的技术方法受到严重限制,主要表现在地球物理信号的衰减与屏蔽、钻探工程量激增、钻孔穿越采空区困难、井下钻探受高地应力与高压水的威胁等方面。

随着信息化技术的快速发展，透明矿井的概念已经被提出，目前的勘探程度和精度还难以满足要求。

(2) 煤矿开采智能化程度较低。

智能化开采技术取得了一定突破，但大部分煤层还无法实现智能化开采。近年来，我国在不同煤层开展的智能化开采研究与实践取得了很多突破，在条件较好的煤层能够实现"无人操作、有人巡视"的常态化生产，但大部分煤层都不如预想般理想，而且时常存在无法预知的围岩活动和环境变化，给智能化开采带来了进一步的挑战。因此，需要研究装备及开采系统自身状态调整、多设备协调控制等一系列关键技术，包括采煤机智能调高控制、液压支架群组与围岩的智能耦合自适应控制、工作面直线度智能控制、基于系统多信息融合的协同控制、超前支护及辅助作业的智能化控制等。我国大量煤矿地质开采条件复杂，安全压力大，亟须研究复杂条件下的智能化开采技术，减少井下作业人员，保障矿工生命安全。

(3) 耦合灾害防治理论和技术手段还需进一步深入研究。

随着开采深度的延伸，出现了多种灾害耦合，防治难度更大，相关研究尚未深入。目前我国煤矿开采深度以平均每年 10～20m 的速度向深部延伸。特别是在中东部经济发达地区，煤炭开发历史较长，浅部煤炭资源已近枯竭，许多煤矿已进入深部开采(采深 800～1500m)，全国 50 多对矿井深度超过1000m。与浅部开采相比，深部煤岩体处于高地应力、高瓦斯、高温、高渗透压及较强的时间效应的恶劣环境中，煤与瓦斯突出、冲击地压等煤岩动力灾害问题更加严重。

(4) 应急救援技术装备不完善。

在事故救援过程中暴露出还有不少困扰应急救援实施的技术装备难点和薄弱环节没有攻克。近年来应急装备研发和生产制造企业加大了投入和研发力度，我国的应急救援技术装备在性能方面有了很大的提高，但面对突发且复杂的矿山灾害事故，事故预判报警及快速响应机制还不健全，矿山应急决策、救灾实施的技术与装备是矿山安全的薄弱环节，还不能及时有效地协同展开救援工作，事故发生后决策部门不能及时准确地掌握事故发生地、类型、受灾范围等，导致常常因难以得到灾区环境的准确信息，无法准确掌握遇险人员的具体位置；另外，我们虽然拥有一大批高精尖设备，但其安全可靠性、成套性、适应性方面的研究还有所欠缺，严重影响了救援效果。

(5)职业健康保障尚未形成完整技术装备体系。

随着国家"十三五"规划的推进,煤炭企业越来越重视职业危害防治工作,国家层面也不断加强职业卫生监管能力建设,狠抓职业危害各项措施的落实。但是,由于煤炭行业的特殊性,煤矿工人数量多、流动性大,采煤作业过程中又存在多种职业性有害因素,煤矿企业在职业病危害防治工作推进过程中,有待重视的问题还有很多,主要表现在危害防治措施不具体、不成体系、针对性不强、实施效果差。

2. 新时代对煤矿安全生产工程科技的需求

纵观国际采矿史,煤矿安全事故发生的致灾机理和地质情况不清、灾害威胁不明、重大技术难题没有解决等是事故发生的主要原因。新时代要求攻关煤矿安全生产的"卡脖子"科技难题,构建完善的职业安全健康保障体系,提升煤矿安全生产水平,尽早实现煤矿不再有伤亡、职业健康有保障。

(1)地质勘探预测与灾害源探测的工程科技需求。

随着煤炭开采规模的增大、开采强度的提高、开采深度的日益增加,现代化矿井安全高效建设生产对开采地质条件的查明程度提出了更新、更高的要求,形成了以采区地面三维地震、瞬变电磁法和矿井瑞利波、直流电法、音频电透视、坑透、瓦斯抽采为主要手段,以采空区、小构造及陷落柱等超前探测、超前治理为地质保障的主要技术。经过多年的研究发展,一种地质与地球物理相结合、钻探与巷探相结合、"物探先行、钻探验证"、地面与井下立体式勘探的地质构造精准探测地质保障技术已经形成。

煤矿采区小构造高分辨率三维地震勘探技术、隐蔽致灾灾害源探测技术及地质预测方法和矿井复杂地质构造探测技术与装备等是地质保障上工程科技需要攻关的方向。

(2)煤炭精准智能无人开采的工程科技需求。

要想从根本上破解煤矿安全高效生产难题,煤炭工业须由劳动密集型升级为技术密集型,创新发展成为具有高科技特点的新产业、新业态、新模式,走智能、少人(无人)、安全的开采之路。一方面,应靠提升自动化和智能化水平精简人员,实现煤矿开采总体少人化,主要工艺流程无人化;另一方面,应提升煤炭开采技术水平,保证在少人(无人)情况下的煤炭安全高效开发,以满足经济社会的发展需求,并具有国际竞争力。第三次工业革命势头强劲,信息化技术日新月异，为由传统的以经验型、定性决策为主的采矿业向现代化的精准型、定量智能决策的采矿业转变提供了机遇，为实现安全智能精准的煤炭开发提供了可能。

智能化开采技术，不仅将工人从繁重的体力劳动中解放了出来，减少了顶板、水、火、瓦斯、煤尘对职工身心健康的危害，而且有效提高了工作效率、煤炭开采率和现场安全管控水平，在我国煤炭资源丰富的西部地区具有极大的推广应用价值。目前不同煤层开展的智能化开采技术研发与实践取得了重要进展，如黄陵矿业集团有限责任公司一号煤矿等示范工作面实现了"无人操作、有人巡视"的常态化生产。对于复杂地层条件下的断层、瓦斯、水等影响顺利开采的地质问题，设备本身还无法应对：一是开采装备本身的自动化、智能化程度还不够，还无法替代工人的大脑；二是整个矿山采区内的地质情况无法被有效感知和获取，因而设备也无法对相关情况作出判断和反馈；三是企业理念、技术和管理水平不平衡，许多智能化开采项目未达到理想效果，这给智能化、无人化开采带来了严峻的挑战，还需突破一系列关键技术和装备。智能化开采技术的发展重点集中在以下方面。

①液压支架群组对围岩状态的自适应支撑是无人化开采的核心技术。已提出了液压支架群组与围岩智能耦合自适应控制的理论与技术框架，包括支护质量在线监测系统及方法、支护状态评价方法、群组协同控制策略，需继续研究突破液压支架结构自适应、可控性，代替人工操作，实现对围岩的实时、最佳支护与控制。

②采煤机智能调高控制是指采煤机根据煤层厚度及倾角等条件的变化自动调整摇臂高度以实现对煤层的精准截割，智能调高控制是智能化综采的关键技术之一。从逻辑上来看，煤岩识别是智能调高的基础。然而，煤岩识别并不是智能开采的唯一途径。应探索基于煤层地质信息精准预测、工作面三维精准测量、数字模型推演、采动应力场和截割参数动态分析、最佳截割曲线拟合等综合智能调高控制决策策略，从而实现对采高的精准智能控制。

③基于系统多信息融合的协同控制技术。现有的集控系统只是将各个设备的信息汇集到一起，并没有进一步的数据挖掘和应用，也就无从谈起信息融合及智能决策。应建立多层级的多信息融合处理系统及数据应用平台，在统一平台上应用大数据技术综合分析、融合设备之间的信息，基于设备当前

的状态、空间位置信息、生产运行及安全规则等做出决策；各设备基于自感知数据分析并做出控制决策。

④复杂条件工作面超前支护及辅助作业的智能化控制。还存在工作面超前巷道设备集中，应力分布复杂，底鼓、两帮变形难以抑制和消除，端头超前支护和设备维护还需要较多人工作业等问题。超前支护及辅助作业智能化是无人开采的主要瓶颈。

提升自动化和智能化水平的煤矿精准智能无人开采，液压支架、采煤机、运输机及其他设备协同控制，实现主要流程无人化，决策精准、定量化等是煤矿开采上工程科技需要攻关的方向。

(3)煤矿多元耦合致灾防治的工程科技需求。

一直以来，水火瓦斯顶板是煤矿的主要灾害。目前，矿井复合水体多重水害、自然发火、瓦斯突出和冲击地压的威胁依然存在并严重影响煤矿的安全生产，特别是在深部开采高温、高压、高瓦斯条件下，煤矿多元耦合灾害问题越来越凸显。因此，煤炭工业安全科学技术研究还存在很多不足。

深部矿井突水事故、煤与瓦斯突出、冲击地压等多种煤岩动力耦合灾害机理及其诱发条件、煤矿隐蔽致灾因素动态智能探测、深部矿井冲击地压防控技术与装备、煤矿重大灾害预警、数值模拟和真三维数值仿真智能判识平台建设等是煤矿灾害防治过程中工程科技需要攻关方向。

(4)应急救援装备研发的工程科技需求。

目前在煤矿应急救援的事故预判、报警及响应、应急处置、事故原因还原及再现、应急救援规范化、标准化等方面还存在许多不足，还有很多共性关键技术需要攻克，需要进行智能化、一体化、成套化及安全可靠方面的研究。

在地面救援方面，开发全液压动力头车载钻机、救援提升系统研制及其下放提吊技术、煤矿区应急救援生命通道井优快成井技术；在井下救援方面，推进大功率坑道救援钻机、大直径救援钻孔施工配套钻具、基于顶管掘进技术的煤矿应急救援巷道快速掘进装置的研制，以及井下大直径救援钻孔成孔工艺设计；隐蔽致灾因素探查装备和井下恶劣条件下煤矿应急救援机器人的研发，是应急救援中工程科技需要攻关方向。

(5)职业危害防治的工程科技需求。

我国煤矿粉尘危害形势依旧严峻，煤矿粉尘职业危害上升趋势尚未得到有效遏制。煤矿企业接触粉尘的人员数量大、接害率高；受煤矿粉尘引发的煤工尘肺总数仍呈现逐年上升的趋势。

在煤矿粉尘检验检测方面，我国是以人工抽检为主，存在覆盖率低、操作不规范、弄虚作假等弊端，煤矿粉尘检验检测方式亟待改革升级；当前主流的光学粉尘浓度传感器设备尚不能很好地适应煤矿井下降尘过程带来的水雾大、潮湿的环境。结合发达国家(如美国、德国等)建立全国统一的煤矿粉尘第三方在线检验检测中心的行业经验，我国建立一个统一的煤矿粉尘第三方在线检验检测中心实现对呼吸尘危害的实时监管预警是行业发展的必然需求。在粉尘防治方面，综合当前防尘技术与装备的现状来看，煤层注水防尘技术和高效除尘技术是显著提高矿井防尘水平的关键技术，也是当前市场亟须研发的技术，但目前这两方面的技术尚不成熟，还亟待攻关。

建立第三方在线检验检测中心是管理部门亟待解决的问题。研发高效粉尘浓度传感器，开发煤层注水防尘技术和高效除尘技术、环境降尘和个体防护技术与装备等是职业危害防治中工程科技需要攻关的方向。

三、先进经验借鉴

本节根据国内外先进经验，针对我国煤矿安全生产的现状和新形势、新要求，总结分析可供借鉴的先进经验。

1. 煤矿实现高效智能开采

我国煤矿赋存情况多样化，尤其是现在处于"三高一扰动"复杂应力环境的深部煤炭资源。当前，应加强精准勘探、精准防灾、精准开采等一系列的相关技术攻关，如研发控制自动化装备精准运行的传感器、工作面多视频和远程控制技术等，为实现矿井透明化、自动化、智能化开采提供重要支撑，降低矿井安全生产事故风险。

通过机械化、自动化装备强化矿井单产单进，加强矿井集约化生产，布置超长工作面，按照"一井一面"的要求组织生产，减少矿井用工数量，从本质上减少矿井灾害事故的发生概率及其破坏能力，提高矿井的安全生产水平。同时，加强设备的可靠性是实现长壁工作面安全高效的重要保障。绝大多数长壁工作面矿井都是采用一井一面的生产模式，一旦工作面设备出现故障，全矿将立即停产，造成的经济损失将是巨大的。目前大多数长壁工作面采用的都是 JOY、CAT 等大的设备制造商的主流产品，能够保证设备在工作面回采期间不发生影响生产的设备故障。

2. 优先布局开发优质煤炭资源

在国外实践中，煤矿开发主要考虑煤炭资源条件，优先开采煤炭资源赋存条件较好、地质条件较为简单、便于设置机械自动化装备的煤炭资源。其工作面多以斜长大、推进距离远为基本特征。该类工作面多布置于近水平煤层、直接顶板稳定性较好、断层构造不发育等场合，可实施机械自动化开采技术，确保工作面安全高效回采整体机械化、自动化程度高，有利于安全生产。例如，Tunnel Ridge 煤矿长壁工作面斜长为 300m，推进距离为 3000m，使得煤矿产量高、安全水平高。

在国内案例中，煤矿资源开发应结合我国的资源条件，基于绿色资源量的同时，进行协同开采，从而有利于可持续发展。

3. 重视煤矿职业病危害防治

美国在《矿产资源卷》中，对煤矿职业安全健康技术和管理等方面提出了全面严格的规定。发达国家十分注重从业人员的职业健康，在煤矿井下，粉尘浓度、温度等方面的限值标准均高于我国，并且针对不同作业地点，都有不同的限值规定。因此，我国应进一步完善保障井下工人安全、健康方面的规章制度，并严格落实相关制度。目前煤矿职业病危害已逐渐成为煤矿安全生产的重要部分。煤矿应当尽可能通过科学技术手段为煤矿工人提供较好的工作环境。

为了达到法律法规的要求，煤矿需要不断改善各种生产条件。例如，Tunnel Ridge 煤矿采用远程控制采煤，其中最重要的原因就是法律规定工人呼吸的煤尘含量不能高于 $1.5mg/m^3$。为达到要求，倒逼煤炭企业采用远程智能化开采技术，实现煤炭资源的精准开采，在采煤机从机头向机尾回采时，由远程控制中心的工人远程操作采煤机，避免采煤机司机在下风侧工作，进一步从职业病防治角度提升煤矿安全生产水平。

4. 加强废弃矿井安全综合利用

矿井在废弃后，仍存在诸多的工业设施资源、地下空间资源、地下自然资源及矿山整体文化资源等。可以对废弃矿井的设备、土地、厂房等明面的资产，根据其特点和优势，积极开拓其利用方式，实现资产变现；对矿井原有的巷道、采空区等空间资源和未加以利用的煤炭、天然气资源，积极推动科技创新发展，实现废弃资源安全、高效、绿色、经济开发，使废弃矿井能够得到充分利用，避免资源浪费。

国内外废弃矿井利用均有许多成功的案例。例如，1963 年，美国利用 Denver 附近的 Leyden 废弃煤矿(距地表 240～260m)建成世界上首座废弃煤矿地下储气库，形成 1.4 亿 m^3 的储气能力；上海佘山世茂洲际酒店是借助 80m 的矿坑建造了深坑酒店等。2018 年底，我国煤矿数量已由"十二五"初期的 1.4 万多处减少到 2018 年的 5800 处左右。预计到 2030 年，废弃矿井数量将达到 1.5 万处。

四、我国煤矿安全生产工程科技战略

1. 战略思想

深入贯彻习近平新时代中国特色社会主义思想，坚持以人为本的发展理念，以追求煤矿工人的生命安全与健康、保障生活与社会安定为目的，以先进的工程科技支撑本质安全和职业健康。

2. 战略蓝图

(1)实现理念"四大转变"。

随着新时代人民日益增长的美好生活需要和高新技术的快速发展，煤矿安全生产理念要进行"四大转变"：由灾害管控向源头预防转变、由单一灾害防治向复合防治转变、由局部治理向区域治理转变、由管控死伤向保障健康转变。

(2)实现煤矿"四化"。

以追求煤矿工人的生命安全、健康生活和社会安定为目的，以先进的工程科技支撑本质安全和职业健康，实现煤矿安全"四化"，即实现精准探测、矿井全息透明的透明化；实现精准开采、设备智能高效操控的智能化；实现精准、预警、监控、解危和救援全过程减灾的减灾化；实现精准防护、有效控制职业病、保护工人健康的健康化(图 2-4)。

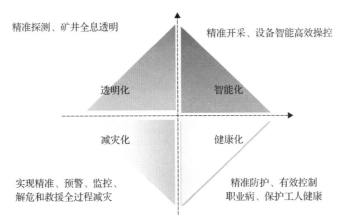

图 2-4　煤矿安全"四化"发展

(3)煤矿战略蓝图。

按照煤矿"四化"的要求，构建面向未来的煤炭开采全过程(采前、采中、采后)灾害防治的精准智能开采新蓝图。到 2050 年，建成全息透明矿井、实现精准智能开采和智能防灾治灾；煤矿企业成为技术密集型企业；煤炭行业成为技术含量高、安全水平高、绿色无害化的高科技行业；全国煤矿用工 15 万人(井下基本无人)、全员工效 2 万 t/工、采煤 30 亿 t、死亡人数个位数。

煤矿将以最少用工、最少动用储量、最少人员伤亡保障我国煤炭安全稳定可持续供应，以满足煤矿工人对健康和美好生活的向往。

3. 战略目标

根据十九大确定的我国经济社会发展的总体目标与战略部署，提出了煤矿安全生产工程科技目标，从而指导我国煤矿安全生产的发展实践，其战略路线如图 2-5 所示。

2020 年目标：精准开采完成试验和示范工程、煤矿井下作业人员相较于 2017 年减少 20%以上、示范矿井新入职职工不发生尘肺病。

2035 年目标：精准开采煤矿占比达到 20%以上、煤矿井下作业人员减少 60%以上、煤矿百万吨死亡率低于 0.05、煤矿尘肺病发病率降低 50%、安全生产技术水平达到世界前列。

2050 年目标：精准开采煤矿占比达到 80%、煤炭实现井下无人作业、煤矿死亡人数控制在个位数、安全生产技术水平世界领先。

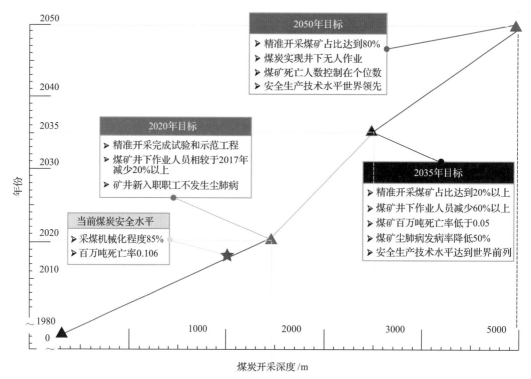

图 2-5 煤矿安全生产工程科技战略路线

五、煤矿安全生产技术体系

1. 全息透明矿井技术

如图 2-6 所示,运用全息成像技术,构筑三维分布图像,精准确定煤炭资源赋存、资源储量、地质构造、地质灾害和伴生资源等,为灾害源头防治、区域治理、资源综合利用提供支撑。

(1)深层煤矿床赋存规律和多场综合勘探技术。

深部煤炭资源勘探模式与浅层有别。浅层的煤炭资源勘探采用的是以地面钻探为主、辅之以地面物探的方法。从地面钻探须通过采空区的实际困难出发,面对深部更复杂的环境、更多的目标参数,对深部资源采用以钻探为主的勘探模式并不现实,须从高精度的地震勘探、电磁法勘探、CT 扫描等新型勘探方法入手,逐步解决相关技术的应用,探索一个深层煤矿床资源综合探测的技术体系。

在地质勘探的同时,要开展原位地应力真值、地温梯度、渗透系数等参数的测量,不仅需要了解区域地应力场、区域地温场、区域渗流场,也需要

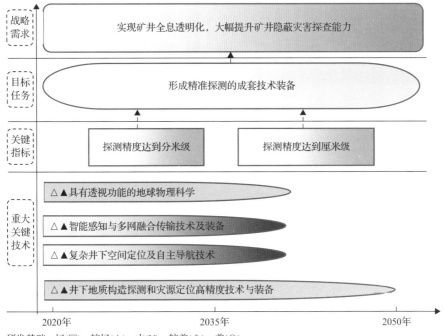

研发基础：好(□)、较好(△)、中(V)、较差(◇)、差(○)
研发方式：自主开发(▲)、联合开发(▼)、引进吸收消化再创新(◆)

图 2-6　全息透明矿井技术体系图

知道局部的微观地应力场、微观地温场、微观渗流场，还需要弄清它们的演化历史，并在此基础上建立以煤田、煤矿区和煤矿床为中心的深部原位地应力场、地温场、渗流场模型，为预测和防治灾害提供基础保障。

目前应力场的测量主要采用水压致裂法和应力解除法等，这些方法都需要布置钻孔，施工难度较大，尤其是深部矿区应力测量难度很大，且通常只能测量单个点，如需全面了解煤矿井下应力场分布，需要进行多个测站的布置。裂隙场的测量主要通过物探的方法，但目前测量精度普遍较低，尤其是微裂隙，无法实现准确探测。渗流场主要是瓦斯和水的渗流，目前也需要在井下采用测试仪器进行点对点的测试。

针对煤矿井下应力场、裂隙场和渗流场的分布与演化，需要开发煤矿应力场、裂隙场、渗流场高精度智能化测试分析技术。

煤矿井下应力场包括原岩应力场、采动应力场和支护应力场，上述三种应力场构成煤矿井下综合应力场。综合应力场随着煤矿开采过程在时间和空间上都不断变化，因此需要研究开发煤矿各采区甚至全矿井范围内非钻孔的综合应力场全面探测技术，并结合物探方法开发高精度裂隙场和渗流场探测技术，实现煤矿井下"三场"变化的全面、实时、透明化监测，实现"三场"

监测人员不下井、监测精度高的目标。

(2)井下智能化钻探技术与装备。

当前钻进施工以人工操作为主，干扰因素太大，易发生钻孔事故。智能化钻探技术即通过设置钻探参数监测系统，实时掌握钻进参数变化，并根据建立的模型实现钻进工况识别，在机械执行机构、液压控制系统和控制器三者有效集成的基础上，仅通过操作手柄或按钮结合视频显示和数据显示来完成钻进作业，降低了工人劳动强度和事故发生概率、提高了钻进效率，同时可对各种地质异常体进行辅助判断和识别，另外结合地质导向技术，可满足地质信息探测方面的新需求。

煤矿井下智能钻机以智能钻进专家系统为核心，辅之以钻进参数采集系统、钻进数据处理系统和钻进实时控制系统，通过数据采集器、信号处理器、中控计算机组成的智能化控制体系，实时采集、处理钻机钻进参数，由专家系统智能判断并实时调整钻进工艺，同时配合钻机自动上杆装置等辅助自动化设备，最终实现智能化钻孔施工。

2. 煤矿精准开采技术

煤炭精准开采是基于透明空间地球物理和多物理场耦合，以智能感知、智能控制、物联网、大数据云计算等作为支撑，统筹考虑不同地质条件下的煤炭开采扰动影响、致灾因素、开采引发的生态环境破坏等，时空上准确高效的煤炭无人(少人)智能开采与灾害防控一体化的未来采矿新模式。煤矿精准开采的科学内涵如图 2-7 所示。精准开采支撑科学开采，是科学开采的重中之重。煤矿精准开采技术体系如图 2-8 所示。

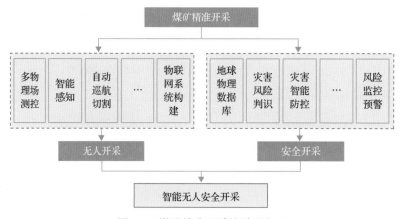

图 2-7　煤矿精准开采的科学内涵

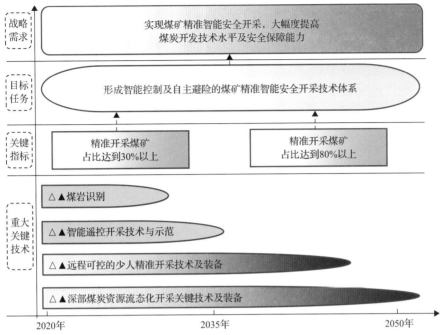

研发基础：好(□)、较好(△)、中(V)、较差(◇)、差(○)
研发方式：自主开发(▲)、联合开发(▼)、引进吸收消化再创新(◆)

图 2-8　煤矿精准开采技术体系

煤矿精准开采涉及面广、内容纷繁复杂，主要研究内容包括以下几个方面。

(1)创新具有透视功能的地球物理科学。

具有透视功能的地球物理科学是实现煤炭精准开采的基础支撑。该方向将地理空间服务技术、互联网技术、电子计算机断层扫描(CT)技术、虚拟现实(VR)技术等积极推向矿山可视化建设，打造具有透视功能的地球物理科学支撑下的"互联网+矿山"，可对煤层赋存进行真实反演，实现断层、陷落柱、矿井水、瓦斯等致灾因素的精确定位。

该方向主要包括以下研究内容：

①创新地下、地面、空中一体化多方位综合探测新手段。

②研制磁、核、声、光、电等物理参数综合成像探测新仪器。

③构建探测数据三维可视化及重构的数据融合处理方法。

④研发海量地质信息全方位透明显示技术，构建透明矿山，实现瓦斯、水、陷落柱、资源禀赋等 1∶1 高清显示，以及地质构造、瓦斯层、矿井水等矿井致灾因素高清透视，最终实现煤炭资源及煤矿隐蔽致灾因素动态智能探测。

(2)智能新型感知与多网融合传输方法及技术装备。

智能新型感知与多网融合传输方法及技术装备是实现精准开采的技术支撑。该方向将研发新型安全、灵敏、可靠的采场、采动影响区及灾害前兆等信息采集至传感技术装备，形成人机环参数全面采集、共网传输新方法。

该方向主要包括以下研究内容：

①采场及采动扰动区信息的高灵敏度传输传感技术。

②采场及采动扰动区监测数据的组网布控关键技术及装备。

③非接触供电及多制式数据抗干扰高保真稳定传输技术。

④灾害前兆信息采集、解析及协同控制技术与装备。

(3)动态复杂多场多参量信息挖掘分析与融合处理技术。

动态复杂多场多参量信息挖掘分析与融合处理技术可为煤矿精准开采系统提供智能决策、规划，提高系统反应的快速性和准确性。该方向将突破多源异构数据融合与知识挖掘难题，创建面向煤矿开采及灾害预警监测数据的共用快速分析模型与算法，创新煤矿安全开采及灾害预警模式。

该方向主要包括以下研究内容：

①多源海量动态信息聚合理论与方法。

②数据挖掘模型的构建、更新理论与方法，面向需求驱动的灾害预警服务知识体系及其关键技术。

③基于漂移特征的潜在煤矿灾害预测方法与多粒度知识发现方法。

④煤岩动力灾害危险区域快速辨识及智能评价技术。

(4)基于大数据云技术的精准开采理论模型。

基于大数据云技术的精准开采理论模型可以为煤炭精准开采提供理论支撑。该方向基于大数据的煤炭开发多场耦合及灾变理论模型，采用"三位一体"科学研究手段，基于大数据技术自动分析、生成监测数据异常特征提取模型，研究煤矿灾害致灾机理及灾变理论模型，实现对煤矿灾害的自适应、超前、准确预警。

该方向主要包括以下研究内容：

①基于实验大数据的多场耦合基础研究。利用"深部巷道围岩控制""煤与瓦斯突出""煤与瓦斯共采"等大型科学实验仪器在不同开采条件下的海量实验测试数据，开展多场耦合基础实验研究。

②基于生产现场监测大数据的多场耦合研究。基于生产现场监测的海量数据,进行大数据的云计算整合,探索总结多场耦合致灾机理及其诱发条件。

③基于精准透视下的多场耦合理论模型。现场实时扫描监测数据,研究数据的瞬态导入机制,数值模拟仿真实验模型,进行真三维数值仿真智能判识与监控预警。

(5)多场耦合复合灾害预警云平台。

多场耦合复合灾害预警为煤炭精准开采提供了安全保障。该方向利用探索具有推理能力及语义一致性的多场耦合复合灾害知识库构建方法,建立适用于区域性煤矿开采条件下灾害预警特征的云平台。

该方向主要包括以下研究内容:

①不同类型灾害的多源、海量、动态信息管理技术。

②基于描述逻辑的灾害语义一致性知识库构建理论与方法。

③基于深度机器学习的煤矿灾害风险判识理论及方法。

④煤矿区域性监控预警特征的云平台架构。

⑤基于服务模式的煤矿灾害远程监控预警系统平台。

(6)远程可控的少人(无人)精准开采技术与装备。

远程可控的少人(无人)开采技术与装备是实现煤炭精准开采的必需技术手段。该方向以采煤机记忆截割、液压支架自动跟机及可视化远程监控等技术与装备为基础,以生产系统智能化控制软件为核心,研发远程可控的少人(无人)精准开采技术与装备。

该方向主要包括以下研究内容:

①采煤机自动调高、巡航及自动切割自主定位。

②煤岩界面与地质构造自动识别。

③井上-井下双向通信。

④采煤工艺智能化。

⑤工作面组件式软件和数据库、大数据模糊决策系统。

(7)救灾通信、人员定位及灾情侦测技术与装备。

救灾通信、人员定位及灾情侦测技术与装备是实现煤炭精准开采的坚实后盾。该方向将进行灾区信息侦测技术及装备、灾区多网融合综合通信技术及装备、灾区遇险人员探测定位技术及装备、生命保障关键技术及装备、快速逃生避险保障技术及装备、应急救援综合管理信息平台的研发。

该方向主要包括以下研究内容：

①地面救援方面，开发全液压动力头车载钻机、救援提升系统研制及其下放提吊技术、煤矿区应急救援生命通道井优快成井技术。

②井下救援方面，推进大功率坑道救援钻机、大直径救援钻孔施工配套钻具、基于顶管掘进技术的煤矿应急救援巷道快速掘进装置的研制，以及井下大直径救援钻孔成孔工艺设计。

(8)基于云技术的智能矿山建设。

基于云技术的智能矿山建设是煤炭精准开采需要实现的目标。该方向结合采矿、安全、机电、信息、计算机、互联网等学科，融计算机技术、网络技术、现代控制技术、图形显示技术、通信技术、云计算技术于一体，将"互联网+"技术应用于云矿山建设，把煤炭资源开发变成智能车间，实现未来采矿智能化少人(无人)安全开采。

3. 煤矿灾害防治技术

如图 2-9 所示，从开发源头控制煤矿灾害，协调资源利用与灾害治理，加强复合灾害的综合治理和区域治理。提升我国煤矿安全技术水平，实现隐

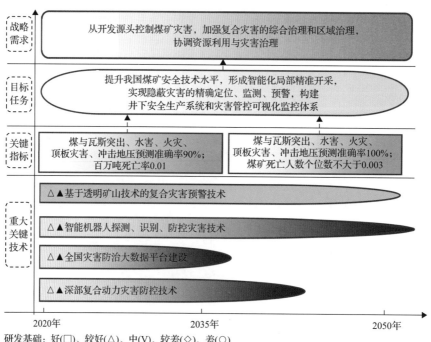

图 2-9　煤矿灾害防治技术体系图

蔽灾害的精确定位、监测、预警,以及应急救灾机器人研制,构建井下安全生产系统和灾害管控可视化监控体系。

1) 煤矿瓦斯灾害防治重大技术

煤矿瓦斯灾害防治主要针对煤与瓦斯突出、窒息中毒和瓦斯爆炸三种类型。避免瓦斯事故发生的根本是消除危险源,因此瓦斯参数(浓度、压力或含量)是关键监测对象。降低巷道(网络)瓦斯浓度,可以有效降低瓦斯爆炸和窒息中毒事故;合理管控煤层瓦斯压力或含量,可有效避免煤与瓦斯突出,降低灾害风险。

提升煤矿瓦斯灾害防治技术,目前主要从预测预报、煤层增透、抽采消突和通风技术等方面进行,主要重大技术包括:

(1) 适应现代采煤技术的采煤采气一体化开发技术。

(2) 井下无人化、智能化瓦斯抽采技术。

(3) 瓦斯富集区及储层特性参数精准探测技术。

(4) 低渗煤层卸压促流增透技术。

(5) 深部复合动力灾害防控技术。

(6) 井上下瓦斯抽采精准对接立体防控技术。

(7) 煤与瓦斯突出危险性多元复合预测预报技术。

(8) 矿井通风智能管控技术。

其中瓦斯预测预报技术是基础,是发现、辨识危险源的有效途径;煤层增透是关键途径,是消除灾害风险的必要手段;而瓦斯抽采消突是去除灾害的关键技术措施,三者形成煤矿瓦斯灾害防控的主体。

2) 煤矿水害防治重大技术

(1) 水害防治基础理论研究。

① 深部煤炭资源开采突水机理。

高地应力及高水压条件下深部煤层底板突水机理研究;底板突水危险性评价理论研究。

② 煤层顶板巨厚砂岩裂隙含水层透水机理研究。

综放条件下覆岩破坏及顶板含水层透水机理;顶板离层透水机理及防控技术体系研究;矿井涌水量动态预测技术。

③老空水防治基础。

老空水综合探测技术及孔中物探技术;探放点准确定位与探放效果评价技术。

④矿井多重水害防控技术体系研究。

重点研究深部高承压灰岩水害、生产和废弃矿井采空区水害及顶板巨厚富水砂岩裂隙水害的致灾机理、预测及水害防治技术,构建多重水害防控体系。

⑤水害防控与水资源保护开采技术研究。

深化矿井水"防、治、用、环"技术的研究。加强对煤矿水害预防、治理及水资源综合利用与水环境保护等方面的研究。矿井"煤-水"双资源联合开发技术,以"控水采煤"技术为核心,基于水资源保护的敏感性分析,对大水矿井水害防治与水资源保护、利用进行多模式划分,实现煤炭与水资源协调开采。

(2)水害防治关键技术与装备研发。

①探测技术与装备研发。

老空水、垂向导水断层和陷落柱精细探查技术与装备研究;井下高压水探放技术与装备研究。

②水害评价与预测技术研发。

深部煤层底板突水危险性评价技术研究;突水预测技术研究;奥灰顶部坚硬岩层高效定向钻进技术与装备研究。

③水害治理技术与装备研发。

开展矿井注浆技术模拟实验与装置研究;开展奥灰顶部利用及注浆改造技术研究;矿井突水水源快速识别及分析技术。

④水害监测预警技术与装备研发。

开展矿井水害实时监测和预警技术研究;开发解决不同水害类型的监测方案、预警判据等关键技术;形成矿井水害监测预警方法与技术体系及矿井水害高精度监测预警技术。

⑤水害应急救援技术与装备研发。

开展地面救援钻孔快速施工技术及配套装备研究;开展地面大口径救援钻孔钻探技术及配套救援装备研究。

3）煤矿火灾防治重大技术

(1)矿井隐蔽火源精确定位技术及装备。

融合现有电磁、测氡等火区探测技术优点，研发井下隐蔽火源探测技术及装备，研究火区探测技术影响因素作用规律，开发数据信息处理及分析系统，实现对矿井隐蔽火源的精确探测。

(2)火灾一体化预警、治理技术及装备。

研究煤自然发火特征判识技术、长距离工作面煤自然发火束管监测技术、煤自然发火预警和治理技术、煤矿封闭火区监测管理技术等，建设系统平台，使煤矿自然发火一体化监测预警及自动化治理形成体系。

(3)智能开采矿井外因火灾判识、处理技术及装备。

研究煤矿井下智能化开采条件与煤矿井下作业环境对外因火灾影响的规律及监测监控系统，以及基于胶带、电缆和新型煤矿开采、运输设备的火灾自动识别、成像和处理技术及装备，可实现对胶带运输机等运输和开采设备断电、报警及控制喷水降温等。

(4)产能退出矿井火区绿色治理技术及装备。

针对产能退出矿井已知火区位置及未知发展火区位置，开展以注浆、注惰性气体及其他新的绿色治理技术手段为主的火区治理措施，避免火区复燃。在火区治理的基础上，开展生态恢复和绿化技术，恢复产能退出矿井的生态环境。

(5)煤田火区热能高效利用技术及装备。

针对煤田火区产生的有毒有害气体和高温热能，建立气体萃取、导热棒或其他的新能源利用技术及装备，对煤田火区产生的可燃烧性气体和大量热能进行综合利用和转化，用于供给周围村民燃气或用电等。

4）煤矿顶板灾害和冲击地压防治重大技术

(1)大型地质体控制型矿井群冲击地压协同防控技术。

大型地质体(大型断层、大型褶曲、巨厚砾岩、直立岩柱等)控制型矿井群井间相互扰动强烈、联动失稳效应明显，因此其冲击地压灾害的防控变得日益迫切。现有的冲击地压防控方法与技术，大多针对单一矿井，且仅考虑采场范围内的地质构造对冲击地压灾害的影响，没有考虑大型地质体存在条件下井间开采扰动而造成的结构体时空力学响应行为和联动失稳特征。本节以揭示大型地质体控制型矿井群冲击地压的结构和应力作用机制为出发点，探索以控制矿井群煤系地层结构效应和阻断井间应力链为中心的冲击地压防控新方法和新技术，实现大型地质体存在条件下矿井群的协调安全开采。

建立矿井群数值模型和"井-地-空"一体化多元信息的矿井群冲击地压监测系统，揭示大型逆断层、褶曲构造及上覆巨厚岩层等影响下井间开采扰动而造成的结构体时空力学响应和联动失稳特征，提出以控制矿井群煤系地层结构效应和阻断井间应力链为中心的冲击地压防控新方法与新技术。

(2)基于透明矿山技术的冲击地压精准预测技术。

深部煤矿开采动力灾害发生频率高、突发性强，缺乏能精准快速探测危险区域的技术与评价方法。传统的浅部煤矿灾害探测技术无法及时反馈具有极强突发性灾害的危险等级信息及范围，因此亟须开发新的快速探测及评价技术。针对深部煤矿开采环境，探索采掘扰动作用下煤岩动力灾害危险性区域快速探测技术，开发适应于深部矿井工作面危险区的精确分级及评价新技术。

研发深部煤矿巷道掘进及回采工作面危险性区域快速探测技术，建立深部开采动力灾害危险区多参量精准等级划分及评价技术，形成工作面应力、构造、瓦斯等危险性指标参量可视化表征技术，实现深部煤矿采场危险性区域透明化、精准化。

(3)深部冲击地压载荷综合控制技术。

在我国东部煤矿普遍进入深部开采的情况下，深部矿井冲击地压防控技术与装备亟须研发。传统的适应于浅部矿井的冲击地压防控方法与技术适用范围小，注重局部解危技术，防控方法具有局限性，防控效果差。深部冲击地压不仅受近场围岩顶板垮断动载和煤层、底板高集中静载作用的影响，而且远场大范围覆岩结构破坏扰动的影响不可忽视。

深部开采冲击地压防控不仅要考虑回采和掘进工作面自身的近场采动作用，还必须考虑矿井其他采面、采区甚至是相邻矿井的采矿扰动作用。因此，深部开采冲击地压防控的核心和关键就是实现对近场采动和远场扰动动静载荷的有效控制，而目前缺乏深部区域、局部动静载荷调控技术与装备。因此需针对多尺度分源防控深部冲击地压关键技术问题，探索矿井尺度冲击地压动静载荷调控技术，开发采掘工作面尺度冲击地压动静载荷控制技术与装备，形成深部矿井冲击地压多尺度分源防控技术与装备体系。

研究矿井尺度动静载荷调控防范冲击地压技术，以及采掘工作面尺度动静载荷防控技术与装备，近场以控制顶板、煤层、底板应力为目标，远场以控制覆岩结构稳定性为目标，可实现深部冲击地压灾害的有效防控。

(4)深部开采冲击地压巷道吸能支护技术与装备。

冲击地压造成巷道瞬间严重变形甚至合拢，支护作为被动防控的主要措施，是巷道抵抗冲击地压破坏的最后一道屏障。传统的支护设计方法与支护手段主要是基于静力学理念与方法提出的，不适应巷道围岩破坏的动力学特征。合理支护形式是提高巷道抵抗动力破坏能力的前提与基础，其核心和关键是从动力学角度揭示冲击地压发生过程中支护与围岩的动力耦合作用机制，研发新型抵抗动载荷的支护装备。本书从理论与方法、技术与装备角度出发，深入系统地研究冲击地压巷道吸能支护理论及关键技术，研发新型抵抗动载荷的支护装备并提出合理的设计方法，构建吸能支护体系，最终形成深部开采冲击地压巷道吸能支护成套技术与装备。

建立深部开采冲击地压巷道吸能支护理论，研发新型吸能支护装备，明确吸能支护强度与可抵抗冲击地压震级之间的关系，形成深部开采冲击地压巷道吸能支护成套技术与装备。

(5)西部采场围岩破裂及运动过程精准识别及可视化分析技术。

我国西部矿区煤层具有埋藏较浅、基岩薄、松散层厚的特点，开采过程中顶板不易形成稳定的铰接结构，覆岩破坏往往波及地表，矿压显现十分强烈，神东矿区、伊泰矿区等浅埋矿区已发生多次切顶压架、溃水溃砂事故，造成综采设备损坏、生产中止，甚至人员伤亡，经济损失巨大。采场围岩破裂及运动是采煤工作面矿压显现的力源，因此研究西部采场围岩破裂及运动过程精准识别技术是有效解决顶板灾害的关键。

从西部采场微震事件及矿压规律出发，研究建立西部浅埋采场围岩结构及运动理论模型。研究矿压大数据与顶板运动的时空对应关系，以及微震事件与采场围岩的破坏位置、破裂大小、破裂方向、震动能量等特征的对应关系，建立数据驱动的西部采场围岩破裂及运动过程精准识别模型，开发西部采场围岩破裂及运动过程精准识别及可视化分析技术。

(6)支护质量实时评价及顶板灾害实时预警技术。

随着一次开采范围的显著增大及开采速度的加快，煤层开采强度显著增加，采场矿压显著增强，一些高强度开采工作面频繁发生片帮冒顶、切顶压架等事故。液压支架是采场围岩控制的关键设备，提高液压支架支护质量是防治采场顶板灾害的有效措施。

基于理论分析，研究提出液压支架支护质量评价指标，以及支护质量评价指标的实时精准分析算法，建立评价模型和预警准则；研究顶板来压实时分析及精准预测方法，开发支护质量实时评价及顶板灾害实时预警技术。

5)煤矿职业病危害防治技术

如图 2-10 所示，从源头控制煤矿职业危害，结合呼吸性粉尘监测治理及高温热害、噪声、有毒有害气体控制技术，提高矿井职业危害监测预警及防治技术水平。提高煤矿职业危害防治技术的有效性、适应性和经济性，实现职业危害监测预警及防治系统的技术装备突破。

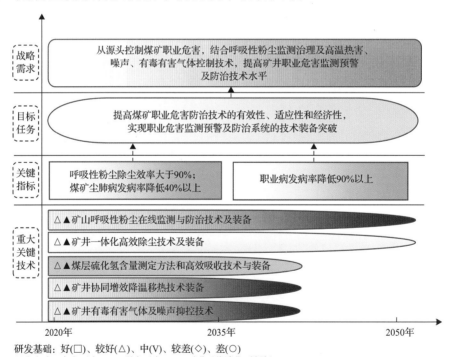

研发基础：好(□)、较好(△)、中(Ⅴ)、较差(◇)、差(○)
研发方式：自主开发(▲)、联合开发(▼)、引进吸收消化再创新(◆)

图 2-10　煤矿职业病危害防治技术体系

(1)矿山呼吸性粉尘在线监测与防治技术及装备。

在粉尘监测方面，实现了对总粉尘和呼吸性粉尘浓度的定点检测及总粉尘浓度的在线连续监测，但矿山作业环境呼吸性粉尘在线连续监测技术在我国还是空白，同时缺少矿山大数据信息监管支撑平台，无法实现对职业危害实时有效的监测和预警。

开发准确度更高的呼吸性粉尘浓度监测仪表及粉尘检测仪器,对呼吸性粉尘浓度连续在线监测技术和实时跟踪监测技术进行攻关,研发呼吸性粉尘浓度传感器和粉尘浓度无线实时跟踪监测仪器,填补国内在该技术领域的空白。

(2)矿井一体化高效除尘技术及装备。

不论是从预防煤尘爆炸还是从改善矿山职业安全健康环境、延长机器使用寿命、减少企业生产成本的出发点考虑,矿井综合防降尘技术研究与应用都非常必要。矿井防降尘是一个系统工程,有必要站在全矿井的角度考虑,全方位、一体化地推进各产尘环节的防降尘技术。

(3)矿井协同增效降温移热技术装备。

充分调研,获取热害矿井各项热参数指标,分析矿井热害时空分布特征及影响因素,厘清矿井对流换热机理;研发矿井热环境参数在线监测技术,推进矿井降温最优化通风参数研究;在深入开采热害矿井降温冷负荷与有效处理风量的优化调控技术、热害矿井级联气体涡流制冷降温技术、矿井冷凝热的热棒移热综合利用技术的基础上研制集移热、导热、排热于一体的经济高效的矿井智能控温技术系统及装备,实现矿井多系统协同增效降温技术。

(4)矿井有毒有害气体及噪声抑控技术。

在对国内外研究现状进行调研和对不同矿井有毒有害气体与噪声分析的基础上,采用"理论研究—大数据分析—指标模型建立—监测及防控装备研发—示范应用"的技术路线,从矿井有毒有害气体快速检测技术、矿井有毒有害气体解危防控关键技术、井下关键产噪点智能监控技术、矿井噪声驱散及隔绝技术四个方面开展研究。

(5)煤层硫化氢含量测定方法和高效吸收技术与装备。

掌握煤层中硫化氢的赋存与涌出规律,研发出硫化氢含量测定技术、采掘面硫化氢高效吸收技术及装备。硫化氢吸收剂吸收效率不低于90%。

第三节　政　策　建　议

1. 加大煤矿安全生产科技人才培养和保障力度

一是加快中青年煤矿安全生产科技人才培养,完善人才培养工作机制,加强煤矿安全生产科技成果交流和人才知识更新,培养一批既掌握安全基础理论，又懂安全管理，还能现场操作的知识型+技能型复合型安全科技人才，为煤矿安全发展提供智力保障。建立吸引人才从事煤矿生产工作的长效机制，完善白领化人才培养体系。支持煤矿工人从业资格认定工作，配套给予足额资格津贴。建议围绕煤炭精准智能开采等战略研究，在北京成立中国工程院煤炭工业战略研究院。

二是进行煤矿工人从业资格认定制度化，通过相关立法保障煤炭一线员工薪酬水平。对于从事煤矿一线生产的工人，加大提升煤矿从业人员的知识水平，三年内显著改善全国煤矿从业人员文化层次结构，使大专及以上学历达到 30%以上，初中及以下文化程度降到 40%以下。同时，加强规范劳动用工管理，培养一大批与煤炭工业发展相适应的技术能手、工匠大师、领军人才，大幅度提高从业人员的安全意识和技能水平，努力建设一支高素质从业人员队伍，为实现煤矿安全形势的根本好转提供保障。

三是进一步完善薪酬激励制度，加大工资收入向特殊人才、井下一线和艰苦岗位的倾斜力度。建议以企业投入为主，国家补贴为辅，加强煤炭企业员工的定点培养工作，重点支持国家贫困地区。在生活上，主动帮助煤炭企业员工解决落户、教育、住房、医疗等难题，倾听员工在安全生产、职业健康、体面劳动等方面的诉求，满足员工对美好生活的向往。在名誉上，加大对技术能手、工匠大师、劳动模范等优秀员工的推介和宣传力度，扩大其影响力，提高其知名度，让高素质人才"名利双收"。

2. 加强煤矿安全科技攻关

从源头上深化研究地质和地下空间承载力，发布符合安全要求的井下开拓布局规范；研究矿井结构和强度承载力，制订煤矿不发生事故的设计和建设标准；研究多灾种耦合和灾害链发生、发展、转化的机理，探索从本质上减少煤矿灾害发生的颠覆性理论和技术。将煤炭安全生产工程科技攻关项目列入国家重大科技研发计划，加大煤矿安全科技投入。支持建设煤矿精准智能开采国家级试验平台。充分发挥产学研用等多方面的积极性，推进煤矿安全科技创新联盟的建设，以及煤矿安全生产技术示范工程的建设。以深部矿井重大危险源探测、多元灾害防控、矿井智能化开采、救灾机器人研发和安全生产信息化为重点，攻克关键技术，加快科技成果转化，提升自主研发水平和创新能力。

创新建立煤炭科技投入长效机制。由中央煤炭企业牵头，联合相关大型煤炭企业成立煤炭工业科技研发基金，重点支持精准智能开采和废弃矿井安全相关领域。由中央煤炭企业牵头成立软科学研究基金，重点支持精准智能开采相关战略、政策、规范、标准的研究。联合煤炭企业与高等院校成立高等院校人才培养基金，重点资助博士、博士后高层次人才。

3. 加快推进精准智能开采示范工程

推进煤矿"井-地-空"全方位一体化综合探测、重大灾害智能感知与预警预报、重大灾害智能化防控等核心技术攻关；基于透明空间地球物理和多物理场耦合，以及全息透明矿井，以人工智能、物联网、大数据云计算等作为支撑，统筹考虑不同地质条件下的多元致灾因素，推进精准智能开采示范工程建设，创立精准智能无人（少人）化开采与灾害防控一体化的煤炭开采新模式。给予示范工程建设一定的财政补贴和税收优惠。

建议将煤矿精准智能开采作为国家能源战略。将煤矿精准智能开采提升为国家能源开发战略，使其成为煤矿安全突破性变革的治本之策。制定煤矿精准智能开采战略规划，统筹布局、协调推进，有步骤、有计划地保障精准智能开采落地。将煤炭安全智能精准开采协同创新组织上升为国家级创新团队。

4. 构建完善的职业健康保障体系

煤矿职业病发病有很长的延后期，因此，要想进一步遏制职业健康恶化的趋势，必须尽早采取措施，构建完善的职业健康保障体系。

一是加大对静电感应检测粉尘浓度传感器等新型原理粉尘浓度传感器的研发和推广应用支持力度，推行在线检测，从根本上改变以人工抽检为主的检验检测方式。

二是结合发达国家（如美国、德国等）的经验，建立一个统一的全国煤矿粉尘第三方在线检验检测中心，对呼吸尘危害进行实时监管预警。

三是按照下井工作 25 年不患尘肺病的标准，制订井下作业环境粉尘浓度限值、工作人员接尘时间和强度限值、个体防护规范，并严格实施。

四是类似于煤矿安全责任体系，将职业健康纳入企业、地方政府等的考核体系。

5. 完善煤矿安全责任体系

尽管煤矿安全在 2017 年实现了全国煤矿事故总量、重特大事故、百万吨死亡率"三个明显下降"，2018 年百万吨死亡率为 0.093，首次达到了 0.1 以下，但仍需进一步完善煤矿安全责任体系。

一是要加大对各级政府的安全生产绩效考核力度，严格执行"一票否决"制度。

二是进一步明确所有涉及煤矿安全部门的职责并严格考核。

三是进一步完善相关法律法规，对拒不执行停产指令或明知存在重大安全隐患仍然违章指挥的事故责任人，要以以危险方法危害公共安全罪追究刑事责任；对尚未造成事故的，在现有的行政处罚的基础上，协调司法机关完善对责任人实施拘留乃至追究刑事责任的司法规定。

第三章

国内外废弃矿井资源开发利用现状研究

本章主要研究国内外废弃矿井资源开发利用现状,调研我国废弃矿井资源分布情况、赋存地质条件、开发利用技术、人员管理水平及开发利用效率等,分析国内外关闭或废弃矿井特征和开发利用具备的土地、水资源等基础条件,结合我国废弃矿井的基础条件,总结分析我国废弃矿井开发利用可借鉴的国外经验,提出可采取的开发利用途径、模式和应配套的政策措施建议。

第一节　现　状　分　析

一、国内

废弃煤矿分为狭义与广义两种概念。狭义上指已废弃的煤矿或由于某种矿产资源枯竭并受到其开采生产活动破坏的、未经治理而无法使用的场地或土地;广义上指某种矿产资源的生产煤矿/矿区由于该种矿产资源已枯竭及即将枯竭的(可采时间不足 5 年或可采矿产资源储量不足 5%的在产煤矿)、或失去开采价值的、或不满足生态环境保护开采条件的、或国家及地方关停政策等原因在现阶段一定时期内或永久时期内关闭退出的,并且开采活动造成了生态环境破坏的区域。

我国能源资源赋存的基本特点是贫油、少气、相对富煤,2019 年,煤炭在我国一次能源的生产和消费结构中的比重分别占 57.7%和 69.3%。煤炭作为主体能源地位相当长一段时间内无法改变,仍将长期担负国家能源安全、经济持续健康发展重任。与西方国家不同,我国 95%以上的煤矿建于新中国成立后。新中国成立至今已开采煤炭 70 多年,随着我国经济社会的发展和煤炭资源的持续开发,诸多矿井生命周期已经或即将结束,也有部分落后产能矿井不符合安全生产的要求,或开采成本高、亏损严重,面临关闭或废弃,从安全、经济、环境等角度出发,未来将有大批矿井退出历史舞台。

近年来颁布大量煤炭去产能政策,2018 年国家能源局牵头,会同国家发展改革委、国家煤矿安监局、自然资源部、生态环境部等部门,组织各产煤地区按照先立后破的原则,通过严格执法关闭一批、实施产能置换退出一批、改造升级提升一批,进一步压缩煤矿数量,加快退出不达标煤矿;以华北、西北、西南、"两湖一江"(湖北、湖南和江西)地区及黑龙江为重点,引导退出资源条件差、竞争力弱的小煤矿,这些政策促使一批资源枯竭及落后产能矿井和露天矿坑加速关闭,形成大量的关闭矿井。

随着煤炭资源的不断开采以及越来越多矿井的关闭，因煤而生、因煤而盛直至因煤而衰的资源枯竭型城市转型问题逐渐凸显出来，2008 年、2009 年、2012 年，中国分三批确定了 69 座资源枯竭型城市(县、区)，其中煤炭资源枯竭型城市(县、区)有 35 座，废弃矿井数量的增加伴随而来的是资源枯竭型城市数量的增加，此类城市的转型发展已经成为摆在我们面前的难题。

据统计，"十二五"期间，全国淘汰落后煤矿 7100 处，淘汰落后产能5.5 亿 t/a，其中关闭煤矿产能 3.2 亿 t/a；"十三五"期间预计使用 3~5 年时间，退出煤炭产量规模 5 亿 t 左右，减量重组 5 亿 t 左右，大幅度压缩煤炭规模，适度减少煤矿数量；中国工程院重点咨询项目"我国煤炭资源高效回收及节能战略研究"研究结果表明，到 2020 年，我国关闭/废弃矿井数量将达到 12000 处，到 2030 年数量将达到 15000 处。

矿井关闭或废弃后，仍赋存着多种巨量的可利用资源。据调查，目前的关闭/废弃矿井中赋存煤炭资源高达 420 亿 t，非常规天然气近 5000 亿 m^3，并且还具有丰富的矿井水资源、地热资源、空间资源和旅游资源等。由于我国煤炭企业的关闭/废弃矿井利用意识淡薄，多数矿井直接关闭或废弃，而未开展关闭/废弃矿井的再开发利用，只有少数地方政府在废弃矿井开发利用上投入一定程度的重视，在观光旅游等方面做了尝试性探索工作。当前，我国在废弃矿井资源开发利用上起步较晚，存在基础理论研究薄弱、关键技术不成熟等问题，故较少对其进行开发利用，这不仅造成资源的巨大浪费，还有可能诱发后续的安全、环境及社会问题。

二、国外

1. 废弃矿山的范围界定

到目前为止，国际上对"废弃矿山"一词并没有确切的定义和范围界定，不同国家/机构对废弃矿山的界定并不完全相同，即使在同一个国家，不同的地区也有所不同，由此对废弃矿山的管理也就存在差异。与废弃矿山相关的英文说法众多，如 abandoned mine、orphaned mine、legacy mine、derelict mine、unattended mine、closed mine 等。

综合来看，可以按照矿山关闭时是否有相关法规机制来明确管理或治理修复责任主体来将废弃矿山分为两类：

一类形成于较早时期，这一时期缺乏相关法规机制，没有明确要求企业在矿山开发从选址、设计到关闭退出的整个生命周期内对其开发活动造成的环境损伤进行治理和修复的责任，企业对相关物理和环境风险及危害认识不足，在矿山关闭后仅采取了一些诸如锁闭入口并撤离场地的简单善后处理措施；在这一时期内，矿山一旦关闭，就意味着被废弃，后续出现的各种问题通常难以找到责任主体。这一类废弃矿山的治理工作及相关成本往往需要由政府部门承担。

另一类是得到有计划地关闭后形成的废弃矿山。随着对环境保护的重视度不断提升，如何对矿业开发活动引起的环境问题进行治理和修复逐步被纳入相关法规制度要求中，逐步明确了企业对各种因开发活动引起的物理和环境风险进行治理与修复的主体责任，即开发者在打算进行矿业开发活动时就需要考虑矿业开采活动结束后的善后问题，在申请矿山开发时需同步提交矿山关闭计划，环境修复与场地复垦是其核心内容；并且随着开发活动的进行，开发者还需要对矿山关闭计划进行渐进式细化与完善，并在矿山关闭前的一定时期内（通常是 1～2 年）向监管部门提交最终关闭计划；在矿山获准关闭后，原开发者按照计划实施关闭并持续监测一段时间，经相关部门考核验收合格后，才可按照一定程序进行权责移交，并进入废弃状态。由于得到有计划地关闭，相关权责明确，并有足够的资金保障，基本都得到了较为妥善的管理，后续的环境问题较少。

2. **主要矿业国家废弃矿山概况**

美国、加拿大、澳大利亚和英国等国家在尝试建立国家层面的废弃矿山信息清单。

美国全国约有 500000 座废弃矿井。其中，绝大多数废弃矿井位于东部地区，并且以中小型为主。60%的废弃矿井集中在西弗吉尼亚、宾夕法尼亚和肯塔基三个州。较大的废弃矿井位于西部，但数量相对较少。

加拿大有 10000 多座废弃矿山，其中，安大略省有 6000 多座历史遗留废弃矿山，主要在公共土地上；新斯科舍省有 6000 多个废弃矿山井口；魁北克省有 100 处尾矿区；不列颠哥伦比亚省有 1898 处；曼尼托巴省有 290 处。

澳大利亚有超过 50000 座废弃矿山，其中，昆士兰州约有 17000 座。

英国大约有 100000 座废弃或关闭矿山，绝大多数是在 20 世纪早期被废弃，鲜有关于矿业废料设施、加工厂以及其他基础设施的详细记载。在北爱尔兰，已知的大约有 2400 座废弃矿山。

第二节　研　究　结　论

一、国内

1. 废弃煤矿分布现状

据统计，我国资源型城市共 262 个，其中成长型城市 31 个(煤炭 16 个)、成熟型城市 141 个(煤炭 41 个)、衰退型城市 67 个(煤炭 24 个)以及再生型城市 23 个(煤炭 3 个)。此外，在全国 69 个资源枯竭型城市中，煤炭资源枯竭型城市占了 37 个[①]。具体分布如图 3-1 所示。

图 3-1　全国资源枯竭型城市分布

---

① 数据来源：全国资源型城市可持续发展规划(2013-2020 年)。

由于近几十年来我国煤炭大量开采,矿区的煤炭资源下降到一个很低的水平,煤炭企业开采剩余煤炭的成本远高于煤炭的价值,所以很多煤炭企业会停止原有矿区煤炭资源的开采,并且国家对环境保护的力度逐年加大,诸多矿井由于企业产煤设备落后,产生大量的环境污染问题,迫使诸多企业放弃进一步的煤炭开采,从而产生大量的废弃矿井。

据统计,1998~2000 年,我国共关闭煤矿累计约 4.7 万座[①],主要为非法不合规煤矿。

2001~2010 年,我国共关闭煤矿累计约 1.5 万座,主要为资源枯竭型煤矿,其中"十一五"期间,全国累计关闭小煤矿 9616 座,淘汰落后产能 5.4 亿 t。2010 年,年产 30 万 t 以下小煤矿减少到 1 万座以内,产量比重由 2005 年的 45%下降到 22%。

"十二五"期间,加快关闭、淘汰和整合改造,"十二五"期间共淘汰落后煤矿 7100 座,产能 5.5 亿 t/a,煤炭生产集约化、规模化水平明显提升[②]。煤矿发展水平不均衡,先进高效的大型现代化煤矿和技术装备落后、安全无保障、管理水平差的落后煤矿并存,年产 30 万 t 及以下小煤矿仍有 6500 多座。

根据国家能源局数据,截至 2018 年 6 月底,安全生产许可证等证照齐全的生产煤矿 3810 座,产能 34.8 亿 t;已核准(审批)、开工建设煤矿 1138 座(含生产煤矿同步改建、改造项目 96 座),产能 9.76 亿 t,其中已建成、进入联合试运转的煤矿 201 座,产能 3.35 亿 t。

年产 30 万 t 及以下的煤矿为 1983 座,占全国煤矿总数的 52.05%,产能 27100 万 t,占全国煤矿总产能的 7.78%;年产 30 万~90 万 t 的煤矿为 951 座,占全国煤矿总数的 24.96%,产能 63022 万 t,占全国煤矿总产能的 18.09%;年产 120 万 t 及以上的煤矿为 876 座,占全国煤矿总数的 22.99%,产能 258207 万 t,占全国煤矿总产能的 74.13%。力争到 2021 年底,全国 30 万 t/a 以下煤矿数量减少至 800 座以内。一是通过严格安全环保质量标准等措施,加快关闭退出不达标煤矿。其中,2019 年基本退出以下煤矿:晋

---

① 数据来源:煤炭发展成就巡礼,煤炭工业能源保障,与经济发展共生息. [2019-12-20]. https://www.sohu.com/a/343754038_100116568.
② 数据来源:煤炭工业发展"十二五"规划。

陕蒙宁 4 个地区 30 万 t/a 以下、冀辽吉黑苏皖鲁豫甘青新 11 个地区 15 万 t/a
以下、其他地区 9 万 t/a 及以下的煤矿；长期停产停建的 30 万 t/a 以下"僵
尸企业"煤矿；30 万 t/a 以下冲击地压、煤与瓦斯突出等灾害严重煤矿。属
于满足林区、边远山区居民生活用煤需要或承担特殊供应任务，且符合资源、
环保、安全、技术、能耗等标准的煤矿，经省级人民政府批准，可以暂时保
留或推迟退出。二是以华北、西北、西南、"两湖一江"（湖北、湖南和江西）
地区及黑龙江为重点，引导退出资源条件差、竞争力弱的小煤矿。三是支持
剩余资源多、安全保障程度较高的煤矿改造提升至 30 万 t/a 及以上。国家能
源局继续实施煤炭产能置换，稳妥有序核准建设先进产能煤矿，调动灾害严
重和落后煤矿关闭退出积极性。具体见表 3-1①。

表 3-1 2018 年 6 月底全国部分地区生产矿井统计

五大区	区域	井型结构 /(万 t/a)	矿井数量 /座	产能 /万 t	井型占比 /%	产能占比 /%	矿井总数量 /座	矿井产能 /万 t	平均单井产量 /万 t
晋陕蒙宁甘区	山西	≤30	7	210	1.17	0.22	599	94815	158.29
		30~90	306	23235	51.08	24.51			
		≥120	286	71370	47.75	75.27			
	陕西	≤30	48	1281	21.43	3.16	224	40529	180.93
		30~90	96	6453	42.86	15.92			
		≥120	80	32795	35.71	80.92			
	内蒙古	≤30	29	870	7.79	1.05	372	83005	223.13
		30~90	153	9685	41.13	11.67			
		≥120	190	72450	51.08	87.28			
	甘肃	≤30	13	278	31.71	5.64	41	4934	120.34
		30~90	11	756	26.83	15.32			
		≥120	17	3900	41.46	79.04			
	宁夏	≤30	4	105	16.00	1.46	25	7195	287.8
		30~90	5	345	20.00	4.79			
		≥120	16	6745	64.00	93.75			
华东区	河北	≤30	8	186	16.00	2.53	50	7366	147.32
		30~90	14	895	28.00	12.15			
		≥120	28	6285	56.00	85.32			

---

① 数据来源：国家能源局，2019。

五大区	区域	井型结构/(万 t/a)	矿井数量/座	产能/万 t	井型占比/%	产能占比/%	矿井总数量/座	矿井产能/万 t	平均单井产量/万 t
华东区	山东	≤30	12	360	10.71	2.38	112	15126	135.05
		30~90	56	3491	50.00	23.08			
		≥120	44	11275	39.29	74.54			
	江苏	≤30	0	0	0.00	0.00	7	1360	194.29
		30~90	1	45	14.29	3.31			
		≥120	6	1315	85.71	96.69			
	河南	≤30	104	2350	49.76	15.04	209	15626	74.77
		30~90	56	3296	26.79	21.09			
		≥120	49	9980	23.45	63.87			
	安徽	≤30	0	0	0.00	0.00	46	14361	312.2
		30~90	6	386	13.04	2.69			
		≥120	40	13975	86.96	97.31			
东北区	黑龙江	≤30	504	3766	91.97	37.72	548	9985	18.22
		30~90	17	1044	3.10	10.45			
		≥120	27	5175	4.93	51.83			
	吉林	≤30	24	402	63.16	19.35	38	2078	54.68
		30~90	8	526	21.05	25.31			
		≥120	6	1150	15.79	55.34			
	辽宁	≤30	2	60	8.00	1.48	25	4054	162.16
		30~90	7	444	28.00	10.95			
		≥120	16	3550	64.00	87.57			
华南区	云南	≤30	84	1287	85.72	40.19	98	3202	34.8
		30~90	12	725	12.24	22.64			
		≥120	2	1190	2.04	37.17			
	贵州	≤30	313	6942	71.46	44.75	438	15514	35.42
		30~90	107	5675	24.43	36.58			
		≥120	18	2897	4.11	18.67			
	四川	≤30	294	3995	91.30	64.62	322	6182	19.2
		30~90	19	1002	5.90	16.21			
		≥120	9	1185	2.80	19.17			
	重庆	≤30	29	591	70.73	39.32	41	1503	36.66
		30~90	10	622	24.39	41.38			
		≥120	2	290	4.88	19.30			
	湖南	≤30	274	2380	98.92	93.52	277	2545	9.19
		30~90	3	165	1.08	6.48			
		≥120	0	0	0.00	0.00			

续表

五大区	区域	井型结构 /(万 t/a)	矿井数量 /座	产能 /万 t	井型占比 /%	产能占比 /%	矿井总数量 /座	矿井产能 /万 t	平均单井产量 /万 t
华南区	湖北	≤30	37	306	100.00	100.00	37	306	8.27
		30~90	0	0	0.00	0.00			
		≥120	0	0	0.00	0.00			
	广西	≤30	14	207	66.67	28.16	21	735	5.25
		30~90	6	378	28.57	51.43			
		≥120	1	150	4.76	20.41			
	江西	≤30	134	770	95.71	70.00	140	1100	7.93
		30~90	6	330	4.29	30.00			
		≥120	0	0	0.00	0.00			
	福建	≤30	30	477	93.75	83.25	32	573	17.91
		30~90	2	96	6.25	16.75			
		≥120	0	0	0.00	0.00			
新青区	新疆	≤30	12	136	12.63	0.87	95	15589	164.09
		30~90	46	3143	48.42	20.16			
		≥120	37	12310	38.95	78.97			
	青海	≤30	7	141	53.85	21.83	13	646	49.69
		30~90	4	285	30.77	44.12			
		≥120	2	220	15.38	34.05			
总计		≤30	1983	27100	52.05	7.78	3810	348329	244.87
		30~90	951	63022	24.96	18.09			
		≥120	876	258207	22.99	74.13			

依据中国工程院重大咨询项目已有成果,将我国煤炭开采区域分为五大区:晋陕蒙宁甘区、华东区、东北区、华南区及新青区。本课题国内废弃矿井资源开发利用现状研究将以该分区为基础对 25 个主要产煤省(区、市)[①]进行调研分析。

1)晋陕蒙宁甘区

该区包含山西、陕西、内蒙古、宁夏、甘肃五个省(区),7 个大型煤炭基地分布在区内。截至 2018 年 6 月底,该区约有煤矿 1261 处,其中大型

---

① 为表达方便,后文均以全国代指。

589 处，中型 571 处，小型 101 处，大中型煤矿数量占比 92%；区内煤矿总产能 23.05 亿 t，大中型煤矿产能 22.77 亿 t，占比 99%。

晋陕蒙宁甘区自 2014 年 7 月至 2018 年 6 月共退出煤矿 316 座，退出产能 23445 万 t。其中，2014 年关闭矿井 3 座，退出产能 710 万 t；2015 年关闭矿井 35 座，退出产能 1894 万 t；2016 年关闭矿井 88 座，退出产能 6789 万 t；2017 年关闭矿井 174 座，退出产能 12760 万 t；2018 年关闭矿井 16 座，退出产能 1292 万 t。山西省关闭矿井 118 座，退出产能 15160 万 t；陕西省共退出煤矿 116 座，退出产能 4027 万 t；内蒙古共退出煤矿 27 座，退出产能 2422 万 t；宁夏共退出煤矿 29 座，退出产能 1275 万 t；甘肃共退出煤矿 26 座，退出产能 561 万 t(图 3-2、图 3-3)。

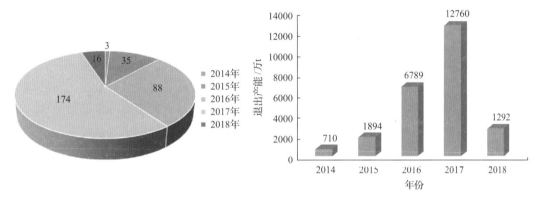

图 3-2　晋陕蒙宁甘区各年份关闭矿井及退出产能情况

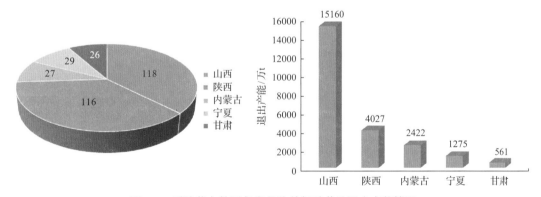

图 3-3　晋陕蒙宁甘区各省(区)关闭矿井及退出产能情况

2) 华东区

华东区主要包含北京、河北、江苏、安徽、山东、河南六个产煤省(市)。截至 2018 年 6 月底，华东区约有煤矿 424 座，其中大型 167 座，中型 133 座，其余为小型煤矿，小型煤矿数量占比 29%；华东区煤矿总产能 53839 万 t，其中小型煤矿产能 2896 万 t，占比 5%。小型煤矿主要分布在河南。

华东区自 2014 年 7 月至 2018 年 6 月共退出煤矿 287 座，退出产能 10221 万 t。其中，2014 年关闭矿井 11 座，退出产能 204 万 t；2015 年关闭矿井 58 座，退出产能 1039 万 t；2016 年关闭矿井 123 座，退出产能 4853 万 t；2017 年关闭矿井 90 座，退出产能 3915 万 t；2018 年关闭矿井 5 座，退出产能 210 万 t。河北省共退出煤矿 42 座，退出产能 1638 万 t；山东省共退出煤矿 103 座，退出产能 3586 万 t；江苏省共退出煤矿 11 座，退出产能 764 万 t；河南省共退出煤矿 110 座，退出产能 2744 万 t；安徽省共退出煤矿 21 座，退出产能 1489 万 t（图 3-4、图 3-5）。

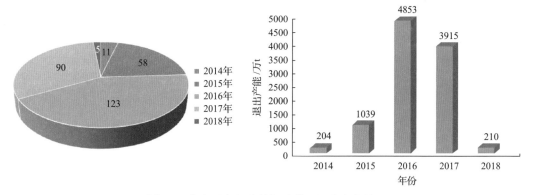

图 3-4 华东区各年份关闭矿井及退出产能情况

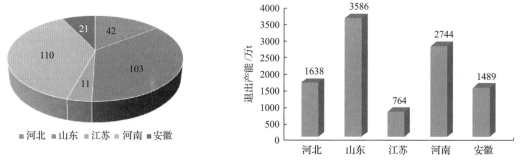

图 3-5 华东区各省关闭矿井及退出产能情况

3) 东北区

东北区包含辽宁、吉林、黑龙江三省，辽宁和黑龙江的煤炭矿区在蒙东（东北）大型煤炭基地内。截至 2018 年 6 月底，东北区约有煤矿 611 处，其中大型 49 处，中型 32 处，其余为小型煤矿，小型煤矿数量占比 87%。东北区煤矿总产能 16117 万 t，其中小型煤矿产能 4228 万 t，占比 26%。

东北区自 2014 年 7 月至 2018 年 6 月共退出煤矿 563 座，退出产能 6113 万 t。其中，2014 年关闭矿井 77 座，退出产能 371 万 t；2015 年关闭矿井 243 座，退出产能 1290 万 t；2016 年关闭矿井 186 座，退出产能 2877 万 t；2017 年关闭矿井 50 座，退出产能 1469 万 t；2018 年关闭矿井 7 座，退出产能 106 万 t。黑龙江省共退出煤矿 311 座，退出产能 2464 万 t；吉林省共退出煤矿 31 座，退出产能 986 万 t；辽宁省共退出煤矿 221 座，退出产能 2663 万 t(图 3-6、图 3-7)。

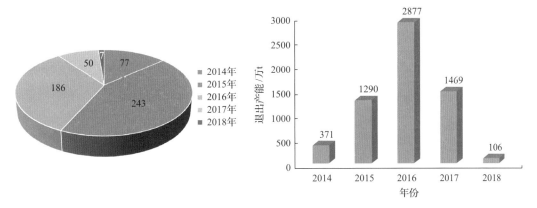

图 3-6　东北区各年份关闭矿井及退出产能情况

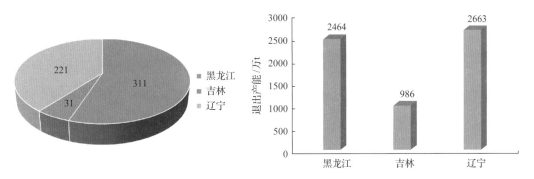

图 3-7　东北区各省关闭矿井及退出产能情况

4) 华南区

华南区主要包括湖北、湖南、广西、贵州、重庆、四川、云南、福建、江西 9 个产煤省(区、市)。截至 2018 年 6 月底，华南区约有煤矿 1406 座，其中大型 32 处，中型 165 处，其余为小型煤矿，小型煤矿数量占比约为 86%。煤矿总产能 31660 万 t，其中小型煤矿产能 16955 万 t，占比 54%。特别是湖北、湖南等省，几乎全部为小型煤矿。

华南区自 2014 年 7 月至 2018 年 6 月共退出煤矿 2986 座，退出产能 24006 万 t。其中，2014 年关闭矿井 338 座，退出产能 2610 万 t；2015 年关闭矿井 579 座，退出产能 3882 万 t；2016 年关闭矿井 1368 座，退出产能 10198 万 t；2017 年关闭矿井 535 座，退出产能 5858 万 t；2018 年关闭矿井 166 座，退出产能 1458 万 t。云南省共退出煤矿 709 座，退出产能 5036 万 t；贵州省共退出煤矿 349 座，退出产能 5433 万 t；四川省共退出煤矿 223 座，退出产能 2510 万 t；重庆市共退出煤矿 485 座，退出产能 2989 万 t；湖南省共退出煤矿 568 座，退出产能 3672 万 t；湖北省共退出煤矿 200 座，退出产能 1290 万 t；广西壮族自治区共退出煤矿 21 座，退出产能 306 万 t；江西省共退出煤矿 260 座，退出产能 1620 万 t；福建省共退出煤矿 171 座，退出产能 1150 万 t（图 3-8、图 3-9）。

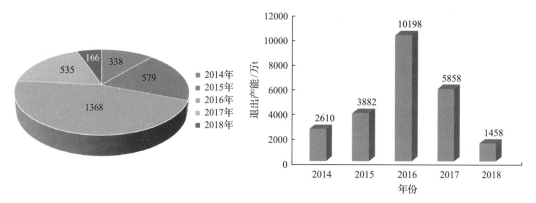

图 3-8　华南区各年份关闭矿井及退出产能情况

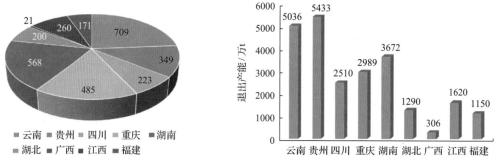

图 3-9　华南区各省份关闭矿井及退出产能情况

5）新青区

新青区包括新疆和青海。截至 2018 年 6 月底，区内约有煤矿 108 座，其中大型 39 处，中型 50 处，其余为小型煤矿，小型煤矿数量占比 18%。新青区煤矿总产能 16235 万 t，其中，大型煤矿占 77%，中型煤矿占 21%，小型煤矿占 2%。

新青区自 2014 年 7 月至 2018 年 6 月共退出煤矿 166 座，退出产能 3402 万 t。其中，2015 年关闭矿井 7 座，退出产能 114 万 t；2016 年关闭矿井 128 座，退出产能 1860 万 t；2017 年关闭矿井 27 座，退出产能 1108 万 t；2018 年关闭矿井 4 座，退出产能 320 万 t。新疆共退出煤矿 154 座，退出产能 3219 万 t；青海省共退出煤矿 12 座，退出产能 183 万 t（图 3-10、图 3-11）。

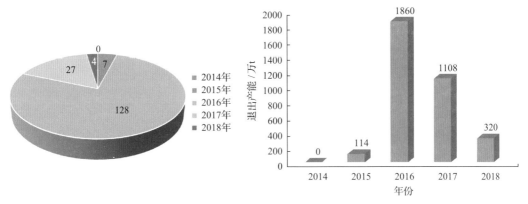

图 3-10　新青区各年份关闭矿井及退出产能情况

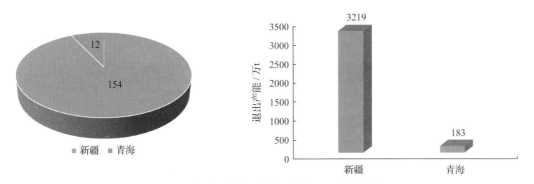

图 3-11　新青区各省份关闭矿井及退出产能情况

6）全国

随着我国经济的不断发展、煤炭资源的持续开发以及安全环保意识的不断增强，诸多煤矿或是达到其生命周期，或是产能过剩，或是不符合安全环保要求等原因而关闭，基于数据统计及分析，得出全国 2014~2018 年关闭矿井数量及分布状况。

全国自 2014 年 7 月至 2018 年 6 月共退出煤矿 4318 座,退出产能 67187 万 t。其中,2014 年关闭矿井 429 座,退出产能 3895 万 t;2015 年关闭矿井 922 座,退出产能 8219 万 t;2016 年关闭矿井 1893 座,退出产能 26577 万 t;2017 年关闭矿井 876 座,退出产能 25110 万 t;2018 年关闭矿井 198 座,退出产能 3386 万 t(图 3-12)。

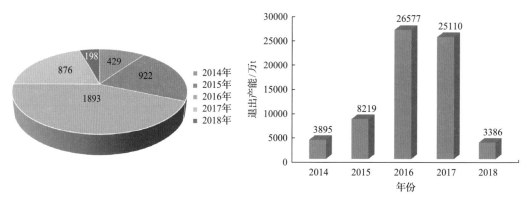

图 3-12   全国各年份关闭矿井及退出产能情况

全国 2014～2018 年关闭矿井数量相对巨大,其中 2016 年、2017 年关闭矿井数量及退出产能量最大,华南区关闭矿井数量最多,东北区次之,新青区最少;退出产能情况则是华南区最多,晋陕蒙宁甘区次之,新青区最少,说明华南区关闭矿井多为小煤矿,平均产量较低,晋陕蒙宁甘区关闭矿井平均产量较高,应多为矿井达到其生命周期或不符合安全环保要求而关闭(图 3-13～图 3-15)。

中华人民共和国成立至今已开采煤炭 67 年,越来越多的矿井生命周期已经或即将结束,在未来的数十年间,随着科技的进步,煤矿开采技术与环保要求的逐渐提高,越来越多的不能满足绿色精准开采要求的矿井会被淘汰,为了保证煤矿安全及环境健康必须淘汰落后产能,我国废弃矿井数量将会进一步大幅度增加。

2. 废弃矿井潜在资源及灾害

废弃矿井关闭后,其中仍赋存大量可利用资源,如不开展二次开发将造成巨大的能源资源浪费,同时也会带来严重的环境与社会问题。其可利用资源包括剩余煤炭及非常规天然气资源、矿井水资源、地下空间资源、土地资源、可再生能源以及生态开发工业旅游资源等。同时废弃矿井潜在的地质灾害隐患与废弃矿井资源浪费问题将会越来越突出,废弃矿井将会引发地质灾害威胁,如地表塌陷、矿井水隐患、残余瓦斯爆炸和矸石山及有毒气体危害等,也会造成地下资源浪费和地面资源闲置。

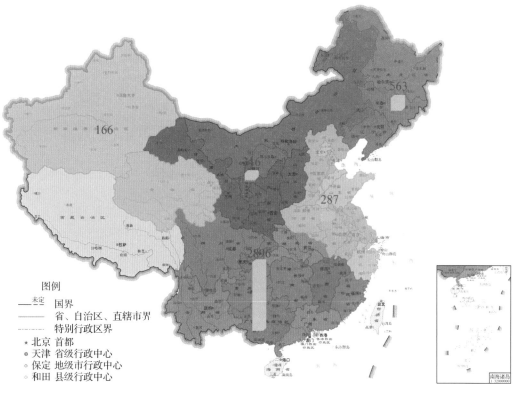

图 3-13　2014~2018 年五大区废弃矿井分布

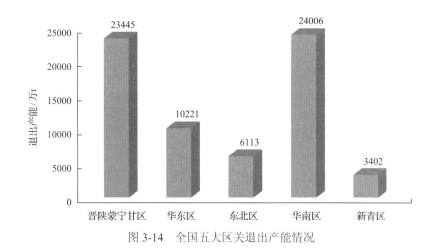

图 3-14　全国五大区关退出产能情况

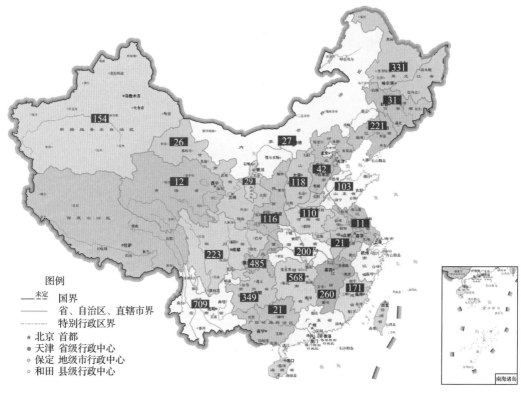

图 3-15　全国废弃矿井分布

1）我国废弃矿井潜在资源

（1）剩余煤炭及可再生资源。

据国土资源部门初步估算，我国废弃煤矿赋存剩余煤炭资源量高达420 亿 t。废弃煤矿可再生能源主要包括太阳能、地热能等，我国约有三分之二以上的地区太阳能资源较好，基本覆盖所有废弃煤矿地域。全国主要沉积盆地距地表 2000m 以内储藏的地热能就达 $73.61×10^{20}$J，相当于 2500 亿 t 标准煤热量。地热水可开采资源量为 68 亿 m^3/a，所含热量为 $963×10^{15}$J，折合每年 3284 万 t 标准煤的发热量。

（2）地下空间资源。

我国进入了社会经济发展的新时代，传统产业转型升级去产能、去库存导致大量矿井关闭，这些矿井在过去数十年的开采中，形成了大量的地下空间，直接简单封井将造成大量空间资源的废弃与浪费。

根据国家能源局 2017 年 3 月发布的 2016 年 7～12 月中国煤矿生产能力情况相关数据，截至 2016 年底，中国生产煤矿数量共计 4562 个，产能共计

345863 万 t。其中 60.83%集中在 30 万 t/a 以下，数量合计 2775 个，产能合计 36103 万 t，占全国规模总量的 40%，根据煤矿规模与其井巷可利用地下空间量的比例系数，按小型矿井井巷平均断面 $10m^3$、中型矿井井巷平均断面 $14m^3$、大型矿井井巷平均断面 $16m^3$、特大型矿井井巷平均断面 $18m^3$ 估算，可利用井巷长度共约 40167km，估算出各省(区、市)现有生产煤矿井巷可利用地下空间量总计约 5.84 亿 m^3。

根据中华人民共和国成立以来采出的煤炭总量，估算截止到 2016 年底煤炭开采形成地下空间体积约 138.37 亿 m^3；按照 2030 年每年平均开采 34 亿 t 计算，估算截止到 2030 年煤炭开采形成地下空间体积约为 234.52 亿 m^3，见表 3-2。

表 3-2 采空区地下空间分布

产煤区	1949~2016 年煤炭采出体积/亿 m^3	下沉系数	1949~2016 年煤炭开采形成地下空间体积/亿 m^3
晋陕蒙宁甘区	261.03	0.70	71.19
华东区	109.32	0.74	25.84
东北区	38.93	0.73	9.56
华南区	77.56	0.63	26.09
新青区	20.86	0.70	5.69
合计	507.70	—	138.37

(3)矿井水资源及非常规能源。

据资料统计，我国约 1/3 矿井为水资源丰富矿井，且矿井水是煤炭开采过程中不可避免的伴生资源，近几年我国每年煤炭开采产生矿井水量约 80 亿 t，但利用率仅为 25%，损失 60 亿 t，约占我国工业和民用缺水量的 60%。矿井水资源合理化利用既可防止水资源浪费，避免环境污染，同时也为解决矿区缺水问题带来了巨大的环境、社会及经济效益。

矿井水资源利用除生活以外，还可以用于建造煤矿地下水库、地下水污水处理中心以及抽水蓄能电站等。我国废弃矿井非常规水资源利用主要集中在华东区，包括北京、山东、江苏、上海、河南、河北等，东北区与晋陕蒙宁甘区次之，其他区非常规水资源利用较少。我国矿井水资源利用率不高，废弃矿井水资源开发利用尚还处于起步阶段，开发潜力巨大。

已有资料显示，我国废弃矿井中有 70%为高瓦斯矿井，关闭矿井煤层气潜在资源量巨大。根据国家能源局统计，目前我国废弃矿井赋存煤炭资源量高达 420 亿 t，非常规天然气近 5000 亿 m^3。例如，安徽两淮矿区，截至 2018 年底，关闭矿井数量近 20 座，关闭煤矿剩余煤炭资源量达 15.3 亿 t，煤层气资源量达 476 亿 m^3。

我国矿井地面煤层气开发以抽取生产矿井的未采或卸压煤层中煤层气为主，真正意义上的以整个废弃矿井煤层气为抽采目标，采用井下密闭及预留专门管道抽放方式的工程实践还不普遍。虽然我国的废弃矿井煤层气(瓦斯)开发尚处于起步阶段，但是目前已经越来越受到相关部门的重视，而且我国在煤层气抽采方面已经有了很长的历史，积累了大量的相关方法和经验，并且一系列的相关研究和实践已经逐渐有所进展。

(4)生态开发及工业旅游资源。

废弃矿井生态开发及工业旅游资源主要包括三类：矿业遗址、没有受矿业活动扰动的自然人文资源和具有开发潜力的土地资源。中国煤矿遗迹形成背景不同于其他国家，因而其旅游具有独特性和稀缺性的特征。

煤矿通常修建在远离城市区域，自然生态环境及工业特色有着天然优势，其决定了废弃矿井在旅游开发方面具有绝对优势，更容易形成具有吸引力的旅游产品。并且其具有资源存量丰富，开发潜力巨大、废弃矿区旅游资源价值独特、工业化后期的地区，工业旅游需求旺盛等优势。可以借矿业旅游发展机遇，优化矿业旅游外部环境，健全旅游公共服务体系、矿业旅游服务质量等。利用重点项目的市场效应，形成具有影响力的工业旅游品牌。挖掘废弃矿井旅游资源，开发高品质休闲度假旅游产品。

(5)土地资源。

矿井关闭后会遗留大量的土地资源，如工业广场用地、采煤塌陷区以及露天矿坑等。矿山土地资源根据是否受采煤扰动可分为两类：一是不受采煤扰动影响的矿井建设征用的土地(图 3-16)，即建设工业广场及其他配套工程征用的土地，由于未受采动影响，其工程地质条件稳定、安全，土地资源可直接用于工程建设和工业生产；二是煤炭开采造成的塌陷土地，塌陷对土地资源的占用面积更大，破坏更严重，根据土地损毁特征可分为盆地区、积水区、坡地区和裂缝区土地。据不完全统计，全国每年因采煤塌陷土地 $700km^2$，平均每采 1 万 t，煤塌陷土地 $0.2hm^2$，而近年我国的土地复垦利用率仅为 30%。

经调研统计，废弃矿井遗留土地资源约 $30km^2/矿$，废弃工业场地受安全煤柱保护，一般不受煤炭开采影响或受其影响较小，工程地质条件较好，交通、供电、供水、供气等设施齐全，可直接对整个工业场地进行规划、开发利用，其开发利用模式主要为工程建设。

图 3-16 塔山矿工业广场

2) 我国废弃矿井灾害现状

随着煤炭大规模、高强度开采以及当今煤炭产业结构调整，大量资源枯竭和落后产能矿井关闭，废弃矿井潜在的地质灾害隐患与废弃矿井资源浪费问题将会越来越突出，废弃矿井将会引发一系列地质灾害威胁，如地表塌陷、矿井水隐患、积存瓦斯发生爆炸和矸石山及有毒气体危害等，也会造成地下资源浪费和地面资源闲置，如矿井井下空间资源（巷道、硐室等）、水气资源、地面土地、厂房、机器设备等。

(1) 地表变形。

井工煤矿开采都会产生不同程度的地表塌陷。煤炭资源的长期大强度开采势必引起大规模的采煤塌陷区。据 2007 年煤炭科学研究总院开采设计分院对我国近 100 个原国家统配煤矿的统计资料，71 个煤矿采煤塌陷区面积 4000km²，其他近 30 个原国家统配煤矿和地方煤矿合计的采煤塌陷区面积至少 4000km²，采煤塌陷区面积总计可达 8000km²。采煤塌陷区与累计采出煤量相关，常用万吨塌陷率表示，一般为 0.0024km²/万 t。

经过煤炭黄金 10 年开采后，根据 2017 年研究，我国共有 23 个省（区、市）151 个县（市、区）分布有采煤塌陷区，形成采煤塌陷区 20000km²，部分资源型城市塌陷面积超过城市总面积的 10%。目前，我国采煤塌陷区涉及城乡建设用地 4500～5000km²，涉及人口 2000 万人左右，其中，山西采煤塌陷区受灾人口为 230 万人。

采煤沉陷区面临的主要问题有：①地表土地塌陷破坏；②地面建(构)筑物损坏；③地表耕地积水淹没(图 3-17)。

图 3-17　采煤沉陷区面临问题

(2)矿井水污染。

在未来几年，废弃矿井还将继续增加，废弃矿井带来的安全与环境问题也将越来越突出，其中，废弃矿井引发的地下水污染将越来越严重，并会带来一系列水环境安全风险。经过几十年的采矿活动，开采深度和开采面积均达到充分开采，许多含水层组被串联导通，水动力场发生变化，在人为排水条件下矿井成为区域地下水的排泄中心。一旦矿井关闭，抽排水即停止，采空区、巷道等开采空间会渐渐充盈，水位大幅抬升，造成邻矿涌水量增大，深部煤矿矿界煤柱地下水压增加，对邻矿的安全生产构成威胁。某关闭矿矿井水中的矿化度达 3996mg/L、硫化物达 2300mg/L，污染物严重超标。矿井关闭后，不再进行矿井水的抽排和处理，使得废弃矿井地下水污染周边岩溶地下水，影响供水井水源。

(3)矸石山及有毒气体危害。

煤矸石是煤炭工业的产物之一，作为一种废渣被排放。它们的排放时期有很多，如建井时、改扩建矿井时及原煤洗选时等。煤系地层中的沉积岩层所含煤矸石量最多，具体主要来自所采煤层的顶板、底板、夹层、运输大巷、主井、副井及风井凿穿岩层等。在中国煤矸石自然堆积存储的较多，通常堆放于工业广场附近，如农田、山沟、坡地等处。受地形制约有多种堆积形式，以圆锥体居多，堆积高度矮的几十米，高的百米以上，矮者像堆，高者如山，所以人们通常称为矸石堆或矸石山。煤矸石中含有十多种化学元素，其化学组成相对较复杂，主要为 SiO_2 与 Al_2O_3，同时还含有很多其他成分，如 Fe_2O_3、CaO、Mg、K 等。煤矸石烧失量通常在 10% 以上。煤矸石燃烧时，产生热量的元素主要为 C、H、O，煤矸石发热量通常大于 4.19MJ/kg，小于

12.6MJ/kg。

煤矸石的危害主要表现在以下几方面：①自燃危害；②对生态环境及土地资源的破坏；③煤矸石淋溶水污染；④地质灾害(图 3-18)。

图 3-18　矸石山及有毒气体

3. 国内废弃矿井开发利用模式及案例

随着我国经济的发展，煤炭等行业的大规模产能退出，加速诸多矿井的关闭退出。但是目前，我国关闭/废弃矿井资源开发利用整体处于试验阶段，开发利用存在诸多工程技术难题：①我国阶段性废弃矿井数量较多，且煤矿地质条件极其复杂，难以照搬国外利用模式；②国家层面上尚缺少废弃矿井资源开发利用整体战略；③我国废弃矿井资源开发利用研究起步晚，基础理论研究薄弱，关键技术不成熟；④废弃矿井资源开发利用缺乏相关政策支持。从收集的大量国内废弃矿井资源开发实践案例来看，废弃矿井资源开发利用模式越来越多样化，但是国内废弃矿井资源开发利用率较低，以旅游开发为主，资源则以煤层气抽采为主，其余利用模式较少，如风力发电、光伏发电、地下水库、抽水蓄能电站、储气库、储油库、地下实验室、地下冷库、废料(物)处置以及地下医院等。

1) 可再生能源开发利用模式及案例

国家能源局鼓励新能源产业建设。各地相继推行采煤塌陷区风力发电、光伏发电以及农光互补、渔光互补等多种新能源综合产业模式。在采煤塌陷区不积水、风能和阳光充足地区，可发展为风力发电和光伏发电基地。例如，在山东新泰，利用采煤塌陷区土地 $7.992 \times 10^7 \text{m}^2$ 建设了首个农光互补模式的 200MW 光伏发电示范基地；在山西大同，利用采煤塌陷区建设了国家先进技术光伏发电示范工程，2016 年已启动发电运营。在采煤塌陷区积水地区，可采用固定式或者漂移式光伏发电装置发展新能源产业。在安徽淮南，采用农光互补模式，建设了 300MW 水面漂浮式光伏电站；在山东枣庄，采用渔光互补模式，建设了 400MW 光伏电站。

2) 地下空间开发利用模式及案例

(1) 储气库。

为满足天然气供应和消费之间的均衡关系，世界范围内广泛采用地下储气库技术，因为它具有容量大、造价低、储气压力高等优点。地下储气库按其储层特征分为多孔介质储层与洞穴类，其中洞穴类包括盐穴、废弃矿坑两种。

利用废弃矿井井下空间建设地下储气库，需对矿井封闭后的高压密闭等关键技术进行相关研究。高延法等针对废弃矿井建设地下储气库开展了一些研究，在废弃矿井遴选、储气压力确定、井筒封闭、储气能力计算等关键技术方面取得了一定的研究成果，提出了废弃矿井地下储气库建设对地层渗透率和孔隙度、漏气通道密封、极限压力控制等关键技术指标的要求。

我国油气藏分布众多，废弃油气藏改建储气库技术相对成熟，目前已有 518 个气田区块，主要分布在中西部、东北地区，经过近 20 年的发展，已经形成地面、地下一体化的废弃油气藏建库技术。1999 年建成国内首座油气藏储气库——大张坨储气库。目前国内共投运 10 座废弃油气藏储气库，设计工作气量 158 亿 m^3，正在规划新建 46 座废弃油气藏储气库，设计工作气量近 700 亿 m^3。中国石油已经形成成熟的利用废弃单腔改建地下储气库的工艺技术，2007 年在江苏金坛改造 5 口老腔，建成 5000 万 m^3 气量储气库；自 2008 年以来，相继开展了云应、淮安、楚州、平顶山等盐矿废弃老腔研究，计划改建储气库(图 3-19)。

图 3-19　金坛废弃老腔及一期工程投产

(2)储油库。

目前我国石油储备库大多为地面石油储备库,其占地面积大、易受外界影响、安全性较地下石油储备库小,因此专家学者呼吁应加大地下石油储备库的建设。美国、日本以及西欧一些国家的地下石油储备库大多建在盐岩介质或报废的盐矿井中。理想的盐矿地质环境不容易找到,地下水封石油储备库是许多国家和地区主要的地下石油储备方式。地下水封石油库技术原理是在稳定的地下水位以下开挖岩洞用以储油,地下岩体、赋存于岩层中的地下水共同组成的储油系统,地下水封石油储备应具备两个条件:一是要有较好的岩体条件,二是要有一个稳定的地下水位,以便保证罐体的水封压力条件,保证油品不渗不漏,不易挥发。因此,地下水封油库一般修建在具有稳定的地下水位以下的岩体之中。

近年来我国一直在大规模开展地下储油库建设,但是废弃矿井储油尚无先例。以黄岛地下储油库为例(图 3-20):黄岛国家石油储备地下水封洞库工程(以下简称黄岛洞库)是国家石油储备二期工程之一,是国内第一个大型地下水封石油洞库工程。工程分为地下和地上两个单项工程。地上工程主要包括变配电、自控、消防、油气回收、制氮、污水处理设施等单元;地下工程主要包括 9 个储油主硐室、5 条水幕巷道、6 个操作竖井及施工巷道、通风巷道等。

图 3-20　黄岛地下储油库

(3)地下特殊场所。

地下特殊场所型开发模式,是利用位于一定深度的矿井地下空间独特而稳定的环境条件,能满足防空掩蔽、特殊实验等的环境要求,建设战备指挥所、防空掩蔽部等。对于废弃矿区中的巷道、竖井以及其他构筑物,在进行规划设计时,应首先考虑其潜在的使用价值,不能盲目拆除和重建。矿区地下城市建设，包括窑洞式地下房地产、地下经济适用房、地下图书馆、地下博物馆、地下会议展览中心、地下音乐厅、地下养老院等，充分利用地下水资源和地下清洁能源，构建深地多元能源生成及循环体系；构建深地废料(气)无害化处理与存储系统，实现地下城市水、电、气、暖自给自足，最终实现地下城市的自生成、自调节、自循环、自平衡(图3-21)。

世茂深坑酒店主体建筑设计于地质深坑内，依崖壁建造，总建筑面积55058m²。酒店主体建筑分为地上部分、地下至水面部分以及水下部分。其中地上建筑2层(局部带1层地下室)，高度约10m；地下至水面建筑共14层，高度约53.6m；水下部分建筑2层，高度约10.4m；建筑总高度约为74m。世茂深坑酒店项目因为其在特殊地质上选址，在建造过程无经验可借鉴，面临施工挑战，论证方案耗时7年，其间经历了数千次的调整与优化设计。经过8年的开发，这个"挂在"坑壁上的主体建筑的设计建设，世茂深坑酒店项目建设团队克服了64项技术难题，其中完成专利41项，已授权30项。世茂深坑酒店创造了全球人工海拔最低五星级酒店的世界纪录，深坑酒店的建成，不仅仅彰显了我们强大的工程能力，也为我国废弃露天矿坑空间资源开发利用提供了思路与工程示范。

图3-21 深坑酒店建设过程

(4)特殊物资井下仓储。

利用废旧巷道作为特殊物资储藏空间最为适宜，不需人员长时间或长期驻留，改造费用相对较低，包括军用物资、化学物资、工业危险废弃物以及对储存环境有特殊要求的物品等。

①军用物资、化学物资。

军用物资、化学物资主要包括炸药、雷管、枪支、农药、化学药品等。这类物品具有较高的防火、防爆、防盗要求，即使建在地面，一般也要远离城区。矿业城市的矿井大多数位于城郊，而且又深埋于地下，故储存此类物品尤为合适。

②工业危险废弃物。

利用改造后的矿井生产系统，把经过预处理的大宗型废弃物和工业危险性废弃物堆砌到废弃的井巷工程体内，并采用一定的防渗透措施，防止有害成分扩散，不但可节约大量的地面空间，解决地面废弃物堆放场地紧缺的问题，而且可为煤矿开发第二产业。

③对储存环境有特殊要求的物品。

对储存环境有特殊要求的物品包括粮油食品、果蔬物品等。粮油食品对温度、湿度、空气成分要求比较严格，粮食储藏的最适宜条件是温度 15℃左右，相对湿度 50%～60%，通风良好。矿井地下巷道可用较小的投资即可满足上述条件。粮油食品、果蔬物品需要低温保鲜，而矿井巷道埋深大，受地面气候影响小，温度比较稳定。在库内温度降到一定程度后，在巷道、硐室周围岩体内形成了一定范围的低温区，积蓄了巨大的冷量，维持巷道、硐室具有稳定的低温。所以，作为冷库使用时比浅埋地下冷库及地上冷库更优越。

3) 矿井水及非常规气开发利用模式及案例

(1) 地下水库。

地下水库指修建于地下并以含水层作为调蓄空间的蓄水实体，早在1964 年日本的松尾氏就提出了修建地下水库的设想。世界各国都进行了大量建设，如 20 世纪 80 年代以后，日本建设了一系列的地下水库，总库容达 2800 万 m^3，实现了保障农业和生活供水以及防止海水入侵的目标。美国早在 19 世纪就开始进行地下水人工补给的实践，20 世纪 80 年代以后，美国实施 ASR（aquifer storage and recovery）即含水层储存与回采工程计划，建成的 ASR 系统在 100 个以上。我国 1977 年在河北南宫建设了第一座地下水库，总蓄水量达 4.8 亿 m^3，之后在北京、东北、新疆、贵州、山东等地建设了一大批地下水库，使城乡居民用水和农业灌溉得到了有效保障。针对西部地区煤炭开发中的重度缺水问题,顾大钊等提出了矿井水井下储存利用的新理念,即利用煤炭开采形成的采空区作为储水空间,用人工坝体将不连续的煤柱坝体连接构成复合坝体,建设煤矿地下水库。神华集团在神东矿区进行了工程示范,2010 年在神东大柳塔煤矿建成了首个煤矿分布式地下水库,迄今为止,累计建成 32 座煤矿地下水库,储水量达到 3100 万 m³,是目前世界唯一的煤矿地下水库群,供应了矿区 95% 以上的用水。

(2)抽水蓄能电站。

利用废弃矿井建设水利蓄能发电站,基本原理是利用废弃矿井的井底部与蓄水池的高度落差,当发电厂的电力富余时,利用富余电力将废弃矿井低水位的井水通过抽水泵抽到地面的水库蓄积起来,在用电高峰期再将水库的水通过管道放回到废弃矿井的底部,推动废弃矿井底部的水轮机发电,达到削峰填谷的目的。在华北平原资源型城市,很难找到建立地表抽水蓄能电站的天然高落差地形条件,因此可利用矿井或废弃矿井空间建造抽水蓄能发电设施,不仅能降低建库成本,还具有良好的经济、社会和环境效益,且能缩短建库的周期。

(3)瓦斯抽采。

我国已在晋城、淮南、铁法、阜新等矿区开展了老采空区地面钻孔煤层气抽采工作,取得了良好的抽采效果,为关闭煤矿的煤层气资源评价及勘探开发积累了丰富的经验。例如,山西晋城煤业集团已施工 10 口关闭煤矿地面井,其中 7 口井成功产气,每口井平均日产气量可达到 2000m³,瓦斯浓度约 90%,初步显现了晋城矿区关闭煤矿瓦斯开发的潜力,对我国关闭煤矿瓦斯开采利用具有重要的指导意义。

当前国内瓦斯抽采难点较多,需结合具体矿区及煤层赋存特点研究相应的抽采方式。近年来,煤炭地质单位积极研究煤层气抽采新技术、新方法,根据煤层气赋存情况,形成一套行之有效的地面煤层气高效开发钻井技术,降低了煤层气开发利用成本。

4)生态开发及工业旅游开发利用模式及案例

(1)生态旅游开发。

我国废弃矿井的生态重建、旅游开发多以建设综合性的国家矿山公园以及生态园区为主,将废弃矿井地面土地生态以及矿区景观进行修复,对废弃矿井地下空间采区小规模的局部保留及改造利用为主。自然资源部共批准建立 72 个国家矿山公园，31 个已开园，均为煤矿遗址类国家矿山公园。从空间分布上看，高密度分布区域主要为北京及周边、鲁南、皖北、湘南以及鄂北地区。但就整体而言，空间分布零散、关联性差，没有形成完整的、成熟的工业旅游线路，工业旅游产品滞后于旅游产品生态的整体开发水平。

2017 年 12 月 12 日下午，习近平总书记来到徐州贾汪区潘安湖神农码头，夸赞贾汪转型实践做得好，现在是"真旺"了[①]。他强调，塌陷区要坚持走符合国情的转型发展之路，打造绿水青山，并把绿水青山变成金山银山。

潘安湖国家湿地公园坐落于徐州市贾汪区西南部的大吴镇和青山泉镇境内，位于徐州市区与贾汪城区的中间地带，距贾汪中心城区 15km、徐州市 18km。潘安湖原先地貌为旗山矿和权台矿采煤塌陷区，经过人工改造成为人工湿地。2014 年 6 月经全国旅游景区质量等级评定委员会评定，潘安湖国家湿地公园被评为国家 4A 级旅游景区。

潘安湖湿地公园生态开发的最大成果就是它的生态效益。2014 年 6 月，潘安湖湿地公园被评为国家 4A 级旅游景区；2017 年 8 月，又被确定为首批 10 家国家湿地旅游示范基地。目前，潘安湖地区仍是黄淮海采煤塌陷区综合整治和水土资源调控技术研究野外观测基地，持续的科学研究和数据为下一步的科技创新奠定了基础。潘安湖湿地公园建设，改善和修复了生态环境，有效拓展了徐州生态空间、促进城市转型、提升区域功能，实现了采煤塌陷地变废为宝、变包袱为资源，广受社会各界好评，也充分体现了科技的重要作用和"研用"结合模式的显著效益，形成了具有东部矿区可复制可推广的采煤塌陷区修复模式（图 3-22）。

图 3-22　潘安湖国家湿地公园生态开发现状

---

① 新华网. 习近平考察徐州采煤塌陷地整治工程. (2017-12-12) [2019-12-20]. http://www.xinhuanet.com/politics/2017-12/12/c_1122100823.htm.

（2）科普教育。

煤矿由于其行业的特殊性，绝大多数人都未曾接触过煤矿井下的真实面貌，部分矿井关闭后，井下巷道及设备保存良好，其政府结合当地的实践教育政策以及历史背景，对废弃矿井加以开发利用，形成以实践与科普教育为主的开发模式，如山西省凤凰山煤矿和河南平顶山工业职业技术学院利用废弃矿井巷道和生产设备建设的教学学习基地以及鸡西矿务局滴道煤矿改造而成的侵华日军鸡西罪证陈列馆均已投入使用（图 3-23）。

图 3-23　废弃矿井科普教育基地

二、国外

1. 国外废弃矿井资源开发利用模式及案例

1）煤及可再生能源开发利用

国外对于在深地、不可开采煤矿或者废弃矿井中存在大量的残留煤炭资源的开发方法主要是煤炭地下气化。煤炭地下气化最早在苏联开展，后又有英国、美国、澳大利亚等多国开展了煤炭地下气化技术攻关，并积极推进商业化项目的示范，进入 21 世纪，在 UCG 领域有明显进展的是澳大利亚、英国以及南非，但基本都采用的是钻井式地下气化技术，未见针对废弃矿井残存煤炭资源的地下气化项目。

最近国外又发展了生物法开采煤炭的方法，开发的目标产物主要为甲烷。这种方法本质上也是一种煤炭地下气化技术，可以实现残煤或不可采煤层煤炭资源的回收利用，但是其过程是在接近于周围环境的条件下发生的，与常规的煤炭地下气化相比，反应条件更加温和，降低了气化炉等装置和设备的材质要求，减少了高温合成气的净化过程等，受到各国广泛重视，也为废弃矿井残煤利用提供了一种新的可能的利用方式，但目前仍处于实验室研究阶段。

国外对于废弃矿井可再生能源的开发利用模式主要有以下几种：

(1)利用废弃矿区地面土地开发太阳能、风能等可再生能源。聚光光伏发电技术(CPV)和聚光光热发电技术(CSP)两大类太阳能发电技术在美国、德国开发的废弃矿区太阳能发电项目中都有成功的案例。美国最大的废弃矿井太阳能发电项目新墨西哥州 Chevron Questa 矿光伏发电项目采用了先进的 CPV 技术，德国目前最大的废弃矿区太阳能发电项目莱比锡 Meruo 矿 166MW 太阳能光热发电项目即利用的 CSP 技术。从世界范围来看，无论是生产矿区还是废弃矿区，都有安装风力发电系统的项目案例。在废弃矿区已经建成的较大规模风力发电系统多位于美国，包括位于怀俄明州的 Dave Johnston 矿、位于宾夕法尼亚州的 Somerset 矿和位于田纳西州的 Buffalo Mountain 矿，二者都为废弃的露天煤矿矿区，所发的电量都能上网，满足周围居民的用电需求。总体来说，目前虽然各国利用废弃矿区土地进行了大量的风力发电可行性探索研究，但仍未形成可推广的成熟模式。

(2)利用废弃矿井地下空间储能，包括抽水蓄能、压缩空气储能等。废弃矿井中与地面存在巨大的、高落差地下空间，使得发展废弃矿井井下抽水蓄能发电成为可能。抽水蓄能具有技术成熟、效率高、容量大、储能周期长等优点，是目前广泛使用的电力储能系统。根据上水库布置的位置不同，废弃矿井的抽水蓄能电站建立可以分为半地下式抽水蓄能电站和全地下式抽水蓄能电站。受到广泛关注的是德国鲁尔 Prosper-Haniel 废弃煤矿抽水蓄能项目规划和西班牙 Asturian 废弃煤矿抽水蓄能项目规划。而以矿井地下空间作为储气罐，也可以实现压缩空气储能。压缩空气储能系统是另一种能够实现大容量和长时间电能存储的电力储能系统。目前世界上有两座大型的压缩空气储能电站投入商业化运营，分别是德国的芬道夫压缩空气储能机组和美国亚拉巴马州麦金托什地区的压缩空气电站。

(3)利用废弃矿井水回收矿井水中的地热能资源等。矿井水回收地热能技术一般是将矿井水作为热源或者散热器,回收废弃矿井水中地热能资源的技术。通常有两种主要的矿井水地热能回路系统：闭环回路和开环回路。国外废弃矿井地热能的应用方面，大多都是浅层地热技术的应用。目前商业化开发最为成功的荷兰海尔伦煤矿的矿井水蓄热项目，在利用地热能的同时，实现了生物质能-热电联供、太阳能、余热利用等多种可再生能源的综合利用。

随着对废弃矿井可再生能源开发利用的持续推进,国外对于废弃矿井资源的综合性开发有了更加全面和系统的构想,不仅从经济的角度出发,将废弃矿井的各类资源进行重新开发再利用,减少矿井资源的浪费,变废为宝,实现矿业的转型升级和可持续发展,而且还将资源的开发再利用看作是重要的科学和系统工程问题。设计和规划废弃矿井的开发利用,既考虑近期价值,更兼顾矿井的转型升级和可持续发展。因而,国外按照地面资源和地下空间统筹一体化开发的原则,又发展了多种能源互补的系统性综合利用技术,有许多废弃矿井从矿井水抽取地热能资源,为废弃矿井地上或地下空间建立的采矿展览馆(加拿大新斯科舍省乐佩克坎艾姆煤矿)、地下宴会和音乐厅(挪威康斯博格银矿)等建筑物供暖,实现了废弃矿井地下空间及矿井水、地热能等多种资源的协调开发利用。

2)地下空间开发利用

国外废弃矿井地下空间利用主要以废弃油气田、煤矿、金矿、石灰石矿等为主,废弃矿井地下空间具有储容量大、安全性好、恒定温度及湿度、空间封闭等诸多优点,主要用途包括储存油气资源、储存核废料、用作地下实验室等,主要利用模式如下:

(1)地下储气库型开发模式。将天然气重新注入地下,可以为应急供应、调峰供气服务,也可以作为能源战略储备。根据国际天然气信息中心(CEDIGAZ)数据,截至2016年底,全球地下储气库有672处,其中废弃油气田储气库达498处,盐穴地下储气库90多座。全球地下天然气储库工作气体容量42.4亿m^3,占当年全球天然气消费量的12%。

(2)地下储油库型开发模式。地下原油存储相比于地面金属罐储存,具有安全性高、运行成本低、火灾风险低、气温恒定等诸多优势,包括美国在内的许多国家都开展了关于充填、运输、安全监测、控制系统等方面的尝试。

(3)核废料处置场地型开发模式。利用废弃矿井储存核废料模式主要是将废弃物处置与采矿充填开采工艺相结合,利用开采后的工作面空间充填核废料。深部储存核废料的相关研究实践主要为实验室研究,现场实践包括打钻孔、建设储库以及地下研究实验室等。

(4)地下实验室型开发模式。主要集中在对废弃金矿和铀矿的利用，以开展深地科学实验为主，其历史可以追溯到 20 世纪 60 年代，南印度的科拉尔金矿和美国南达科他的霍姆斯特克矿均开展了废弃矿井开展地下实验室的初步研究。

3) 水及非常规天然气开发利用

(1)废弃矿井瓦斯开发利用现状。

欧美等国为增加清洁能源供应，防止煤矿关闭后瓦斯泄露造成瓦斯事故，均非常重视废弃煤矿瓦斯开发利用工作，在煤矿关闭和废弃煤矿瓦斯开发方面建立了成熟的政策体系和积累了丰富的开发经验，并且出台了一系列相应的优惠政策，鼓励企业开发利用废弃煤矿瓦斯资源。

英国早在 1954 年就开始废弃煤矿瓦斯开发利用研究，其开发利用技术处于世界领先地位，在 30 座关闭井工煤矿进行了废弃煤矿瓦斯利用项目开发，2016 年全国废弃煤矿瓦斯装机容量约为 60MW，依靠市场化手段，实现了商业开发。2015 年德国共有 17 个废弃煤矿瓦斯抽采利用项目，瓦斯发电装机容量 185MW，瓦斯年抽采量 2.5 亿 m^3，抽采浓度 15%～70%，年发电量 10 亿 kWh。德国的废弃煤矿瓦斯抽采利用主要集中在鲁尔煤田及萨尔煤田，伊本比伦煤田也有部分废弃煤矿进行瓦斯的抽采利用。美国是世界上首个将废弃煤矿瓦斯排放量计算在温室气体排放总量内的国家。美国拥有 500 多个关闭的高瓦斯矿井，并从 45 个关闭高瓦斯矿井中开发了 19 个废弃煤矿瓦斯开发利用项目，年利用瓦斯量 1.7 亿 m^3。为减少投资、增加项目规模，美国通常将几个废弃矿井联合进行废弃煤矿瓦斯开发，其中 3 个废弃煤矿瓦斯开发项目是由 3～5 个关闭煤矿联合组成，伊利诺伊州 1 个废弃煤矿瓦斯开发利用项目是将 14 个关闭矿井进行的联合开发；3 个废弃矿井开发利用项目是与目前生产矿井的煤矿瓦斯抽采利用项目抽采管路进行连接进行综合利用。

(2)矿井水处理及资源化利用概况。

英国先后投入了 10 亿英镑用于处理煤矿关闭后的采煤塌陷和矿井水等遗留问题，这项工作计划持续 50 年以上，这些经费中有一半用于矿井水抽采及污染处理，约三分之一用于塌陷区治理。为治理矿井水污染，英国共设有 800 个矿井水监测点对矿井水的情况进行监测，建立数据模型，预测矿井水的走向，以便及时采取有效的控制措施。英国煤炭管理局管理 75 个废弃煤矿处理厂，每年处理 1.2 亿 m^3 废弃矿井水，保护了 350km 的河流和几个重要的区域含水层。德国鲁尔矿区塌陷区的下沉深度最深可达 20m，为了防止塌陷区被水淹没，需要进行抽水处理，此项工作在煤矿关闭很多年后仍然进行。目前鲁尔矿区每年抽出的水量高达 1.5 亿 m^3，累计花费超过 23 亿欧元。德国的饮用水约在−200m 水平，为保证矿井水和地下水的永久隔离，水泵抽水的水位保持在−800m 左右，未来会将水位提高至−640m。美国非常重视废弃矿井水治理和监测工作，仅在匹兹堡煤田设立了 27 个废弃矿井水位观测站和 100 多个水样采集点，利用水位探测仪等工具，采集废弃矿井水位变化和水质数据，并建立了 20 座有害矿井水处理厂。加拿大北方领地废弃矿井水问题，印第安及北方事务部发起了废弃矿井水治理计划，并得到了多个指导委员会、工作组的协助以及多个部门和机构成员的参与，治理资金大部分来自联邦政府的一般收入，部分由领地政府支付。此外波兰、奥地利、巴西、南非和匈牙利等国也非常重视废弃矿井水污染治理工作，部分项目成功实现了资源化利用。

4) 生态开发及工业旅游开发利用

英国、美国、德国、法国、加拿大、澳大利亚、波兰等国历经两次工业革命大发展，采矿业曾经高度发达，之后在经济转型过程中，矿山关闭后可能会伴生的安全、污染、环境等问题引起了所在国政府的高度重视，废弃矿井生态开发遵循生态恢复与景观效果并重的基本原则。许多废弃矿山承载着当地工业发展的历史印记，通过对具有历史意义和价值的地方进行保留，成功开发成了工业旅游项目。

发达国家废弃矿山生态开发主要可归纳为景观型开发模式、功能型开发模式和区域转型开发模式三大类。景观型开发模式可以根据当地不同条件形成各自不同的景观开发重点，在一定范围内，依据所在地独特的优势，通过适当的工程改造，建设成独具特色的旅游项目，典型案例有英国伊甸园项目和加拿大布查特花园项目；功能型开发模式是指利用原有废弃矿山的山地、洞穴、湖泊等自然条件与资源，根据需要进行各种形式的开发和建设，把废弃矿山改造成具有特定功能的场所，典型案例有罗马尼亚图尔达盐矿改建项目和美国大洞穴项目；区域转型开发模式是指将原先严重依赖矿业的区域经济，在原有的工业基础上进行规划、设计，在资源配置和经济发展方式上进行的转变,实现产业结构的调整与升级,典型案例有德国鲁尔工业区和英国铁桥峡谷地区。

废弃矿山工业旅游是在传统矿业区域产业衰退的过程中,基于对工业遗产的保护、再利用、促进产业结构调整和经济转型等目的,在工业遗留物的基础上发展起来的一种重温和了解工业历史和文明、同时融合相关旅游功能的新型旅游形式。自英国开始,欧洲的德国、法国、波兰,以及美国和澳大利亚等国也都在废弃矿山生态开发和工业旅游方面积累了丰富的经验,典型案例有英国铁桥峡谷、关税同盟煤矿工业建筑群、波兰贵都煤矿博物馆、然梅尔斯贝格矿山、波兰维利奇卡古盐矿博物馆等。

2. 国外废弃矿井开发利用体制机制、政策法规及技术

1) 煤及可再生能源开发利用

(1)从体制机制看,美国在废弃矿区可再生能源开发利用方面,具有较为完备的管理机构和制度。美国在废弃矿区土地上开展开发清洁和可再生能源项目可行性研究的工作,主要由美国环保局负责。为了促进废弃矿井土地可再生能源的开发工作,美国环保局成了专门的废弃矿山土地工作组(abandoned mine lands team,AMLT),与各州办事处共同负责,为社区和其他矿区土地利益相关方开发可再生能源提供技术支持,如能源预可行性分析和其他形式的技术支持等。

(2)从政策法规标准的建立来看,目前国外的废弃矿井管理着重关注矿井关闭程序、矿井开发过程中占有的土地复垦和环境修复过程,认为将废弃矿区的地形、地貌、生态环境通过治理恢复到采矿前的水平,是废弃矿井剩余资源开发再利用的前置条件。对于废弃矿井管理的政策法规多数针对废弃矿井再利用之前的土地复垦和生态环境治理等方面,未见关于废弃矿井可再生能源开发利用的针对性政策。但是随着世界能源需求的不断增长和应对气候变化逐渐成为 21 世纪的国际能源环境领域的主流价值观,越来越多的国家以减少温室气体排放、实现低碳发展为目标,大力发展可再生能源。美国、德国等在可再生能源开发利用方面有着较为完善的调控监管计划和市场调节机制,如可再生能源配额制度、补贴、税收优惠和退税、贷款担保、清洁可再生能源债券计划等,从客观上促进了各利益相关方在废弃矿区开发利用太阳能、风能、生物质能等可再生能源项目的发展。

（3）从开发利用技术进展及应用情况来看，当前世界煤炭地下气化主要有四大发展方向：一是与联合循环发电产业的结合（UCG+IGCC），二是与碳的捕获、利用与封存产业的结合（UCG+CCS），三是与制氢产业的结合（UCG+HGC），四是与燃料电池发电产业的结合（UCG+AFC）。而废弃矿井残煤地下气化的关键技术要求主要包括选择科学的地下气化方式、科学选址、地下气化运行过程监测、气化残留污染物的控制等。

在废弃矿区开发太阳能发电项目的关键技术包括：一是满足可再生能源来源的要求，即矿区的太阳能来源具有较好的可得性，矿区所处的地域需要充足的光照条件；二是满足对地面的要求，PV 技术在平坦或较为陡峭的地势都可以安装，CSP 技术需要相对平坦的地形，有大面积的连续土地区域，且与常规太阳能发电项目相比，在废弃的采煤沉陷区开发太阳能发电项目时，需要增加对矿区地质稳定性的评估与潜在沉降率的分析；三是满足对水源的要求，矿区附近最好有充足的水源；四是满足对配套基础设施的要求，即矿区内的采矿设施与建构筑物能够支持太阳能发电项目的开发，且附近需要有配套的并网输电设施；五是考虑尘土对于太阳能发电效率的影响。

在废弃矿区开发风力发电项目主要的技术限制在于，一般的风电机组重量较重，对于机组安装的地面要求较高。而在井工煤矿的采煤沉陷区容易出现地面沉陷和地表裂缝，在沉陷区安装风电机组，出现沉陷的风险较大，因而从选址的角度来看，在采煤沉陷区建设的可再生能源项目一般较少考虑风力发电项目。

废弃矿井开发抽水蓄能发电项目的关键技术要求包括电站选址、地质稳定性、矿井水文地质条件、抽水蓄能发电机组规模和布置等。废弃矿井压缩空气储能关键技术包括储气室的密闭性和地质稳定性等。

在进行废弃矿井矿井水蓄热项目开发和可行性研究时，需要重点关注以下技术：一是建立双向循环系统，二是确定合适的矿井地热容量，三是充分考虑矿井水的水文地质参数对管道换热的影响，四是研究水体污染风险控制技术。

2）地下空间开发利用

国外在开展废弃矿井地下空间开发利用过程中，有相关配套政策、法规与标准，较为完整的管理体系以及关键技术。

（1）相关政策、法规与标准。

①油气储库。

针对盐穴关闭及在废弃盐穴储油气的准入条件和运营注意事项，1990年美国石油学会（API）制定了操作规程建议《API Recommended Practice 1170》，建议规定，设计和运行利用溶浸法开采盐穴储存天然气，需开展地质力学评估，满足现场储存的需求。另外，还规定了如需利用废弃盐穴储存油气，须在盐穴废弃或者关闭时对钻井孔进行氮机械完整性试验，拆除井内设备，完成套管检验记录，对盐腔进行声呐勘测及进行长期监测等。

针对利用废弃盐穴储存天然气项目的选址和监测，欧盟1918年制定了全流程地下储气标准-BS EN标准，主要包括溶解盐腔储存、含水层、油气田。对从设计到建设、从试验到试运转、从运行到日常维护、运行的设备及安全，以及环境影响都做出了明确规定。

②储存核废料。

法国针对核废料存放的政策体系相对较完善。1991年12月，法国议会通过了关于放射性废物管理研究的91-1381号法，要求对放射性废物，尤其是中高放射性长寿命废物管理进行研究，该法提出了分离嬗变、地质处置和长期贮存3个研究方向。2006年6月，法国议会表决通过了2006-739号《放射性材料和废物管理规划法》，该法详细规定了拟建乏燃料最终处置库即工业地质处置中心的建设程序。

美国针对包括核废料在内的地下储库监测、试验和纠正措施、员工培训制定了相关法律，1926年颁布的《美国法典》第42卷第82章第9分章中，明确规定相关原则和应遵循的条款。另外，针对地下储库的准入条件，《固体废物处置法》以及《2005年能源政策法案和地下储库》进行了相关规定：要求第一步通过听证会了解影响区域，是否会对人的健康产生影响；第二步公布矿山业绩和准入标准；第三步才能颁发准入。

③封存CO_2。

针对废弃油井存储CO_2，挪威石油标准化组织制定了D-010标准，规定废弃矿井井筒不能有渗透性，固井牢靠，不收缩，可延展，能保持长期完好。

（2）体制机制。

①油气储库。

美国针对油气储库建设、检测方面的相关标准，由美国石油协会制定，由美国管道和危险材料安全管理局负责管理和解释。

英国健康与安全执行局委托英国地质调查局负责现运行和文字记载的废弃矿井储存的失败案例和事故认定，委托健康与安全实验室开展地下地质储存设施是否符合土地利用规划。此外，英国地质调查局根据地下储存天然气项目的成功经验，探寻开展地下储存的诸多成功因素，对新开发项目进行评估，并与这些因素对比，确定项目的开展与否。

②储存核废料。

美国针对核废料的处理，建立了一套完整的监管体系，其中美国核监管委员会负责对核反应堆、核材料、放射性废物相关的活动等颁发许可并进行监督，美国能源部负责高放射性废弃物处置库的运营，美国核管会负责废弃物运输、贮存和地质处置。

法国目前负责核能发展管理的部门是能源、可持续发展与海洋事务部，军用核设施及活动安全由国防部长和经济、工业与就业部长负责监管，民用核设施安全与辐射防护由核安全局负责监管。

德国在切尔诺贝利事件后成立了联邦环境、自然保护和核安全部（BMU），由其负责制定核废料管理相关政策，下辖德国联邦辐射防护办公室和核废料建设运营学会，分别负责管理和制定核废料处置规划，并由联邦辐射防护办公室下辖的核服务公司运营德国的废弃矿井核废料储存项目。

③封存 CO_2。

美国能源部化石能源办公室通过设立基金的形式，开展陆地封存 CO_2 示范，项目主要内容还包括探寻废弃矿山多种生态资产价值。

挪威石油和能源部负责石油和天然气的生产管理，包括生产、停产、勘探以及注入井管理等，挪威石油标准化组织负责油井关闭的安全性、再利用等。

(3) 地下空间开发利用关键技术。

①油气储存技术。

地下空间储油气的主要问题就是防泄漏，泄漏控制技术主要包括降低岩体渗透性和水动力控制。美国和加拿大都进行了诸多利用盐穴储存石油和天然气的尝试，通过经验总结，较好的选址地点应当具备以下条件：一是围岩为高孔隙率和渗透率，并且和低渗透甚至是不渗透岩层交互存在；二是容量能够满足储存要求。

②核废料储存技术。

从时间上来看，核废料储存分为近期和长远两种途径，选址尽量选择在核废物产生地附近，利用深井进行处置，便于长期稳定储存核废料。

③废弃煤矿储存 CO_2 技术。

废弃煤矿储存 CO_2 首先研究井筒密封，因此储层压力必须高于静水压力。另一个主要方面就是煤矿关闭后要建立井下涌水监测，方便推算封存容量和日常监测。

3）水及非常规天然气开发利用

（1）完善的矿山法律法规。

为治理矿山关闭后的环境污染问题，欧美发达国家制定了完善的相关法律法规，对矿业活动及后续的矿山关闭和恢复治理等活动进行规范，明确了监管和实施主体，制定了完善的矿井关闭程序，出台配套政策，投入了大量的资金处理煤矿关闭后遗留下来的地表塌陷和矿井水污染等问题，并对残存的废弃矿井瓦斯进行回收和资源化利用，保障了关闭矿区的安全和生态恢复。

（2）先进的治理技术和成功经验。

国外发达国家积累了先进的废弃矿井瓦斯开发利用、矿井水治理技术和丰富的成功经验。一是超前用混凝土对关闭煤矿的井筒进行密封，并预先埋设连通采空区和巷道的管路，拆除采空区密闭，以便后期矿井残余瓦斯抽采。二是完善矿井残余瓦斯量预测及抽采利用可行性评价技术，合理确定项目规模和服务年限，提高投资收益。三是根据矿井关闭前的煤炭开采规划，预测矿井涌水量和矿井被淹没时间，制定矿井水抽排和废弃矿井治理方案，妥善处理淹井问题。

（3）优惠政策支持。

德国将煤层气和关闭矿井残存煤层气列为可再生资源，瓦斯发电企业享受固定上网电价，可以获得约 4 欧分/kWh 的额外收益。英国政府从保障能源安全的角度，支持企业利用关闭矿井残存煤层气，积极提供矿井资料、规划许可。美国关闭矿井残存煤层气开发利用项目可享受减排收益和可再生能源补贴。此外英国废弃煤矿开发企业大部分为股份有限公司，融资渠道通畅，充分吸收了社会资本。

4) 生态开发及工业旅游开发利用

欧美各国有关法律都要求矿业开发必须进行生态恢复，而且经恢复后的生态水平不得低于开发前。有的国家对具体某种类型的矿山制定了针对性的法律，如美国对煤矿的《露天采矿管理与复垦法》（SMCRA 1977）；有的国家没有专门以矿山命名的法律，但是有关内容都涵盖在其他法律中，如限制加拿大联邦矿业活动的内容都包含在《领土土地法》和《公共土地授权法》中；德国有专门的《联邦矿业法》，北莱茵-威斯特法伦州还出台了《关于矿井停用管理的指导说明》；澳大利亚的矿山开发管理由中央政府确定立法框架，各州相对有较大权限，可以制定法律条文，内容有所不同。总之，在发达国家生态恢复都是矿业开发的重要组成部分。

发达国家基于对矿业活动生态恢复方面的法律，发展出了许多行之有效的体制机制，极大地促进了本国废弃矿山的生态恢复工作，为进一步的废弃矿山生态开发奠定了良好的基础。本书总结的成功经验包括成立废弃矿山基金、土地复垦验收机制、矿山恢复保证金制度、废弃矿山信息系统、生态环境恢复执法机构、方案管理和过程监控等。

欧洲是现代工业革命的发源地，欧洲国家同时也是最早开始关注工业遗产保护和开展工业旅游项目的国家，在制定工业遗产保护的法律法规方面处于世界的前列。德国自 20 世纪 60 年代以来就认识到工业遗产的价值以及对工业遗产采取保护措施的重要性，是世界上首批通过国家立法保护工业遗产的国家之一。2003 年世界各国达成了有关工业遗产保护的国际公约——《下塔吉尔宪章》，2011 年通过的《都柏林准则》更加细化了工业遗产的内容。

20 世纪 60 年代开始，英国、法国等发达国家相继都成立了本国的工业遗产保护组织，保护了一大批重要的工业遗产。考虑到工业遗产的特殊性，不可能像文物一样进行绝对保护，大量的工业遗产应以再利用式保护为主。从 21 世纪开始，通过整合遍及全欧洲的工业遗产旅游项目，已经形成了重要的品牌"欧洲工业遗产之路"，截至 2017 年"欧洲工业遗产之路"已涵盖了欧洲 1700 多个工业场所。除了通过建立博物馆的方式复活老的工业遗产，还把工业遗产改造成人们可以工作和居住的场所，遵循"遗产重生"的理念引入创意产业。欧盟持续的资助对"欧洲工业遗产之路"的发展起到了重要作用。

废弃矿山的生态恢复主要采用充填土地、对土壤进行物理处理、化学改良添加营养物质、利用有机废物、筛选适宜的先锋树种、生态修复等,同时遵循景观设计学关于景观的分析、规划布局、设计、改造,让废弃矿山的利用既有经济方面的收益,又有景观观赏的价值。废弃矿山工业旅游项目通常以建设博物馆为核心,部分附属设施可能包括科技和艺术中心等,可以为音乐会、会议、艺术、科技、教育、旅游、娱乐和展览等活动提供场所,涉及的开发技术包括工业遗产的规划以及改造技术。

第三节 政 策 建 议

废弃矿井资源开发利用是一项庞大的系统工程,其有效推进与实施离不开政府以及社会各方的通力合作,在一定的法规、政策和制度框架下开展,依托一些具体技术作为支撑。基于大量的研究分析,本书提出如下建议,以期能为推动我国的废弃矿井资源开发利用提供一定的参考借鉴。

一、构建废弃矿井全生命周期系统管理利用的理念

废弃矿井的资源利用是一种减少资源浪费、保护环境、促进矿业可持续发展的先进理念,近年来我国很多矿井都是在去产能政策的倒逼机制下完成的政策性关闭,对于废弃矿井各类资源(包括残煤及可再生能源)等的利用缺乏提前规范、系统管理的意识,而国外对于废弃矿井的管理侧重矿井全生命周期的系统管理,更加注重矿井关闭程序、矿井开发过程中占有的土地复垦和环境修复过程,认为将废弃矿区的地形、地貌、生态环境通过治理恢复到采矿前的水平,是废弃矿井资源再利用的前提条件。建议国家组建专门的废弃矿井利用协调机构,牵头矿井关闭各项工作,各利益相关方共同参与,促进各方逐步建立废弃矿井全生命周期的系统管理利用理念,共同促进废弃矿井的管理及资源利用乃至矿区的可持续发展。

二、完善废弃矿井开发利用相关法律法规

矿山关闭是一个系统工程,产业转型时间长、难度大,需要从国家层面给予高度重视。受到经济发展水平和我国所处的工业化发展阶段限制,我国对矿山生产过程中安全和环境保护出台了完善的相关法律法规,但对矿山关

闭后的相关灾害和资源保护认识相对不足，相关法律法规不完善。国外有关矿业管理的相关法律法规较为完善，对矿业活动及后续的矿山关闭和恢复治理等活动进行规范，特别是监管和实施主体、相关程序、责任划分和资金保障等方面，确保了矿山开采完毕后恢复治理工作的顺利完成。借鉴国外经验，提出矿山关闭法律法规提出以下建议。

1. 建立矿山全生命周期监管法规

借鉴加拿大和美国矿井全生命周期管理成功经验，按照"谁开发、谁保护、谁污染、谁治理、谁破坏、谁恢复"的原则，建立涵盖可研、设计、开发、关闭和关闭后全生命周期监管法律法规，明确矿山关闭后灾害和资源保护主体责任，并出台配套政策，提取关闭后治理费用，保证后期治理效果。

2. 完善煤矿关闭标准和规范

英国和德国煤炭产业法律法规要求煤矿企业在进行煤矿关闭时必须做好废弃矿井关闭工作，保证达到相应的标准后才能申请具体的煤矿关闭程序。完善的法律法规体系既减少了威胁矿区周围居民生命财产安全的危险因素，也为后续的废弃煤矿瓦斯开发利用创造了有利条件。我国每年关闭煤矿1000座左右，由于法律法规还不够健全，也没有煤矿关闭相关的技术标准，主要采取拆除设备、填实井筒等简易措施，并未对环境恢复治理、灾害防范、残余资源回收等做出要求，不仅留下了安全隐患，也给废弃煤矿瓦斯抽采带来了很大的难度。为了保证矿井关闭后不再造成新的安全隐患，充分利用废弃煤矿瓦斯资源，建议我国借鉴发达国家成功经验，结合我国煤矿开采实际，建立完善煤矿关闭技术规范，明确煤矿关闭程序和技术要求，提高煤矿关闭标准，规定矿井关闭前在井下巷道和井筒预埋管道、重视矿井关闭前矿井地质、生产资料及关闭工程信息资料保留与管理工作，建立相应的关闭矿井资料数据库，为后续废弃煤矿瓦斯开发奠定基础。

3. 明确废弃矿井资源归属

英国、德国和美国都将废弃煤矿瓦斯设为独立矿种，实行采煤、采气独立操作，煤矿关闭后对废弃煤矿瓦斯的开发时需要申请单独的采矿权，计划进行废弃煤矿瓦斯开发利用的企业需要通过竞标获得采气权，并支付一定的矿权费。我国对于废弃煤矿瓦斯矿权的归属关系还未明确，建议国家参考相关经验，明确矿权归属，保障废弃煤矿瓦斯开发企业合法权益。

4. 建立矿山开采资源保护法律法规

国外都十分关注矿山关闭后的环境问题，投入了大量的资金处理煤矿关闭后遗留下来的地表塌陷和矿井水污染等问题，但由于采用的后治理模式，治理效果不明显，并需要大量持续资金投入。我国矿井污水治理管理主要是在煤炭生产过程对井下排水进行简单处理后达标排放，以不影响煤炭生产为主，对于矿山关闭后矿井污水处理研究较少，建议我国借鉴国外生物处理成功经验，出台相关法律法规，要求矿山开发主体在煤矿关闭前对周围水体的影响做出评价，并充分利用现有设施和巷道对废弃矿井水进行超前治理。

三、出台废弃矿井开发利用优惠鼓励政策

各类资源开发技术成本和生产成本都高于传统能源，各类能源的利用技术及项目开发，都离不开政府在政策和资金上的大力支持。欧美发达国家政府层面不同形式的财税优惠政策和新能源补贴政策，私人资本的参与和市场化的运营模式等多重因素，共同促进了废弃矿井可再生能源的开发利用和矿业的转型升级。建议国家相关职能部门采用多种政策支持和财政资金保障相结合的方式，完善废弃矿井资源开发利用的相关财政补贴、税收减免政策及投资环境，鼓励引导私人资本参与，建立市场化运营等新型的投资机制和商业模式，促进废弃矿井资源开发利用项目的早日落地。

1. 建立矿区转型发展产业基金

建议我国重视老矿区的工业转型引导，在现有资源枯竭城市转型政策的基础上，研究设立矿区转型发展专项基金，对报废煤矿地区在土地、环境治理和招商引资方面加大扶持力度，积极开展失业矿工再就业技能培训，实现报废煤矿地区的经济转型和平稳过渡。

2. 出台废弃矿井资源开发优惠专项政策

德国将废弃煤矿瓦斯列入可再生资源，利用废弃煤矿瓦斯发电可享受固定上网电价等优惠政策，促进了当地废弃煤矿瓦斯利用行业的蓬勃发展，英

国虽然没有具体的激励措施，但政府从保障能源安全的角度，支持企业利用废弃瓦斯，积极提供矿井数据、规划许可等便利条件。废弃煤矿瓦斯开发不确定因素多，项目开发风险大，建议国家出台相关优惠政策，如财政补贴、税收减免等，促进废弃煤矿瓦斯开发利用。

3. 建立废弃矿井资源开发多元化投资及合作开发模式

国外废弃矿井资源开发以"公益基金+社会捐赠+市场收益"为主要模式，尽可能加大废弃矿井资源开发投入。英国废弃煤矿开发企业大部分为股份有限公司，充分吸收了社会资本的加入，分散项目投资风险，保证项目投入。建议我国建立多元化废弃矿井开发合作开发模式，引导社会资本进入废弃矿井资源开发市场，保证废弃矿井资源产业资金投入，积极营造有竞争、有活力、有秩序的废弃矿井资源开发环境。

四、开展废弃矿井资源开发利用示范项目试点

我国各类矿井的资源禀赋条件各不相同，矿井废弃之后原有地面基础设施和井巷条件也是千差万别，对于废弃矿井中的剩余资源进行再利用，是一项复杂的系统工程。建议通过建立国家重大专项、专门研发平台，在前期矿井资源条件评估的基础上，对煤炭剩余资源、可再生能源利用项目开发利用的安全性、科学性、技术经济可行性进行评估，选取技术可靠、经济可行、资源综合利用效率高的开发利用项目进行示范，并以点带面，推动废弃矿井残煤及可再生能源利用项目进程，提高废弃矿井可再生能源利用的效率和水平。

五、废弃矿井地下空间存储应因地制宜，加强基础研究，谨慎前行

1. 盐穴储存，扩能增容

通过分析国外盐穴地下储气库发展情况，国外地下储库型开发模式已具有较成熟的开发技术经验。相比国外盐穴地下储气库地面采气能力与工作气量比值，国内已建、在建及在研盐穴地下储气库相比，国内盐穴地下储气库平均工作气量较小，年周转次数多，不能发挥盐穴储气库采气能力大的优点。应考虑扩建已有盐穴地下储气库地面采气能力，同时合理设计新建盐穴地下储气库地面配套采气能力。

2. 储存核废料应当加强基础研究，谨慎前行

利用废弃矿井处理核废料是一项复杂的系统工程，无论从选址，监测和安全环境方面，都应当积极尝试。应当首先在实验室进行实验建模，并结合地质特性进行试验研究，在实际运行中参考国外的先进经验，限制放射性核素的浓度及活性，并针对废弃物的存在形式、封存状态及物理和化学稳定性，制定机械操作标准，在封存时要结合实际地质情况，建设混凝土穹顶以及回填，降低放射性物质污染的可能性。

3. 废气油气田储存，精确选址，确保资料准确可靠

英国地质调查局针对美国开展废弃油气田储存项目的调查发现，泄露多是由于对之前油气田采油气的布置情况及地层产状不了解，以及废弃后发生节理或者压力变化，产生裂隙，油气从部分断层及裂隙泄露至地表，另外，打井位置选择失误，废弃井筒固井及维护不好，产生破坏，最终导致泄漏发生。这就需要我国在废弃油气田储存项目上，首先要加强环境和安全因素评估，其次在资料保存和共享方面建立严密的管理制度，并加强井筒观测，最后在井筒选择及地质构造和地层情况进行全面研究和认知，提高固井材料强度，在固井方法上加强研究，延长废弃井筒的服务年限，保障项目的安全性和环境友好性。

4. 加强科学研究，占领科学制高点

废弃矿井地下空间建立地下储库被公认为是理想的储存场所，但美国得克萨斯大学对墨西哥湾的油井和天然气井进行试验，研究表明，随着井筒的不断延伸，岩石裂隙增加，渗透性增大，泄露危险性变大。在建设核废料储存设施和打油井的时候，岩层会受到破坏，导致废弃物污染地层，形成环境污染。要进一步加大科学研究的力度，特别是岩石力学、流体力学和空气动力学研究，研究废弃矿井上覆地层岩性、气体运移规律，以及更为可靠的废弃物包装，特别是核废料，控制废弃物污染源，确保环境安全。在新选址废弃矿井项目开展的同时，对原有废弃矿井地下空间利用项目的储存物扩散和污染进行再评估。

5. 进一步推进实验室建设，开展多样化利用

借鉴美国和印度经验，开展废弃矿井深部实验室建设。主要发达国家在废弃矿井地下利用方面开展了多种尝试，应当参考这些发达国家的先进经验，特别是在废弃矿井关闭封井、日常监测、项目选址，以及项目的全流程管理方面的经验，开展多样化利用尝试，通过开展实验室研究，加大示范项目建设力度，推动我国废弃矿井地下空间多样化发展，开创废弃矿井地下空间利用方式多样化、日常运行稳定可靠、环境友好的新局面。

六、建立有效沟通协调机制，将工业遗产保护纳入城市规划

建立研究保护的组织制度，建立规划管理体系与文物管理体系的有效协调与沟通机制，在机制上保证工业遗产保护的有效性与可行性，是工业遗产保护的重要保障。在城市规划及其相关法律法规中体现工业遗产的特殊保护措施，需要明确工业遗产在文化遗产体系中的位置，明确工业遗产的类型特征和工业遗产的特殊性。

1. 设立废弃矿区生态修复和旅游开发专项基金

借鉴欧洲 Interreg 的经验，欧盟境内形成统一的跨境经济合作模式。在国内设立专项基金，由发达地区资助欠发达的老矿区进行生态修复和旅游开发。

2. 加强国际交流合作

借鉴国际工业遗产保护联合会(TICCIH)经验，融入相关国际组织，并创立相应国内机构。近些年来在 TICCIH 的组织下，各国工业考古协会间的交流日益增多，为各国工业遗产研究专家提供了成果展示和交流学习的舞台。

3. 将工业遗产保护纳入城市规划

发达国家普遍重视工业遗产的保护。在城市规划及其相关法律法规中体现工业遗产的特殊保护措施，需要明确工业遗产在文化遗产体系中的位置，明确工业遗产的类型特征和工业遗产的特殊性。波兰和德国的博物馆，均由

过去的工业场所改建而成,其建设多得到欧盟和所在国政府资金支持,或成为欧洲工业遗产之路上的重要节点,或入选世界文化遗产,这些成果的取得与这些地区对工业遗产保护的重视密不可分。

4. 建立有效沟通协调机制

建立研究保护的组织制度,建立规划管理体系与文物管理体系的有效协调与沟通机制,在机制上保证工业遗产保护的有效性与可行性,是工业遗产保护的重要保障。包括:①建立工业遗产普查与研究学会;②参照国际组织和发达国家标准,建立我国工业遗产价值评估标准和评估方法;③建立起完备的工业遗产记录档案制度;④加强对工业遗产的研究工作,制定研究计划。

七、设立废弃矿井资源开发利用国家重点专项

理顺我国的矿山关闭机制为契机,加强废弃矿山的管理,推进废弃矿山的分类与分级管理,为废弃矿井资源的二次开发利用打实基础。针对废弃矿井用于核废料储存、战略油气资源储备、蓄能发电、地热能开发利用等分别开展相关研究,推进示范工程建设。

八、建立国家级废弃矿井开发利用平台并加强自主研发

建立国家级废弃矿山信息大数据平台,以便为未来推进全面开发利用提供全面而翔实的数据信息支撑;建立废弃矿井资源开发利用国家重点实验室、废弃矿井资源开发利用国家协同创新中心,鼓励煤炭企业与高等学校、研究机构等加强合作,建立产学研联盟,加快煤炭科技成果转化和应用,为煤炭科技发展提供基础保障;加强国际合作、加大人才培养力度、加大科研攻关投入等。

九、将废弃矿井资源开发利用与其他能源战略结合

废弃矿井开发利用可与战略石油储备、能源发展特别是新能源发展战略结合。例如,发展废弃煤矿抽水或压缩空气发电来储存本地不能消纳的风电、太阳能光伏发电等。

第四章

废弃矿井煤及可再生能源开发利用战略

本章聚焦我国废弃矿井煤及可再生能源开发利用现状、存在的主要问题、与发达国家存在差距的根本原因、国家及地方政府在政策上给予扶植的关键作用等，并结合国家可持续发展能源战略布局，从政府政策扶植、科技创新、产业管理等方面，提出我国废弃矿井煤及可再生资源开发利用战略路径、工程科技及政策建议。

第一节　现 状 分 析

一、废弃矿井煤炭地下气化开发利用现状与问题

1. 煤炭地下气化特征及实现过程

煤炭地下气化就是将处于地下的煤炭进行有控制的燃烧，通过煤的热作用及化学作用而产生可燃气体的过程，其是集建井、采煤、气化三大工艺为一体的多学科开发清洁能源与化工合成气的新技术。

煤炭地下气化过程主要是在地下气化炉的气化通道中实现的，如图 4-1 所示。

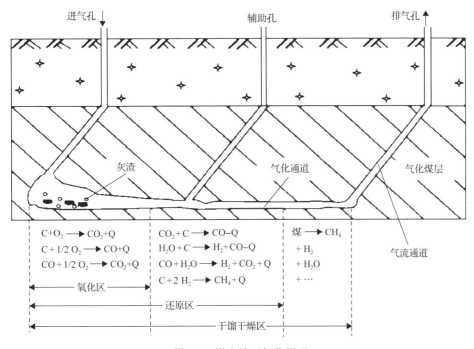

图 4-1　煤炭地下气化原理

地下气化的物质基础是地下气化炉，组成地下气化炉的四个要素是进气

井(通道)、出气井(通道)、气化通道和集气(气流)通道。地下气化炉按施工方法分为矿井式气化和钻井式气化两大类。

矿井式气化，又称有井式气化，是指利用井下巷道施工气化通道、集气(气流)通道，并布置操作与控制设备，因此，矿井式气化的建炉过程还需要人工在井下作业，其一般适用于废弃矿井煤炭资源的回收。

钻井式气化，又称无井式气化，是指利用定向井或火力贯通、水力压裂贯通、电力贯通等特殊技术对气化通道、集气(气流)通道进行施工，在地面布置操作与控制设备。钻井式气化完全避免了人工在井下作业，其一般适用于原始煤层的开采，也可用于废弃矿井煤炭资源的回收。

2. 煤炭地下气化技术进展及现状

1888 年，伟大的化学家门捷列夫提出煤炭地下气化的设想，并指出实现工业化的基本途径。1912 年，英国化学家拉姆赛设计的矿井式盲孔炉地下气化获得成功。从此，煤炭地下气化技术以其诱人的综合开发煤炭资源的前景，吸引世界许多国家为此投入了大量的人力和物力进行研究，我国也有实验室研究、现场工业性试验，使其逐步走向了工业化生产。

1)国外煤炭地下气化技术研究与发展现状

苏联是世界上进行地下气化现场试验最早的国家，也是地下气化工业应用成功的国家。1932 年，在顿巴斯矿建立了世界上第一座有井式气化站。为探讨气化方法，1932～1961 年又相继建设了 5 座地下气化站，到 20 世纪 60 年代末已建站 12 座，所生产的煤气用于发电或作为工业燃料。乌兹别克斯坦安格林气化站是目前世界上运行时间最长、唯一进入工业化生产的钻井式气化站。该气化站自 1961 年 9 月开始运行，1961 年产气 5 亿 m^3，1965 年产量达到 14 亿 m^3，1984 年产量为 5.8 亿 m^3，目前年产气量为 3.6 亿～3.8 亿 m^3。苏联煤炭地下气化技术达到了工业化生产水平，特别是利用地下气化煤气发电，生产正常稳定，取得了很好的经济效益和社会效益。

1946 年，美国首先在亚拉巴马州的浅部煤层进行试验。20 世纪 70～80 年代，因能源危机美国组织了 29 所大学和研究机构，在怀俄明州进行大规模有计划的试验。1981 年投资 2 亿余美元，进行了以富氧水蒸气为气化剂的试验，获得了管道煤气和天然气的代用品，并用于发电和制氨。1987～1988 年完成的落基山(Rocky Mountain)-1 号试验，获得了加大炉型、提高生产能力、降低成本、提高煤气热值等方面的成果，从而为煤炭地下气化技术走向商业化道路创造了条件。美国能源部宣称，一旦再发生能源危机，将广泛使用煤炭地下气化技术生产中热值煤气。

英国于 1949 年恢复煤炭地下气化试验，1949 年在 Derbyshire（德比郡）的 Newman Spinney（纽曼斯平尼）、1950 年在 Wacester-shire（伍斯特郡）的 Bayton（贝顿）建立了地下气化试验站。截至 1956 年，先后共进行过 6 次试验，气化了 5000 万 t 煤，进行了 U 形炉火力、电力和定向钻井等贯通试验及单炉、盲孔炉等试验，积累了丰富的资料。利用矿井式盲孔炉组成了复合炉，一次气化 20 万 t，煤气供一个 500kW 的电站发电。

西德和比利时于 1976 年 10 月签订了关于共同开发煤炭地下气化技术的协定。他们的主要目标是对 1000m 以下深部煤层气化。西德亚琛工业大学和比利时林堡跨国大学从 1979 年起在图林进行了现场试验，对约 870m 深的煤层进行了高压气化，产生的煤气用于发电。

1988 年 6 个欧共体成员国组成了一个欧洲 UCG 工作小组，其提出了一个新的发展计划建议书，项目实施时间为 1991 年 10 月～1998 年 12 月，在西班牙的 Alcorisa（阿尔科里萨）进行了现场联合试验，试验结果证明：在中等深度（500～700m）煤层进行地下气化是可行的。

澳大利亚是近年来地下气化工作较为活跃的国家，从事煤炭地下气化技术开发并已展开现场试验的公司有 Linc Energy、Carbon Energy 和 Cougar Energy。澳大利亚昆士兰州政府批准这三个公司在昆士兰州褐煤煤田进行前期试验，以进行商业化运营的可行性论证及长期环境影响评估。Linc Energy 公司于 1999 年 11 月～2002 年 4 月完成第一期试验，第二期试验从 2007 年开始，主要方向为富氧气化生产合成气，用于油品生产，建成了合成油示范装置。Carbon Energy 公司地下气化工程于 2008 年 10 月点火，于 2009 年 2 月完成首期试验，主要目的是示范空气、氧气气化的可行性。Cougar Energy 公司地下气化工程于 2010 年 3 月 16 日点火，主要进行空气气化，规划建设 1500kW 发电及供热示范工程，后期规划 200MW 地下气化发电项目。澳大利亚公司正积极寻找在亚洲地区进行技术输出的机会。

南非 Eskomo（埃斯科莫）煤炭地下气化工程于 2007 年 1 月 20 日成功点火，于 2007 年 5 月实现煤气发电，截至 2008 年 1 月已累计气化煤量 3400t，工程建设目标为 2020 年达到 2100MW 的发电规模。

卡尔加里的天鹅山合成燃料公司(Swan Hills Synfuels)建设了一个煤层地下气化项目,这一项目是目前世界上最深的煤层地下气化工程,气化煤层深度达 1400m。

2)我国煤炭地下气化技术研究与发展现状

1958~1962 年,我国先后在大同、皖南、沈北等许多矿区进行了自然条件下煤炭地下气化的试验,并取得了一定的成就。1984~2019 年,我国已在江苏徐州、山东新汶、河北唐山、山西昔阳、重庆中梁山等地的矿井废弃资源中采用矿井式气化方法进行了试验研究,并取得了可喜的成果。

中国矿业大学(北京)煤炭工业地下气化工程研究中心自 1984 年开始进行煤炭地下气化技术的研究,在国家高技术研究发展计划(863 计划)课题的支持下,建成了具有世界先进水平的煤炭地下气化综合试验台和测控分析系统,并开展了相关的理论研究、模型试验研究,完成了褐煤、烟煤及无烟煤地下气化模型试验,研究了煤层倾角、煤层厚度、气化通道长度等对气化过程的影响,同时研究了空气气化、不同富氧浓度气化、富氧-水蒸气(水)连续气化工艺及正反向供风、推进式供风、分离后退注气等气化工艺。以出口煤气的组分及产量为目标函数,研究了煤层地下气化时温度场的发展规律及稳定控制技术,得到了褐煤、烟煤及无烟煤地下气化工艺参数,特别是在富氧-水蒸气(水)连续气化条件下的汽氧比、吨煤产气率、比消耗量、气化效率、煤层气化率等。

同时,在煤炭地下气化过程中的浓度场、速度场、顶板应力场、气化反应速率、燃空区扩展规律、气化过程稳定性、测控技术及 CO_2 减排技术等方面做了大量的理论研究工作,并取得了显著的成果。在上述理论研究的基础上,完成了现场工业性试验和应用。

3)我国煤炭地下气化技术综合评价

我国研究者进行了煤炭地下气化过程燃烧、气化、传热、传质、气化区扩展、燃空区扩展、污染物产生与迁移的基本规律的研究,完成了不同煤层条件下的现场试验,煤种为褐煤、烟煤、无烟煤,厚度为 1.15~12m,倾角为 5°~70°,埋深为 80~330m 等,都取得了满意的效果,实现了小规模工业化生产,有一定的经济效益和环境效益。矿井式和钻井式工艺特点见表 4-1。

表 4-1　矿井式和钻井式工艺特点

技术类别	建炉	煤层准备	工艺	安全性	地质情况	开发对象
矿井式 （有井式）	人工掘进， 通道断面大	对高变质程度煤可 进行人工疏松	低压气化	要对密闭墙、隔离带 施工，留隔离煤柱	炉区局部煤层条 件清楚，水影响小	废弃矿井遗弃资源， 矿井报废水平资源
钻井式 （无井式）	定向井， 火力贯通	对高变质程度煤要 进行高压压裂疏松	中、高压气化	人不下井	建炉过程中钻孔 取心勘探	废弃矿井遗弃资源， 深部资源

综上所述，我国煤炭地下气化技术经过 30 多年的研究，在气化炉建设、点火技术、稳定生产工艺、测控技术、环保技术等方面都取得了重大突破，处于世界先进水平。从煤气组分、热值的稳定性和生产时间来看，达到了工业性试验的水平，开发了矿井式气化——"长通道大断面分离控制注气点煤炭地下气化技术"，其适用于老矿井遗留煤炭资源回收，开发了钻井式气化——"分离控制注气点后退-水雾化煤炭地下气化技术"和"化石能源低碳共采技术"，其适用于难采煤层和深部煤层地下气化，形成了我国自主知识产权的煤炭地下气化技术。

3. 矿井遗弃煤炭资源地下气化工业性试验案例

1）徐州新河二号井煤炭地下气化半工业性试验

采用"长通道、大断面、两阶段"煤炭地下气化新工艺，即矿井式地下气化工艺，辅以多点供风气化、反向供风气化、压抽相结合等稳定气化工艺，保证了煤气质量和产量的稳定。

日产煤气量平均为 3.6 万 m³，煤气供工业锅炉燃烧，效果良好。1994 年 11 月以后，又进行了多次两阶段气化试验，其结果见表 4-2，煤气送徐州市煤气公司供居民使用，日产量约为 2 万 m³。

表 4-2　徐州新河二号井试验水煤气指标

序号	煤气组分/%					煤气热值 /(MJ/m³)	煤气流量 /(m³/h)
	H₂	CO	CH₄	CO₂	N₂		
1	58.29	8.59	9.28	19.63	4.21	12.22	1920
2	58.38	10.35	14.32	13.38	3.57	14.45	1400
3	57.10	11.66	14.89	13.85	2.50	14.70	1500
4	62.07	14.43	10.13	11.07	2.30	13.78	1650
5	54.25	15.72	10.65	15.26	4.12	13.14	1810
6	64.07	11.31	9.94	11.13	3.55	13.57	1900
7	60.42	16.57	9.54	12.52	0.95	13.61	1550
8	64.63	12.47	9.65	11.70	1.55	13.69	1850

试验通过了原煤炭部技术成果鉴定。鉴定委员会认为，该试验完成了国家计划委员会攻关合同中所确定的任务，经科研成果查新表明，其"长通道、大断面、两阶段"地下气化工艺构思新颖，属国内外首创，半工业性试验达到了国际先进水平。本次试验基本上解决了煤炭地下气化(急倾斜煤层)长期因煤气热值低、成本高、不稳定、可控性差而停滞不前的难题，找到了适合我国国情发展煤炭地下气化的道路。该试验成果被评为国家"八五"重大科技成果。

2) 唐山刘庄煤矿煤炭地下气化工业性试验

唐山刘庄煤矿地下气化工程于 1996 年 5 月 18 日点火，综合运用了多种工艺，保证了气化炉运行稳定，产气量和煤气质量基本达到了设计要求。其首先进行了空气连续气化试验，产生的煤气供唐山市卫生陶瓷厂和唐山刘庄煤矿供热锅炉使用，同时也进行了多次两阶段气化试验，试验结果见表 4-3 和表 4-4。

表 4-3　唐山刘庄煤矿试验鼓风煤气组分、热值和产量

煤气组成/%					热值 /(MJ/Nm³)	煤气流量 /(m³/h)
H_2	CO	CH_4	CO_2	N_2		
10~20	10~25	2~4	7~25	40~65	4.18~5.86	10~12

表 4-4　唐山刘庄煤矿试验水煤气组分、热值和产量

序号	煤气组成/%					热值 /(MJ/Nm³)	煤气流量 /(m³/h)
	H_2	CO	CH_4	CO_2	N_2		
1	40.66	28.02	7.84	5.51	17.97	11.88	1963
2	48.98	5.02	13.65	22.61	9.74	12.26	2315
3	43.57	15.68	11.02	6.92	22.81	11.89	2287
4	49.11	13.21	14.11	16.82	6.75	13.51	2871
5	47.14	13.36	12.38	20.48	6.64	12.59	2263
6	46.69	14.45	10.27	23.55	5.04	11.83	2345
7	47.73	9.09	15.73	26.12	1.33	13.45	2233
8	47.94	16.63	12.04	18.17	5.22	12.97	2462
9	53.01	24.77	7.23	10.46	4.53	12.74	2346
10	52.00	11.24	8.65	21.83	6.27	11.45	2430

唐山刘庄煤矿实现稳定生产五年多，低热值煤气生产规模达到 10 万~12 万 m³/d，中热煤气约 2.5 万 m³/d。

唐山刘庄煤矿 9#煤层气化率为 61.9%。项目投资回收期为 4.6 年，经济效益较好。

3）山东新汶孙村煤矿地下气化应用工程

孙村煤矿气化工程建立了两个长通道、大断面地下气化炉。气化炉结构如图 4-2 所示。该工程与地面小煤气站相配套，并建立了 400kW 内燃机发电试验机组。

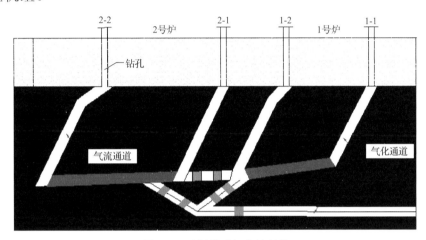

图 4-2　孙村煤矿气化炉结构

大鼓风时煤气产量大、热值低；小鼓风时能生产热值在 8.36MJ/Nm³ 以上的煤气，但产量小；孙村煤矿地下气化炉的产气规模为 4 万 m³/d，生产的煤气供居民使用或内燃机发电。

在孙村煤矿煤炭地下气化工程的基础上，采用相同的气化工艺，新汶矿业集团相继建立了协庄、鄂庄和张庄气化站。

4）山东肥城曹庄煤矿地下气化工程

气化炉一个进气孔、一个排气孔，服务于两层煤，即复式气化炉。图 4-3 为曹庄煤矿复式地下气化炉结构图。

山东肥城曹庄煤矿复式地下气化试验工程于 2001 年 9 月 1 日点火，9 月 3 日生产出合格的煤气。实现的生产指标为：煤气热值 4.18～5.86MJ/Nm³，单炉日产量约 3.5 万 m³，生产的煤气供居民使用。

5）山西省昔阳县煤炭地下气化应用工程

该项目是 863 计划课题"煤炭地下气化稳定控制技术的研究"低热值煤气现场试验的一部分，考核指标：日产低热值煤气大于（热值≥4.18MJ/Nm³）

10 万 m^3，煤气中有效成分 (H_2+CO)、热值及产量波动范围控制在 20%以内，连续稳定生产周期大于 50d。

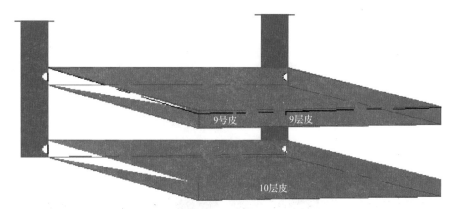

图 4-3　曹庄煤矿复式地下气化炉结构图

采用"长通道、大断面"脉动两阶段煤炭地下气化工艺，辅以变截面流道煤层地下气化炉、双炉交替运行、反向供风气化、压抽相结合等稳定气化工艺。

1#气化炉气化通道设计长度为 110m，2#气化炉气化通道设计长度为 130m，气流通道长度均为 200m。

所产水煤气全部作为昔阳县氮肥厂的原料，图 4-4 是某个生产时段(59d)煤气热值、产量和有效组分稳定性情况。

6) 山东新汶鄂庄煤矿煤炭地下气化应用工程

该项目是 863 计划课题"煤炭地下气化稳定控制技术的研究"中热值煤气现场试验的一部分，考核指标：日产地下水煤气(热值≥8.36MJ/m^3)大于 5 万 m^3；煤气中有效成分 ($H_2+CO+CH_4$)、热值及产量波动范围控制在 20%以内；连续稳定生产周期大于 50d。

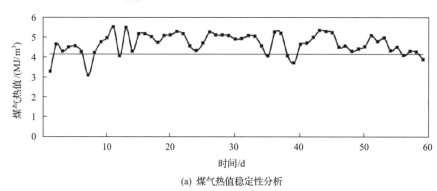

(a) 煤气热值稳定性分析

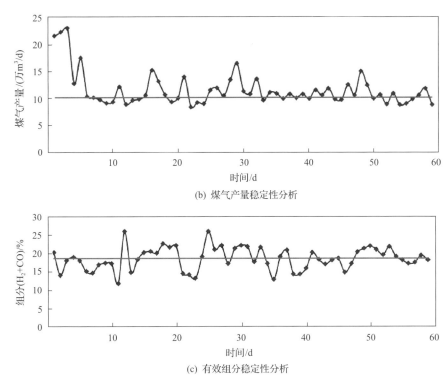

(b) 煤气产量稳定性分析

(c) 有效组分稳定性分析

图 4-4 某个生产时段煤气热值、产量和有效组分稳定性情况

气化炉结构为一炉三孔，建设三条气流通道（长 280m 左右），相应地，从地面打三个钻孔分别与之相连，如图 4-5 所示。

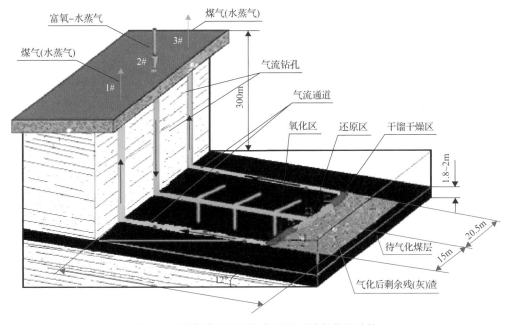

图 4-5 鄂庄煤矿地下气化现场试验气化炉结构

地面系统主要包括制氧系统、测控系统、煤气净化系统、锅炉、发电机等。2007 年 4 月气化炉点火生产，表 4-5 为采用不同富氧浓度下平均煤气组分、热值及日产量。

表 4-5　不同富氧浓度下平均煤气组分、热值及日产气量

氧气浓度/%	日产气量/万 m³	平均煤气组分/%						热值/(MJ/Nm³)
		H_2	CO	CH_4	CO_2	N_2	O_2	
30	4.04	22.8	11.6	9.8	23.9	31.6	0	7.48
40	5.14	29.8	15.6	8.9	23.8	21.0	0	8.43
50	4.44	27.1	16.0	9.0	25.3	32.6	0	8.22
60	3.77	29.8	17.0	9.8	30.9	21.1	0	8.92
80	3.11	32.3	20.3	9.4	35.2	17.1	0	9.49

7) 重庆中梁山北矿地下导控气化工业性试验

2005 年在重庆中梁山北矿高瓦斯、滞留煤层进行了地下导控气化试验，所生产的富氧煤气热值达 11.50MJ/Nm³ 以上，产气过程连续稳定，形成了具有产业化推广应用前景的"煤炭地下导控气化开采"新工艺，解决了地下气化开采过程的蓄能定向燃烧、扰动影响可控、采动损害治理、清洁安全生产和提高资源回采率的关键技术问题，其尤其适用于"三下一上"压煤、弃采薄煤层气化开采。图 4-6 是重庆中梁山北矿地下导控气化工业性试验系统图。

8) 甘肃华亭安口煤矿地下导控气化工业性试验

2009 年 4 月～2010 年 12 月，中国矿业大学在甘肃华亭安口煤矿进行了地下导控气化工业性试验。该项目年气化难采煤量 1.8 万 t/a，日产(低富氧蒸汽连续法)煤气 20.4 万 m³/d，煤气热值 5.65MJ/Nm³，煤气可装机 4000kW，工业性试验实际装机 1000kW。

图 4-7 是甘肃华亭安口煤矿地下导控气化工业性试验井上下对照图。

4. 存在的问题

国家能源局在《煤炭清洁高效利用行动计划(2015-2020 年)》中明确指出，推进煤炭地下气化示范工程建设，探索适合我国国情的煤炭地下气化发展路线，国家发展和改革委员会、国家能源局在《能源技术革命创新行动计划(2016-2030 年)》中明确指出，研究气化煤层的赋存条件判识，以及高可

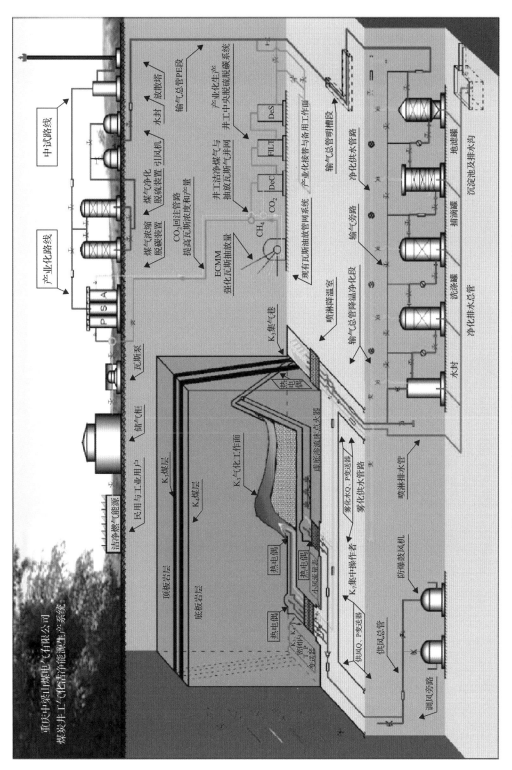

图 4-6 重庆中梁山北矿地下导控气化工业性试验系统图

图 4-7 甘肃华亭安口煤矿地下导控气化工业性试验井上下对照图

靠性的地下气化炉燃烧工作面位置监测方法,研发拉管法后退式注气装备与工艺,以及地下气化的燃空区充填及气化工作面组的接替技术与工艺。要实现上述目标,仍存在以下主要问题。

(1)规模化生产技术不完善。

我国废弃矿井煤炭资源地下气化虽然完成了多次现场工业性试验,但生产规模小,生产时间短,未能实现规模化、长期连续稳定的产业化生产,因此要加强科研投入,进行规模化生产过程重大科技问题的研究。

(2)缺乏废弃矿井煤炭资源重新启用的相关政策。

目前,矿井废弃后,采煤设备已进行了回收,停止了通风和排水,甚至将矿井封闭,重新启用矿井难度较大,审批困难。因此,缺乏针对矿井废弃前做好煤炭资源地下气化回收的工程准备工作的相应政策。另外,矿井废弃后煤炭资源的矿权不清晰,使项目审批困难。

(3)项目评审缺乏相应的规范。

煤炭地下技术可以认为是一种特殊的煤炭开采技术,但又涉及煤炭地下燃烧和气化过程,行业交叉较大,使煤炭地下气化项目的可行性研究评审、环境评价等工作缺乏相应的规范,评审难度大。

二、废弃矿井可再生能源开发利用现状与问题

1. 废弃矿井太阳能开发利用

1)开发利用模式

太阳能利用主要有光热转换和光电转换两种方式。太阳能发电主要有以下

两种：光—热—电转换、光—电转换。光—热—电转换一般是用太阳能集热器将所吸收的热能转换为工质的蒸汽，然后由蒸汽驱动汽轮机带动发电机发电。前一过程为光—热转换，后一过程为热—电转换；光—电转换是将太阳辐射能直接转换为电能，最常用的即光伏发电（图 4-8）。

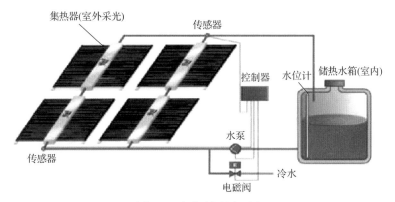

图 4-8 光热利用原理图

相对于光伏发电，太阳能光热利用对安装基础和热能传输等要求较高，最好就近使用，不适宜远距离传输，对于满足开发利用条件的废弃矿井可以根据要求进行开发利用，但国内绝大多数的废弃矿井都远离热能需求场所，不具备开发利用条件；另外，太阳能光—热—电利用需要配套建设蒸汽机组、发电机组、冷却塔等，对地基稳定性同样要求较高，而废弃矿井塌陷区土地一般难以满足要求，所以暂不对光热利用及光—热—电利用进行深入研究。由于光伏发电对土地地形、地基等的适应性强，且在不同地区已得到广泛利用，本书涉及的太阳能开发利用主要是指光伏发电。

2）国外开发利用现状

目前，国外已经有很多在矿区建立光伏发电系统的项目案例，包括生产矿区和废弃矿区。除了已经建成的项目，还有很多对于安装太阳能发电系统的可行性研究。表 4-6 是目前国外部分已有的废弃矿井太阳能发电项目。

3）国内总体利用情况

利用采煤沉陷区作光伏电站用地，是矿区，特别是资源型城市废弃矿井沉陷区土地利用的新模式，其为煤矿企业转型提供了一种新的思路。对于我国多数的废弃矿区，采取相应技术措施后，在采煤沉陷区上建设光伏电站是可行的。

表4-6 国外废弃矿井太阳能发电项目情况

矿井名称	国别	发电容量	系统构成
Chevron Questa	美国	1MW	CPV/追踪系统
Meuro	德国	166 MW	固定支架系统
Sullivan	加拿大	2MW	追踪系统
Azza Ruja	意大利	1MW	—
Sinseong	韩国	1kW	固定支架系统
Hambaek	韩国	85kW	固定支架系统
Hamtae	韩国	80kW	固定支架系统

国家政策积极支持在废弃矿井上发展可再生能源,鼓励退出煤矿用好存量土地,盘活土地资源,促进矿区转型发展。国家能源局发布的《太阳能发展"十三五"规划》中也表示鼓励结合采煤沉陷区等废弃土地治理、渔业养殖等方式,因地制宜地开展各类"光伏+"应用工程,促进光伏发电与其他产业有机融合,通过光伏发电为土地增值利用开拓新途径。

地方政府支持在废弃矿井上发展光伏。"十三五"期间,山西大同、山西阳泉、山东济宁、内蒙古包头等地区规划在采煤沉陷区建设光伏领跑者基地。其中山西大同采煤沉陷区1000MW项目在2016年6月30日之前已全部并网,而随后的采煤沉陷区光伏领跑者基地项目也在不断地建设和并网中。国内多家企业,如神华宁夏煤业集团有限责任公司、内蒙古伊泰集团有限公司、内蒙古鄂尔多斯集团、山西晋能集团有限公司等,已经在采煤沉陷区上开发光伏项目。

4)存在的主要问题

目前,废弃矿井的可再生能源利用主要存在两个层面的问题:一是废弃矿井前期规划和统筹的问题,二是废弃矿井可再生能源项目建设过程中遇到的问题。

(1)缺乏废弃矿井分布及其相关信息资料。

目前,我国可再生能源应用的案例基本上矿井属性明确,矿井的相关信息较为齐全完整,这为可再生能源的开发应用提供了有力的支撑。但我国大部分的废弃矿井都缺少开发利用所需的基本数据,如矿井基础情况、配套设施、风险情况等。

(2)未统筹考虑矿井废弃后相关资源的开发利用。

目前,我国关闭后的煤矿主要进行矿山环境恢复治理。治理措施单一,没有统筹和充分考虑关闭煤矿资源的开发利用，致使治理后仍存在许多问题。例如，废弃煤矿存在地表建(构)筑物、道路、桥梁、水利设施、管线破坏等问题，这将影响未来可再生能源利用。

(3)缺乏统一有效的协调机构。

我国关于废弃矿井的相关法律法规不健全，修复资金投入不足。地方在执行废弃矿井监管、治理和开发利用时，相关法规依据不充分。废弃矿井开发利用涉及发改、国土、环保、安监等多部门，缺乏统一有效的协调机构，易出现职责不明、协同性不够等问题。例如，山东济宁采煤沉陷区光伏项目中，220kV 外送线路施工环境复杂，35kV 开关站、220kV 汇流升压站等建设用地规划和指标等对项目推进造成了很大阻碍。

(4)土地性质及权属问题协调困难。

山西采煤沉陷区光伏利用项目已成功按期并网发电，但是在第二批的光伏领跑者基地项目中，由于前期的基础工作没有做好，土地成为建设进程缓慢的重要原因。光伏领跑者基地项目在实际推行过程中存在土地问题，受此影响，无法进行项目建设及配套外线建设等工作；土地问题还会衍生出与地方政府、企业、当地居民的关系协调等问题；大部分地区土地清赔价格较高，严重影响项目收益率，影响开发积极性。

(5)部分项目并网难度较大。

国家鼓励分布式光伏发电，就地消纳。如果当地没有用户，则需要并网输出。部分地区弃风、弃光现象严重，一旦与电网运行管理部门协调与沟通不畅，部分废弃矿井光伏发电项目将出现并网难的问题。

2. 废弃矿井地热能开发利用

1)开发利用模式

地热资源按照埋藏深度分为三类：200m 以浅的称为浅层地温能，200～3000m 的称为地热，3000m 以上的称为干热岩。国际上通常把地热资源按温度划分：热储温度大于 150℃时为高温地热；90～150℃为中温地热；低于 90℃为低温地热。据统计，我国井工煤矿平均开采深度接近 500m，开采深度超过千米深井近 50 处。总体来看，我国废弃矿井的地热资源位于浅层地热(<200m)和深层地热(>3000m)之间，且主要属于低温热源，需要结合热泵技术才能有效利用。

中低温地热资源主要被直接利用，具体形式包括：①供热，利用中低温地热资源为建筑物提供冬季采暖；②旅游健身，利用中低温地热资源（如温泉）提供康复疗养服务；③养殖，利用中低温地热资源为水产养殖和蔬菜瓜果大棚提供热源；④地源热泵，利用浅层地温能，通过热泵技术为城镇居民提供生活热水供应，以及冬季采暖和夏季空调之用。凡是具备建立水源井地质条件的地区，可采用水源热泵。

高温地热资源主要用于发电，具体形式包括：高温干蒸汽发电，像传统火电一样，利用高温蒸汽推动汽轮机发电，可采用背压式发电或凝汽式发电机组；对湿蒸汽进行汽、水分离后，利用蒸汽发电，可采用单级闪蒸式发电或双级闪蒸式发电；湿蒸汽进行汽、水分离后的热水及中低温地热水可应用双工质发电，即利用热水加热低沸点有机工质（如 R22），使之产生 $3\sim5$ 个大气压力去推动汽轮机，然后再将其压缩为液态。

本书涉及的废弃矿井地热能开发利用以中低温地热资源利用为主。结合调研来看，国内废弃矿井地热资源的利用模式主要有供热（空调）和地热发电两种模式。

（1）供热（空调）技术。

由于大部分矿井热源温度较低，1000m 深处多在 $35\sim45℃$，部分区域可达 $60\sim70℃$ 及以上。因此，针对这部分低品质地热能，可利用热泵提取热能进行供暖和热水供应。

①开式地源热泵系统。

通过开环开式地源热泵系统（GSHP）为建筑物供暖，其系统由热泵、逆流壳管式热交换器、缓冲罐、网状过滤器和设备连接管道等组成。根据回注的方案，可分为两种形式。

如图 4-9(a) 所示，矿井水从一个或多个井眼中抽取出来，直接通过热泵或者更普遍的是通过热交换器再连接到热泵。经过热交换后，矿井水经处理被排放到地表（或者海洋）。

另外一种系统方案是在热交换后将水重新注入矿井或另一个含水层单元工作[图 4-9(b)]，也可以使用单井提取热水，同时将冷却水注入同一个竖井中或另外一竖井中，从而构建双合系统。

②矿井回风源热泵技术。

煤矿都要保证一定风量，因此通风形成的低温热源是稳定的。矿井风热能的提取是在矿井通风系统中安装喷水排管向下喷水,与矿井回风形成逆流换热;也可在矿井排风的风道内通过空气对流的方式提取热能。

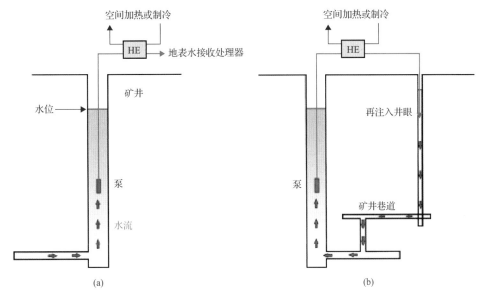

图 4-9　开环开式地源热泵系统

　　如果在风道内设计一个空气喷淋室,矿井回风在空气喷淋室内形成矿井风和循环水换热,可利用高密度水幕对矿井排风进行逆向雾化喷淋,使换热温差增大、换热时间延长,充分回收矿井排风中的低热资源,这是一种较好的矿井风热能提取方式。矿井回风源热泵原理如图 4-10 所示。

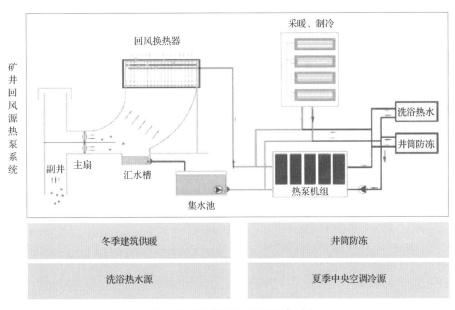

图 4-10　矿井回风源热泵原理图

③废弃矿井季节性储能。

矿井巷道和数以百万吨计的岩石提供了十分充分的换热表面积,还有丰富的矿井水资源是一个巨大的天然优良的蓄热器和恒温器,并且随着季节的变化不断地、自动地进行着充、放热,使巷道内的温度常年保持稳定。这些都为废弃矿井巷道蓄热提供了条件。

利用矿井巷道空间作为季节性太阳能蓄热装置的能源系统(图 4-11)在我国已经开始相关研究,该系统将水作为蓄热介质,其由矿区地面的湖泊、矿区地下矿井、太阳能集热器、热泵机组及生活区用户组成。

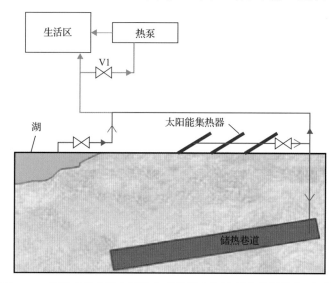

图 4-11 利用矿井巷道空间作为季节性太阳能蓄热装置的能源系统

(2)废弃矿井地热发电技术。

地热发电是将地下热水和蒸汽作为动力源的一种新型发电技术。地热发电的过程是把地下热能转变为机械能,然后再把机械能转变为电能的过程,按照载热体类型、温度、压力和其他特性的不同,可将地热发电技术分为干蒸汽发电技术、扩容蒸汽发电技术、双循环(双工质)发电技术和双循环井下换热发电技术。

下面以双循环发电为例介绍地热发电。由于矿井热源温度相对较低,因此宜借助中间介质提取热能,形成双循环发电系统(图 4-12)。具体工作过程如下:系统中存在两种流体,一种是热源流体,一般为经处理后的地下水,它在蒸汽发生器中冷却后被再次打入地下;另一种是以低沸点工质流体作为工作介质(如氟利昂、异戊烷、异丁烷、正丁烷等,沸点均低于 30℃),这种工质在蒸汽发生器内由于吸收了地热水放出的热量而气化,产生的低沸点工质蒸汽送入汽轮机发电机组发电。做完功后的蒸汽由汽轮机排出,并在冷凝器中冷凝成液体,然后经循环泵打回蒸汽发生器再循环工作。

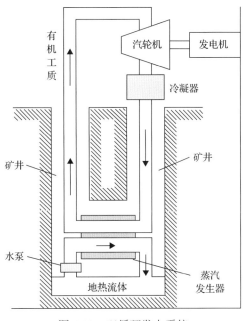

图 4-12 双循环发电系统

2) 开发利用现状

(1) 国外地热能开发利用现状。

在全球面临能源危机时期,矿井关闭后,为促进采矿的可持续发展,很多国家鼓励将废弃矿井及其周边土地用于非传统用途,因而国外对矿井作为地热能利用的热源和冷源的研究较早。全世界范围内也已经有很多从废弃矿井淹没区回收地热能的成功案例和设备。

加拿大早在 1990 年之前就通过热泵系统对新斯科舍省斯普林希尔已关闭的煤矿的地下热能进行了利用。该煤矿安装的热泵系统在冬天提供环流供暖的同时,在夏天提供环流供冷。

挪威在 1998 年也进行了废弃矿硐地热能的应用实践。福尔达尔矿(Folldal mine)主要生产铜、锌和硫,于 1941 年关闭。在近 200 年的运营过程中,矿井周围逐渐发展起居民区。矿井关闭之后,周边居民将矿井的地下空间开发利用,建成了地下的沃姆谢尔(Wormshall)岩洞,用于举行音乐会和宴会。1998 年 10 月,建设了热泵系统,依托矿井水的热量为岩洞供暖。

深井中安装了一个长 600m、直径 50mm 的闭环回路。

2003 年开始，荷兰启动了海尔伦(Heerlen)项目，该项目是世界上第一座将废弃矿井水中的地热能开发利用的成功案例。从井下泵出地下水，再利用管道把热水输往附近民宅、商店等建筑以调节室温，待水冷却后再输回矿井深处以循环加热。

在欧盟煤钢研究基金(EU Research Fund for Coal and Steel，EU RFCS)的支持下，波兰中央矿业研究院联合阿玛达发展公司(Armada Development S.A.)、英国的格拉斯哥大学(UoG)和艾尔肯能源公司(Alkane Energy)，以及西班牙的奥维耶多大学和煤炭企业乌诺萨(Hunosa)公司等开展了一项名为"矿井淹没区地下空间作为热源的可持续利用：矿井关闭后环境风险最小化的基准线活动"(Sustainable Use of Flooded Coal Mine Voids as a Thermal Energy Source-a Baseline Activity for Minimising Post-Closure Environmental Risks)的项目研究，旨在对关闭矿井水淹采空区内的热能进行开发利用，其重大成果包括建立了关闭矿井老空区的管理与矿井水热能利用的技术模型及经济评估模型，以及一些配套的矿井水位和水质(特别是氯离子和硫酸根离子)的监测技术的综合应用(图 4-13)。

(2)国内地热能资源利用情况。

①我国地热能资源利用总体情况。

我国地热资源分布广泛、储量丰富，但总体利用率较低。根据国土资源部、中国地质调查局 2015 年的调查评价结果，全国 336 个地级以上城市浅层地热能年可开采资源量折合 7 亿 tce；全国水热型地热资源量折合 1.25 万亿 tce，年可开采资源量折合 19 亿 tce；埋深在 3000～10000m 的干热岩资源量折合 856 万亿 tce。截至 2015 年，我国地热能装机容量不到 30000kW；我国热泵全年利用总能量约 100311TJ，传统水热型地热资源的装机容量占比降至 16% 左右。地热供暖主要集中于北京、天津、西安、郑州、鞍山等大中城市，以及北方石油开采区的城镇，开采 60～100℃地热水为楼宇供暖。地源热泵技术扩大了地热能的应用领域，水热型地热资源供热最大的地区依次是天津、河北、山东、陕西、河南、北京。值得指出的是，一些地区仍以"只抽不灌"粗放地热开采模式为主，地下水位的下降、地表污染、地面沉降的风险等负面环境问题仍有待合理有效的解决。

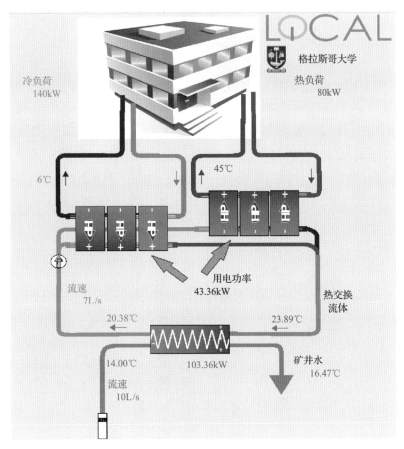

图 4-13　矿井水地热能利用技术示意图

近年来，国家对地热能利用十分重视，出台了多项政策和规划，加快推动地热能利用的发展。《地热能开发利用"十三五"规划》是我国首次发布的地热利用专项规划，作为"十三五"时期我国地热能开发利用的基本依据，其要求开展地热资源潜力勘查与选区评价等重点工作，实施一批重大示范项目，至 2020 年，规划全国新增浅层地热供暖/制冷面积 111850 万 m^2，发电装机容量达 52.7 万 kW，地热能年利用总量相当于替代化石能源 7000 万 tce，相应减排 CO_2 1.7 亿 t。

②我国矿井地热资源开发利用情况。

我国热流分布格局表现为：东高、中低，西南高、西北低。结合我国主要矿区的分布来看，陕西、山西、安徽、河南、河北、云南、贵州、辽宁、吉林、黑龙江等地区的一些矿区地热资源较为丰富，可以考虑对当地矿井的地热资源进行开发利用，其他地区的煤炭矿区不太适宜地热能开发利用。

目前，我国矿井地热能利用的主要方向为工作区、生活区供暖(制冷)、井口防冻等，利用方式主要为空气源热泵、水源热泵。低温发电技术在我国煤矿基本没有应用。

a.空气源热泵。

空气源热泵系统通过煤矿矿井排风获取低温热源，经系统高效集热（热泵）整合后成为高温热源加热热水，从而实现供热。它不是热能的转换设备，而是热能的搬运设备。因此，它的效率不受能量转换效率的制约（图4-14）。

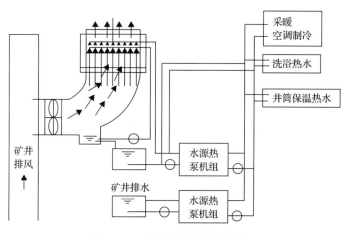

图4-14　矿井回风热泵系统原理

b.水源热泵。

水源热泵的原理是通过热量交换来实现的。在夏季，煤矿地面建筑物温度高，而矿井水源温度低，通过相应的技术手段可以将建筑物中的热量转移到矿井水中，从而将过高的热量带走，达到给建筑物降温的目的；在冬季，则是利用热泵技术从矿井水中汲取能量，通过将水或空气作为媒质，把汲取的热量输送到建筑设施中。一般来说，通过热泵技术用户可以得到高于4倍热泵（或水泵）消耗能量的热量（或冷量），如使用热泵时每消耗1kW的能量，可供建筑物用热4kW左右（图4-15）。

（3）存在的主要问题。

①矿权登记难度较大。

地热资源矿权审批登记权限在省级国土部门，依法取得地热资源勘查许可、评定储量是办理采矿权审批的前置环节。《矿产资源勘查区块登记管理办法》中规定"禁止任何单位和个人进入他人依法取得探矿权的勘查作业区进行勘查或者采矿活动"。废弃矿井的矿权与地热资源的矿权有一定冲突。由于矿法规定的排他性，地热资源勘查开发利用申报登记工作存在一定难度。

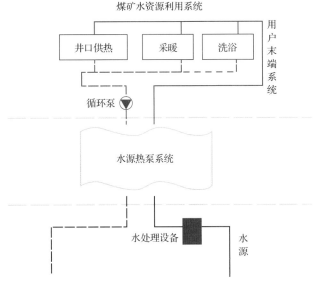

图 4-15　矿井水源热泵系统原理

②地热资源审批流程未明确。

受审批程序不明确的影响，地热资源作为流体矿种，在审批要件、程序上不同于其他矿种，当前还没有明确的审批程序和相关规定。

③地热地质勘查滞后。

国家对地热资源勘查的投入不足，全国大部分地区的地热资源状况尚未进行有效的勘查和评价，缺少相关数据及全国地热资源总体规划，严重影响废弃矿井地热资源的开发利用。

④政策及激励措施和市场保障机制不够完善。

在现有技术水平和政策环境下，废弃矿井的地热资源利用规模小、开发利用成本高，在现行市场规则下缺乏竞争力，需要政策扶持和激励。目前，国家支持风电、生物质能、太阳能等可再生能源发展的政策体系相对完善，但在地热能的利用方面缺乏具体的实施细则，没有建立起相关的市场保障政策。

⑤地热产业体系薄弱，缺少专业人才队伍。

现阶段，我国地热资源产业研发力量薄弱，技术创新和产业服务体系不健全，技术水平较低，和国外先进水平相比差距较大，产业化水平较低。地热利用产业人才培养不能满足地热市场的要求。

3. 废弃矿井多能互补开发利用

废弃矿井多能互补是将废弃矿井储能与太阳能、地热能等能源形式按照不同能源品位进行互补利用，实现废弃矿井可再生能源的综合开发利用。

1）开发利用模式

（1）抽水蓄能。

抽水蓄能是目前解决太阳能、风能利用中弃光弃风的电力系统最可靠、最经济、寿命最长、容量最大的储能方式，但废弃矿井抽水蓄能电站的相关研究尚在起步阶段。抽水蓄能电站由上水库、下水库、水泵、水轮机、风力发电机（光伏电池板）、电动机、发电机等构成，如图 4-16 所示。

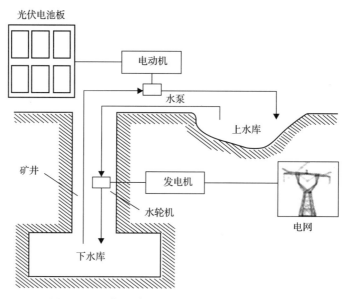

图 4-16　以井下采空区为下水库的抽水蓄能电站

我国绝大多数地区煤炭开采以地采为主，地采将地下的煤挖空后会造成地表塌陷并形成积水。2010 年，神华集团在神东大柳塔煤矿建成了首个煤矿分布式地下水库，迄今为止，累计建成 32 座煤矿地下水库，储水量达到 3100 万 m³，其是目前世界上唯一的煤矿地下水库群。利用这一特点，可以将地表塌陷带水体作为上水库，将地下绵延十几千米甚至几十千米的废弃巷道作为下水库，利用上下水库的势能差构建抽水蓄能电站，如图 4-17 所示。

（2）压缩空气蓄能。

压缩空气储能是指在电网负荷低谷期将电能用于压缩空气，将空气高压密封在一个固定的空间内，在电网负荷高峰期释放压缩空气推动汽轮机发电的一种储能方式。废弃矿井的地下空间可以用于存储高压空气。

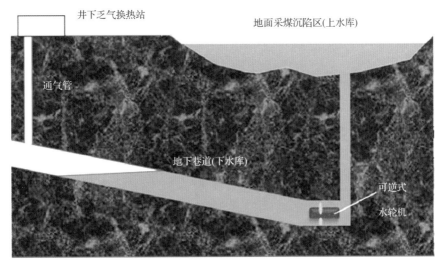

图 4-17　废弃矿井抽水蓄能电站示意图

以矿井作为储气罐的压缩空气储能系统，如图 4-18 所示。该系统由压缩机、冷却器、储气罐、燃烧室、涡轮机、风力发电机(光伏电池板)、电动机、发电机等组成。

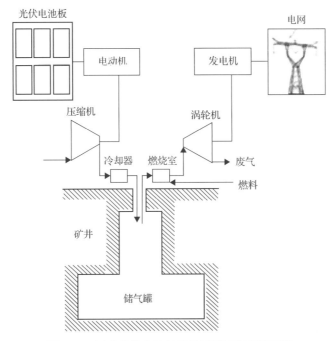

图 4-18　以矿井作为储气罐的压缩空气储能系统

2) 开发利用现状

(1) 国外储能技术。

①抽水蓄能。

经过多年的发展和实践摸索,国外废弃矿井抽水蓄能发电和压缩空气发电的能量转换率已达到较高的水平,如抽水蓄能发电的能量转化率达到80%左右,而压缩空气储能部分技术的能量转化率为40%~70%。与常规的抽水蓄能和压缩空气储能设施相比,废弃矿井的巷道等蓄水或储气空间已经存在,且比较稳定,只需要做相应的改造,建造和改造费相对较低,且可节省地表的土地资源,减少地表环境的破坏。

美国在地下抽水蓄能电站的前期研究中投入了大量的工作,提出了抽水蓄能电站选址的一些原则和重要的影响因素。德国在21世纪初制定了新能源方针(即能源转型:从化石燃料转向可再生能源),迫切需要解决能源大规模存储的问题,许多研究机构和大学开展了一系列地下废弃矿洞抽水蓄能发电技术的研究。

目前,世界上已经有一些相关项目进入计划及可行性研究阶段。例如,1993年,美国新泽西州利用废弃矿洞开工建设了霍普山抽水蓄能电站,该电站距纽约56km,装机容量204万kW;2014年4月,New Summit Hydro公司申请了一个名为"Summit Project"的项目,计划在Norton Ohio的石灰岩中建造一个总储量1.5GW的蓄能电站。在德国鲁尔区,煤矿的开采深度已达到1200m,巷道总长度约100km,计划利用其中一个深度971~1008m、储水量450000~750000m³的巷道,建立一个功率为300MW的抽水蓄能电站。

②压缩空气储能。

国内外学者也进行了大量的理论和实验研究,并逐步推进在工程实践中的应用。目前,世界上有两座大型的压缩空气储能电站投入商业化运营。1978年,在德国的芬道夫(Huntorf)诞生了第一台商业运行的压缩空气储能机组,其就是利用废弃的矿井来储存压缩空气,建成的电站额定功率为290MW。1991年5月,第二座电站在美国亚拉巴马州麦金托什地区(Mclntosh)投入运行,发电容量110MW。两座电站从建成以来一直运行良好。另据资料显示,日本、俄罗斯、法国、意大利、卢森堡、以色列等国家也已开发此类技术多年。

(2)国内储能技术。

①抽水蓄能。

目前,我国尚未有利用废矿洞建设抽水蓄能电站的工程实例,但已有了部分利用矿坑建设抽水蓄能电站的设想并且开展了相应的设计研究工作。一个是河北滦平抽水蓄能电站设计研究,该抽水蓄能电站就是利用上哈叭沁村西沟采区闭坑作下水库;另一个是辽宁阜新抽水蓄能电站,该电站利用海州废弃矿坑作下水库。

②压缩空气储能。

因为中国对压缩空气储能系统的研究开始比较晚,空气储能在我国还处于研究试验阶段,还没有进入产业化应用,所以现阶段还应该以生产性试验示范为主要发展方向。目前,对压缩空气储能开展研究的大学和科学机构有中国科学院工程热物理研究所、华北电力大学、西安交通大学、清华大学、华中科技大学和中国科学院广州能源研究所等。

第二节　研　究　结　论

以十九大精神为指引,紧紧围绕"五位一体"总体布局和创新、协调、绿色、开放、共享的发展理念,加强体制机制和商业模式创新,充分利用废弃矿井太阳能、地热能等可再生能源,结合地下空间储能技术发展,统筹建设废弃矿井可再生能源开发利用及生态环境治理工程,助力废弃矿井转型发展,促进能源结构优化。

一、废弃矿井煤气化开发利用战略与工程科技

1. 我国废弃矿井煤地下气化开发利用战略

1) 我国废弃矿井煤地下气化开发利用前景

(1) 我国废弃矿井煤炭资源丰富。

废弃矿井煤炭资源,系指煤层在地下开采过程中,能够利用却被丢在井下、不能采出的那一部分煤炭。

山西省 2005~2009 年累计关闭矿井 3603 处,2012~2017 年累计关闭矿井 172 处。安徽省 2011~2017 年累计关闭煤矿 63 处;以安徽两淮矿区为例,到 2018 年底,关闭矿井数量达到 20 处,这些矿井的剩余煤炭资源量达 15.3 亿 t。黑龙江省 2005~2017 年公告关闭矿井共 1116 处,仅 2016 年黑龙江龙煤矿业控股集团有限责任公司就废弃了荣华煤矿、梨树煤矿、二道河子煤矿、张新煤矿、兴山煤矿、新岭煤矿、七星煤矿、安泰煤矿、桃山煤矿、

东风煤矿 10 处矿井，废弃煤炭资源量为 25738 万 t。贵州省在"十一五"和"十二五"期间，煤矿数量从 2005 年的 2338 处减少到 2016 年的 571 处，关闭 1767 处。云南省截至 2007 年底共有 1368 处煤矿，截至 2017 年 6 月共有 195 处煤矿，关闭矿井 1173 处。四川省 2006 年共有煤矿数量 2252 处，截至 2017 年 6 月有 440 处，关闭矿井 1812 处。1997~2007 年，10 年间新疆已关闭 1300 处小煤矿，2016 年新疆关闭退出煤矿 21 处，2017 年淘汰关闭退出煤矿 113 处，退出产能 1160 万 t/a。

2016 年以来，陕西省渭北老矿区"去产能"按照既定要求进行，目前已形成报废矿井、退出矿井、保留矿井三种类型；渭北老矿区所辖矿业公司现已报废矿井 8 处，遗留地质储量 11888.0 万 t；退出矿井 12 处，退出产能 1190 万 t/a，遗留地质储量 69536.1 万 t，遗留可采储量 28506.6 万 t。

随着矿井废弃和退出，大量的地面及井下设施闲置，如双鸭山七星煤矿利用井下抽出的瓦斯建立的瓦斯发电站和地面变电所现已停止使用，目前双鸭山七星煤矿规划利用废弃资源进行地下气化，生产燃气，用于发电，使废弃资源和发电站得到重新利用，并实现经济效益。

(2)废弃矿井可地下气化资源评价。

在废弃矿井煤炭资源中不是所有地质赋存条件下的煤层都适合地下气化开采，或者说不是任何煤层气化都会获得较高的能量转换效率和较好的经济效益、环境效益。因此，在选择气化煤层时要对其地质条件进行评价。地质条件评价主要考虑到煤炭地下气化过程中从规划到生产的几个阶段：气化区总体规划设计、气化炉设计、气化运行工艺设计等；气化区总体规划设计主要涉及前期的勘查程度、地质构造、煤层裂隙、资源量、煤层顶板情况，即地质条件；气化炉设计主要涉及厚度、埋深、倾角、稳定性、夹矸，即煤层情况；气化运行工艺设计主要涉及灰分、固定碳含量、黏结性、灰熔点、CO_2 反应活性、硫分、着火点，即煤质情况；水文条件、环境影响、矿井安全穿插于上述各个阶段之中。水文条件影响因素包括充水条件、充水特征、富水性、水资源、防治难度；环境影响因素主要包括地下水环境影响和地表沉降；矿井安全影响因素主要包括气化区安全和矿井安全。

根据不同条件下煤炭地下气化现场试验的结果，总结出煤层地质条件对煤炭地下气化过程的相对影响程度，并给出了相对分值，见表 4-7。

表 4-7　气化煤层地质评价参数及相对影响程度

一级指标	二级指标	评价指标分级及其对应的指标值			
		好（90～100 分）	较好（75～90 分）	一般（55～75 分）	较差（<55 分）
地质条件	资源量/(万 t/a)	>30	20～30	10～20	<10
	煤层顶板情况	极难冒落坚硬顶板	软弱性弯曲顶板或难冒落顶板	中等冒落顶板	易冒落松软顶板
	勘查程度	勘探	精查	详查	普查
	煤层裂隙/d	压裂贯通天数<7	8～15	15～30	>30
	地质构造	一类	二类	三类	四类
煤层情况	厚度/m	8～12	>12 或 3.5～8	1.3～3.5	<1.3
	倾角/(°)	5～25	<5	25～45	>45
	埋深/m	200～500	500～600	600～700	<200 或>700
	稳定性	稳定	较稳定	不稳定	极不稳定
	夹矸	1～3	4～6	6～7	>8
煤质情况	灰分/%	5～20	20～40	<5	>40
	固定碳含量/%	60～77	77～90 或 55～60	<55	>90
	黏结性/%	<5	5～50	50～65	>65
	灰熔点/℃	>1500	1250～1500	1100～1250	<1100
	CO_2 反应活性/%	>70	50～70	30～50	<30
	着火点/℃	<300	300～400	400～500	>500
	硫分/%	<0.5	0.5～1.5	1.5～3	>3
水文条件	充水条件	第一类	第二类	第三类	
	充水特征	裂隙	岩溶	孔隙	
	富水性/[L/(s·m)]	<0.10	0.10～1	>1	
	水资源	中等	匮乏	丰富	
	防治难度	难度小	难度中等	难度大	

由于影响煤炭地下气化的地质因素很多，且各因素之间的相互影响无法定量描述，因此，在地下气化煤层地质模型评价中应用模糊层次综合评价法，将定性分析与定量分析相结合，把人的主观判断用数量形式表达出来并进行科学处理。

废弃矿井在开发利用前，需对废弃矿井资源条件按地下气化地质评价模型进行评价，确定哪些资源适合，哪些资源不适合。

(3)我国废弃矿井煤地下气化开发利用前景展望。

我国废弃矿井煤炭资源丰富，如果实现部分回收，对我国煤炭资源的充分利用和能源安全也具有重要意义，因此，可以逐步开发，见表 4-8。

表 4-8　我国废弃矿井煤地下气化开发利用前景展望

项目	2025	2035	2050
气化站生产煤气规模/(万 Nm³/d)	300	500	1000
建站量/座	10	50	100
回收煤炭资源量/(万 t/a)	660	5500	22000
生产天然气/(亿 Nm³/a)	20	165	660

2) 废弃矿井煤炭资源地下气化开发利用战略

(1) 战略目标。

到 2025 年，建立生产规模达到 300 万 Nm^3/d 合成气的煤炭地下气化示范工程，打通综合利用的产业链。到 2035 年，形成完善的规模化生产地下气化炉结构及构建技术、废弃矿井地下气化连续稳定控制技术与装备、废弃矿井煤炭地下气化安全及环保技术、低成本的火区探测及气化过程分析系统，建立生产规模达到 500 万 Nm^3/d 合成气的煤炭地下气化产业化工程。到 2050 年，实现废弃矿井煤炭地下气化技术的推广与应用，建立生产规模达到 1000 万 Nm^3/d 合成气的煤炭地下气化产业化工程，实现废弃矿井煤炭地下气化多联产的目标。

(2) 废弃矿井煤炭地下气化技术路线图。

我国废弃矿井煤炭地下气化虽然在不同的地质条件下完成了工业性试验，但生产规模达不到支撑一个完整的产业链生产，从而不能实现经济效益。因此，要在不断完善技术的基础上，扩大气化站的生产规模，使之能够支撑产业化生产。图 4-19 是废弃矿井煤炭地下气化技术路线图。

(3) 废弃矿井煤炭地下气化工程科技发展趋势。

废弃矿井煤炭地下气化工业性试验表明，废弃矿井煤炭地下气化技术是可行的，但仍然存在着单炉产气量小、运行不稳定、运行时间短、对污染物扩散规律认识不清等问题，因此，废弃矿井地下气化技术研究的发展趋势如下。

a.研究废弃矿井规模化生产地下气化炉结构及构建技术，提高单炉服务年限和气化站产气量，达到产业化应用规模；

b.研究废弃矿井煤炭地下气化连续稳定控制技术，提高有效气体组分含量、煤气热值和稳定性；

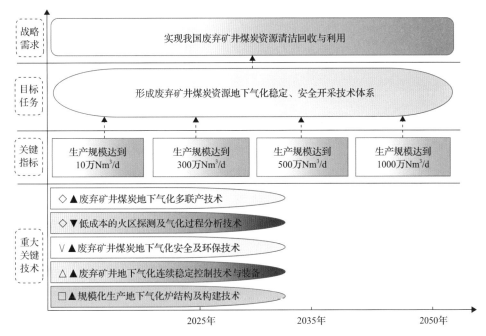

研发基础：好(□)较好(△)中(∨)较差(◇)
研发方式：自主开发(▲)联合开发(▼)

图 4-19 废弃矿井煤炭地下气化技术路线图

c.研究井下注气点移动控制装备，实现地面对地下气化工作面的控制；

d.研究废弃矿井煤炭地下气化安全技术，保证生产过程中的安全；

e.研究污染物控制及燃空区管理技术，使煤炭地下气化技术真正成为环境友好技术；

f.研究低成本的火区探测技术，以实现对气化炉运行状态的了解和控制；

g.研究废弃矿井煤炭地下气化多联产技术，实现废弃矿井煤炭气化的经济效益。

2. 我国废弃矿井煤炭地下气化科技创新

废弃矿井煤炭地下气化工程科技体系如图 4-20 所示。

煤炭地下气化技术虽然比传统的采煤技术对煤层有更大的适应性，但不是所有的废弃矿井煤层都可以进行地下气化，有些煤层利用现有的地下气化技术开采不具有经济性，因此要建立地质评价模型，对气化煤层从地质条件、煤层情况、煤质情况、水文条件、环境影响和矿井安全方面进行评价。

从煤炭地下气化原理及实现过程可以看出，煤炭地下气化基础研究主要涉及实体煤层的燃烧、热解、气化、贯通特性，包括气化过程特征场的演化

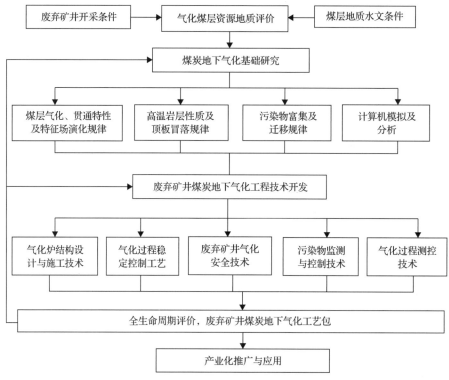

图 4-20　废弃矿井煤炭地下气化工程科技体系

规律及物料、能量平衡模型；涉及煤层覆岩在煤层气化高温作用下的热物性变化及冒落规律，涉及地下煤气化污染物在燃空区的富集及向地层中扩散迁移的规律，包括地下气化过程全生命周期评价模型，涉及计算机模拟及分析系统。上述基础研究可以揭示煤炭地下气化过程的发生与发展规律。

在煤炭地下气化理论研究基础上开发的废弃矿井煤炭地下气化工程技术，主要涉及地下气化工程的建炉技术、稳定气化工艺、废弃矿井气化安全技术、污染物控制技术及地下气化过程测控技术，在上述技术不断完善的基础上，形成煤炭地下气化工业化多联产工艺包，实现煤炭地下气化技术的推广与应用。

二、废弃矿井可再生能源开发利用战略与工程科技

1. 我国废弃矿井可再生能源开发利用战略

结合我国能源革命、煤炭产能结构优化、部分矿井关闭退出等形势，综合评估废弃矿井沉陷区土地利用条件及太阳能、地热能等可再生能源资源赋存情况，结合周边用户分布及电力市场需求等，遵循安全、科学、环保、经济原则，将不同区域的废弃矿井统筹规划、系统确定为"重点开发""潜在

开发"等不同类型。在此基础上，明确不同类型地区不同阶段的废弃矿井可再生能源开发利用战略目标。

1）开发利用前景

（1）太阳能。

根据中国气象局发布的《太阳能资源评估方法》（QX/T89-2008），我国太阳能资源地区分为四类，见表4-9。

表4-9　我国太阳能资源丰富程度等级表

区域	光照强度/[MJ/(m² · a)]	备注
一类地区	≥6300	主要包括青海、西藏、甘肃北部、宁夏北部、新疆北部、内蒙古西部等地
二类地区	5040～6300	主要包括山东、河南、河北、山西、新疆南部、吉林、辽宁、云南、海南、陕西北部、甘肃东南部、江苏中北部和安徽北部等地
三类地区	3780～5040	主要包括长江中下游、福建、浙江和广东的一部分地区
四类地区	<3780	四川南部、贵州部分区域是我国太阳能资源最少的地区

一类地区（资源最丰富）：全年辐射量在 $6300MJ/m^2$ 以上。

二类地区（资源很丰富）：全年辐射量为 $5040\sim6300MJ/m^2$。

三类地区（资源丰富）：全年辐射量为 $3780\sim5040MJ/m^2$。

四类地区（资源一般）：全年辐射量在 $3780MJ/m^2$ 以下。

根据实际特点，废弃矿井太阳能利用除塌陷土地以外，主要取决于太阳能资源情况。因此，本书建议一类和二类地区为废弃矿井光伏利用"重点开发区"，三类和四类地区为废弃矿井光伏利用"潜在开发区"。

参考国内外废弃矿井开发利用的经验和应用案例，根据废弃及关停矿井资源的特点、基本条件、地理位置和当地需求，通过改造、恢复和建设，将废弃矿井转变成公园景观、矿井实践教育基地、国家矿山旅游公园、科普教育基地、历史博物馆等。利用废弃的煤矿工业广场及周边土地资源，转型发展现代物流、太阳能发电、养殖业和现代农业；风景名胜区范围内，按规划恢复自然生态或用于旅游服务设施建设。矿区土地资源除去农业、养殖业、生态恢复等方面的利用，适宜太阳能光伏利用的总面积为20%左右。

根据国内相关报道推算，目前废弃矿井采矿沉陷区面积约为150万hm²，可用于太阳能光伏发电的面积约为30万hm²。按照1MW占地2.56hm²估算，可实现装机容量为11.8万MW，每年可实现发电765亿 kW·h，相当于5个大亚湾核电站。

（2）地热能。

我国大地热流分布图和十四大矿区分布图如图 4-21 和图 4-22 所示。将

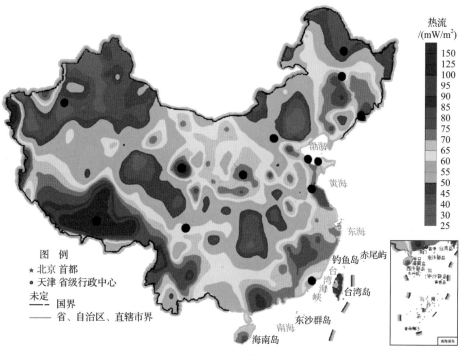

图 4-21　我国大地热流分布图

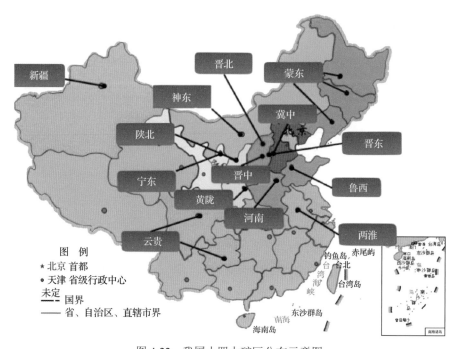

图 4-22　我国十四大矿区分布示意图

我国煤炭生产基地和热流图进行综合分析可知,煤炭资源较为集中的新疆中部、北部大部分地区,内蒙古中北部地区由于地热资源有限,不适宜进行地热能的开发利用。

陕西、山西、安徽、河南、河北、内蒙古东北部等地区,地热资源较为丰富,且大型矿井较多,故本书建议将它们作为废弃矿井地热资源开发利用的"重点开发区"。

云南、贵州、东北等地区虽然地热资源丰富,但大型矿井相对偏少,因此本书建议将它们作为废弃矿井地热资源开发利用的"潜在开发区"。

2)战略目标

结合以上分析,提出 2020 年、2035 年及 2050 年我国废弃矿井可再生能源开发利用战略目标见表 4-10。

表 4-10 废弃矿井可再生能源开发利用战略目标

项目	2020 年	2035 年	2050 年
总体	废弃矿井可再生能源逐步得到综合利用,适宜利用的可再生能源资源利用率达到 20%	废弃矿井可再生能源基本得到综合利用,适宜利用的可再生能源资源利用率达到 30%	废弃矿井可再生能源全面综合利用,适宜利用的可再生能源资源利用率达到 50%
"光伏+"项目	"重点开发区"稳步推进"光伏+"项目。完成 2 万 MW 光伏示范工程	大力推进废弃矿井"光伏+"工程建设,"重点开发区"具有开发利用价值的资源基本得到开发利用。完成 4 万 MW 光伏示范工程	全面推进废弃矿井"光伏+"工程建设,"重点开发区"具有开发利用价值的资源全面得到开发利用,"潜在开发区"可再生能源逐步得到有效利用。完成 6 万 MW 光伏示范工程
"地热+"项目	"重点开发区"稳步推进"地热+"项目	大力推进废弃矿井"地热+"工程建设,"重点开发区"具有开发利用价值的资源基本得到开发利用	全面推进废弃矿井"地热+"工程建设,"重点开发区"具有开发利用价值的资源全面得到开发利用,"潜在开发区"可再生能源逐步得到有效利用
多能互补项目	在京津冀、山东、辽宁等大型废弃矿井相对较多、条件适宜且电力系统蓄能需求较大的地区,研究建设示范工程	可再生能源为主、分布式电源多元互补、抽水蓄能为缓冲的废弃矿井新能源微电网技术体系逐步建立	可再生能源为主、分布式电源多元互补、抽水(压缩空气)蓄能为缓冲的废弃矿井新能源微电网技术体系趋于成熟

2020 年,废弃矿井可再生能源逐步得到综合利用,适宜利用的可再生能源资源利用率达到 20%。根据可再生能源赋存特点,在"重点开发区"因地制宜,稳步推进"光伏+"和"地热+"项目建设;在京津冀、山东、辽宁等大型废弃矿井相对较多、条件适宜且电力系统蓄能需求较大的地区,研究建设废弃矿井可再生能源+抽水蓄能示范工程。

2035 年,废弃矿井可再生能源基本得到综合利用,适宜利用的可再生能源资源利用率达到 30%。大力推进废弃矿井"光伏+""地热+"工程建设,

"重点开发区"具有开发利用价值的资源基本得到开发利用；在废弃矿井可再生能源+抽水蓄能示范工程的基础上，将示范工程在东北、华北等条件适宜地区进行推广；可再生能源为主、分布式电源多元互补、抽水蓄能为缓冲的废弃矿井新能源微电网技术体系逐步建立。

2050 年，废弃矿井可再生能源得到全面综合利用，适宜利用的可再生能源资源利用率达到 50%。全面推进废弃矿井"光伏+""地热+"工程建设，"重点开发区"具有开发利用价值的资源全面得到开发利用，"潜在开发区"可再生能源逐步得到有效利用；可再生能源为主、分布式电源多元互补、抽水(压缩空气)蓄能为缓冲的废弃矿井新能源微电网技术体系趋于成熟。

2. 我国废弃矿井可再生能源开发利用科技创新

1) 基础研究

(1) 太阳能利用方面。

开展采煤沉陷区光伏电站高渗透率并网技术研究。大比例光伏电源并网会给配电系统带来扰动，从而造成供电电压不稳定、谐波污染、三相电压不平衡及无功功率不平衡等电能质量方面的问题。孤岛效应也会对电能质量造成较大的影响。光伏发电的大规模渗透增加了电能质量治理装置的控制难度，传统的电能质量治理点不再适用，控制方式也需要改进。要研究光伏发电和电能质量治理装置的交互影响，在高渗透率光伏并网的条件下，需要配备电能质量控制装置，降低光伏并网对配电网造成的冲击。

(2) 地热资源利用方面。

① 水文地质参数的研究。

水文地质参数的研究包括对地下地层的渗透系数的准确测量、对地层孔隙度的测定、对矿井边界补给条件的给定。除此之外，还应对岩层构造的岩性成分、组成构造进行研究，这对后期了解掌握开采、回灌的可持续性，颗粒沉积堵塞的动态变化，回灌能力的衰减速度等非常重要。

② 热物性参数的研究。

浅层矿井(一般小于 200m 埋深)的地热利用主要是结合热泵设备，其既可作为热泵热源(蒸发器)，也可作为热泵冷源(冷凝器)，地下有庞大蓄水、蓄热能力的废弃矿井，要结合矿井的具体地形地势条件，实现冬夏跨季供热空调热源(冷源)使用是非常有实际应用价值的。其中，包括对地层结构的热物性参数的测量，也包括地层结构的导热系数、密度、比热容等参数。其对了解与掌握地热利用过程中、热干扰情况下的温度动态响应，节约能源，提高热泵的 COP 参数有重要的理论指导意义。

③可能污染物扩散规律的研究。

任何一个与地下岩层相互作用多年的地下流体可能会包含有放射性元素、强腐蚀化学成分、可燃气体，以及其他有毒化学成分等多种对人类生存环境有害的物质，因此，开发利用之前，应对废弃煤矿的水文化学进行详细的研究，以确定是否采用封闭式再利用、开放式再利用的合理方案，以及确定与地下流体接触设备的材料等。

2）工程科技

（1）太阳能。

①基于采煤沉陷区条件下的光伏系统及控制/逆变器适用技术。

光伏发电并网运行时，考虑到光伏微源有一定的无功储备，通过控制可以进行无功补偿。但由于其逆变电路和控制电路的钳制作用，当电网发生扰动时，光伏电源不能提供瞬间的电压支撑。配置电网静止无功补偿器，能快速连续地进行无功调节，但其成本高，难以做到大容量运用。另外一种电网静止无功补偿器与光伏发电的联合控制系统，由光伏微源提供大容量分级的无功调节，电网静止无功补偿器进行小容量连续的无功调节，从而使得光伏微源承担更多的责任，并进一步提高供电质量。今后要研究基于采煤沉陷区条件下的光伏系统及控制/逆变器适用技术，以进一步提高光伏系统发电、供电品质。

②采煤沉陷区光伏电站项目地基稳定性工程技术。

a.废弃矿井地表沉陷评估

在废弃矿井沉陷区建设光伏电站是沉陷土地利用的一种模式，为确保废弃矿井沉陷区建设光伏项目的安全、稳定，必须对沉陷区地表进行处理，对地基稳定性进行评估。对拟建光伏电站场地地表沉陷状况、地表(残余)移动与变形程度和范围，以及建筑物荷载影响下采空区地基稳定性等进行计算与分析，结合相关规程与规范，给出评估区内兴建建筑物的适宜性，并提出光伏场区内兴建建筑应采取的原则性技术措施和建设建议。其评估结果要明确在采取相应技术措施后，沉陷区上建设光伏电站的可行性。

b.建筑工程应对沉陷技术措施

光伏建设用地上的新建建筑可能会受到采空区的残余影响,可能会对拟建建筑产生一定不利影响,因此新建建筑要采取能够抵抗地表(残余)沉陷变形的抗变形结构技术措施,才能确保其安全稳定使用。抗变形结构技术措施包括吸收地表沉陷变形的柔性措施和抵抗地表沉陷变形的刚性措施、刚柔相结合措施。例如,对变形缝、基础或采空区处理与加固等,使抗变形结构建(构)筑物能够经受各种采空区沉陷变形的作用而不被破坏。

(2)地热能。

①废弃矿井水源冷热能热泵设计及优化技术。

矿井水的温度季节性变化小,冬季高于环境空气温度,夏季低于环境空气温度,而且水的换热系数远高于空气的换热系数,相较于空气源热泵,利用矿井水作为冷热源的水源热泵能效比高,但矿井水源热泵作为大型功能系统,其设计与优化及运行管理还有待研究,尤其是同时提供冷热能的热泵系统还存在负荷匹配与调度问题。

②管道腐蚀防控技术。

矿井中地下水水质较差,许多矿区的矿坑水,特别是老窑水,水质极差,总硬度 30～76 度,矿化度 1～9g/L,属于高矿化度矿井水,水中可能会含有较多的金属硫化物、高硫酸盐、高氟、高铁锰、砷,会产生更加严重的管道腐蚀问题,未来应重点针对这一问题进行研究,缓解管道腐蚀问题,还应重点研究对地热水处理的方法等。

③高效换热技术。

在矿井深度超过 200m 以上的情况下,受自然温度梯度的影响,深层矿井(包括废弃油井)只能以热输出为目的,不宜作为冷源使用。因此,如何快速高效地实现深层地下的换热取热技术,将是决定能否普及应用的关键。无论是地热发电还是区域供热,其关键环节是掌握矿井地层结构的传热传质机理。

④废弃矿井中低温地热发电技术。

以示范工程为基础,形成中低温地热发电的高效、集成化配套技术体系,做到低成本、商业化运行,应重点研究双循环发电工艺技术与设计标准,机组动力部件、模块化机组和性能检测技术,地热资源发电并网技术。

⑤废弃矿井地热尾水回灌技术。

废弃矿井地质条件不能保证总是稳定的,地热水抽采后,可能会产生地质灾害隐患，并使地热资源枯竭，应针对目前废弃矿井地热水开采项目，研究地热水回灌环节的工程技术，保证工程的可行性。

⑥废弃矿井地热能利用地下污染监测与评价技术。

其主要研究废弃矿井地热能利用时，破裂地埋管防冻液的泄露污染、废弃矿井重金属地下水污染的监测、数值模拟、评价技术等。

(3)多能互补。

①废弃矿井可再生能源利用及与抽水蓄能技术的一体化技术研究。

光伏发电优势明显，但间歇性特质给分布式局域网带来的问题是严重的。抽水蓄能电站启停迅速，运行调节灵活，在具备条件的废弃矿井，匹配分布式光伏电网，建设适当规模的抽水蓄能电站，可以充分发挥抽水蓄能电站与光伏发电运行的互补性，减少可再生能源大规模随机并网对系统的冲击。建立以抽水蓄能为纽带的废弃矿井光伏、地热并网发电的多能互补系统，可有效提高供电的稳定性和减少对电网造成的扰动。

②废弃矿井太阳能光伏发电与地热应用技术研究。

地热应用不受气候、季节、昼夜等因素的干扰，其利用率高，在节能减排、环保净化等方面具有独特优势。但地热利用过程中离不开电力，废弃矿井太阳能光伏发电与地热的多能互补技术的应用,可以减少地热利用过程对常规电力的依赖，提高可再生能源的利用率，最大限度地发挥太阳能与地热的优势，拓展应用渠道。

第三节　政策建议

一、煤炭地下气化战略建议

(1)法律法规方面。制定相关法规，建立矿井废弃的合理退出机制，即在矿井废弃前必须做好煤炭资源地下气化回收的工程准备。制定相关法规，矿井废弃时，必须上报废弃煤炭资源分布情况、开采状况、水文地质条件等，并保留完整的文字资料。建立我国废弃矿井煤炭资源存量与增量数据库，为我国废弃矿井煤炭资源地下气化开发做好准备。制定相关法规，明确已关闭或即将关闭的废弃矿井重新启用的条件、审批程序，使废弃矿井重新启用有法可依。

(2)产业政策方面。成立国家级的废弃矿井地下煤气化行动小组，统筹国内废弃矿井退出及地下煤气化技术的应用，制定发展策略和发展规划，为国家提供政策建议，制定中长期废弃矿井煤炭地下气化技术开发及产业化计划。对我国废弃矿井适用于煤炭地下气化的资源进行全面评估，通过对资源进行整合，规划几处典型的适用于煤炭地下气化的资源，采用政府投资与企业投资的合作模式，建设煤炭地下气化多联产产业示范区。推动煤炭地下气化产业成为国家新兴战略产业，参考煤层气产业，对利用地下煤气化技术进行发电的企业进行补贴，扶持产业发展。

(3)财税政策方面。制定相关财税政策，对进行废弃矿井煤炭地下气化技术研究与应用的企业给予煤炭资源、资金、项目审批、税收等方面的支持，使其享受新能源相关政策。

(4)科技政策方面。在国家重点研发计划中设立专项基金，成立国家级煤炭地下气化实验中心和工程研究中心，产、学、研相结合，进行产业化关键技术的研发与攻关，快速取得技术突破。选择不同地区、不同地质条件、不同煤种、不同煤层厚度开展试验和生产，形成具有我国自主知识产权的废弃矿井煤炭地下气化技术。

二、可再生能源利用战略建议

(1)完善矿井闭井标准和生产许可。

为促进我国废弃矿井可再生能源开发利用，国家应完善煤矿退出或关闭时的闭井标准，在闭井标准中充分考虑矿井废弃后资源的综合利用。对于已关闭的废弃矿井，若其具有再开发利用的经济价值，在保障安全生产和保护生态环境的条件下，制定废弃矿井再打开的标准。采矿权终止后，应明确废弃矿井井下资源再开发利用的许可。

(2)建立废弃矿井数据库和信息共享平台。

由行业协会组织，建立废弃矿井数据库和信息共享平台。矿山企业在矿井采矿终止前(如提前3年)，向行业协会报送矿井基本信息和地下地上各类资源信息，行业协会统计分析录入数据库，经矿山企业同意向市场发布，这样有利于政府部门掌握情况，也有利于招商引资共同开发。如果拟废弃矿井确有开发价值，矿山企业可据此向相关管理部门申请保留矿井，进行资源开发利用。

(3)支持废弃矿井企业优先开发利用地下地上资源。

产业政策应支持废弃矿井地下地上资源开发利用，优先支持废弃矿井企业开发利用,这样有利于资源枯竭矿区、关闭矿山转型发展和矿工再就业。地方政府应在土地利用、电网接入、示范项目申报等方面给予优先支持。

(4)开展废弃矿井资源普查工作。

目前存在大量已关闭的废弃矿井,但对它们的基本情况,特别是具有再开发利用价值的一批大中型矿井了解不够。本书建议,由行业主管部门组织开展一次废弃矿井和拟关闭矿井普查,全面掌握其情况,这样对资源开发利用规划、投资开发建设具有重大意义。

第五章

废弃矿井地下空间开发利用战略

本章研究我国废弃矿井地下空间开发利用成功经验及存在问题,分析研究废弃矿井地下空间利用,如油气储存库建设及核废料埋藏封存的相关技术及发展动态,高度关注国内、国际相关领域的发展方向,梳理我国现阶段在废弃矿井地下空间利用,如油气储存及核废料埋藏封存技术方面取得的成功经验,同时从技术、经济方面总体分析我国废弃矿井地下空间,如油气储存库建设和核废料埋藏封存技术的不足,在综合整理我国废弃矿井地下空间利用过程中的技术、管理经验的基础上,提出适应我国废弃矿井地下空间开发利用的战略方针。

第一节 现 状 分 析

我国废弃矿井空间种类众多,如废弃煤矿、废弃盐矿、废弃油气藏等。从新中国成立至今,煤矿、盐矿、油气藏等开采利用 70 多年,部分矿井生命周期已经或即将结束,废弃地下空间大幅增加。根据中国工程院重点咨询项目预测,2020 年我国废弃煤矿矿井数量将达到 12000 处,2030 年将到达 15000 处,废弃地下空间达到 72 亿 m^3 和 90 亿 m^3。

与此同时,我国加快石油和天然气地下储库建设需求迫切。2018 年我国天然气和石油消费量达到 2766 亿 m^3 和 6.25 亿 t,对外依存度达到 45.3% 和 69.8%。当前,我国已建成的石油储备仅为 34 天净进口量规模,远低于发达国家 90 天储备能力;地下储气库调峰能力刚超 100 亿 m^3,占消费量不足 5%,与国家 16% 的要求差距巨大,迫切需要加大储油气库建设力度。同时,伴随我国核技术利用和采矿行业的蓬勃发展,放射性废物产量也在与日俱增,建设地下核废料地下储备库与建设油气地下储存库同样迫切。

利用废弃矿井地下空间建设储油气库和放射性废物处置库是矿井资源的再利用,作为一种新型产业,对矿山转型、矿工安置分流、资源枯竭型城市转型发展意义重大,对保障国家油气供应安全和放射性废物安全处置意义重大。

一、国外废弃矿井地下储气库现状

利用废弃矿井地下空间存储天然气,距今已有百年历史,目前全球地下储气库储气能力超过 4000 亿 m^3。目前已有的地下储气库类型主要包括枯竭油气藏、含水构造、盐穴、废弃矿坑中四大类地下储气库，首选建库目标是枯竭油气藏，约 80%已建成储气库为废弃油气藏。在废弃油气藏和废弃盐穴等领域已形成完备的设计、建设、运行及安全管理一体化技术与管理体系，为天然气调峰保供和天然气应急储备发挥了重要作用。与地下储气方式不同，地下水封洞库、盐穴是最主要的两种地下储油方式，目前，美国、德国、法国等国家都采用废弃盐穴存储，美国储存能力超过 1 亿 t，韩国等国家采用地下水封洞库方式，具有较好的安全性、经济性。两种存储方式均已形成了较为成熟的技术体系。

地下储气库是将天然气田采出的天然气重新注入地下构造中(含天然或人工构造)而形成的一种人工气田或气藏，在需要时重新采出。利用废弃矿井地下空间存储天然气，最早可以追溯到 20 世纪初，距今已有百年历史。1915 年加拿大首次在安大略省的 Welland 废弃气田进行储气试验，1916 年美国在纽约布法罗附近的 Zoar 废弃气田利用气层建设地下储气库，1954 年美国在 Calg 的纽约城气田首次利用废弃油田地下储气，1961 年美国首次利用盐穴储气，1963 年美国在科罗拉多 Denver 附近首次利用废矿煤矿储气。

目前全球地下储气库主要有四种类型，废弃油气藏型储气库、含水层型储气库、盐穴型储气库及矿坑型(岩洞和废弃矿井)储气库(图 5-1)，不同类

(a) 废弃油气藏型储气库

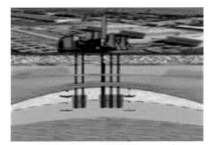

(b) 含水层型储气库

(c) 盐穴型储气库

(d) 矿坑型储气库

图 5-1   不同类型储气库示意图

型的储气库储气构造、工作原理、单位工作气量投资等各不相同。废弃油气藏型储气库主要是利用已开发的枯竭气藏和油藏进行天然气地下存储。盐穴型储气库是利用地下较厚的盐层或盐丘,采用水溶方式在盐层或盐丘中制造洞穴形成储存空间来存储天然气。矿坑型储气库主要是利用废弃岩洞、新建岩洞或地下坑道,经过密封处理后储存天然气。世界上利用废弃矿井地下空间存储天然气,主要是在废弃油气藏、废弃盐穴及废弃矿井(矿坑型)中。

作为天然气产业链中不可缺少的重要组成部分,地下储气库具备两大作用:一是调节用气的不均衡性,削峰填谷,当夏季天然气市场用气量低于正常供应能力时,将富余的气量注入储气库中,当冬季市场用气量超过正常供应能力时,再从储气库中采出天然气向用户供气;二是作为应急储备和战略储备,当气源或上游输气系统发生故障、检修或由于政治、经济、外交、军事等方面的因素导致进口气中断时,储气库可以保证连续供气及输气系统的正常运转。

目前世界上已有的地下储气库类型主要包括枯竭油气藏、气藏和油藏地下储气库,含水构造地下储气库,盐层、盐丘地下储气库,废弃矿井或矿坑地下储气库。从国外实践经验来看,首选建库目标是枯竭油气藏,尤其是气藏;一般在没有合适的枯竭或近枯竭油气藏时,可选择含水层及盐穴作为储气库。目前全球共有 700 余座地下储气库,总工作气量约 4000 亿 m^3,约占全球天然气总消费量的 12% 左右,地下储气库总工作气量的 74% 分布于废弃气藏型地下储气库中($3084 \times 10^8 m^3$),11%分布于含水层型地下储气库中($471 \times 10^8 m^3$),9%分布于盐穴型地下储气库中($355 \times 10^8 m^3$),6%分布于废弃油藏型地下储气库中($255 \times 10^8 m^3$),矿坑型地下储气库的工作气量极小,基本忽略(图 5-2)。

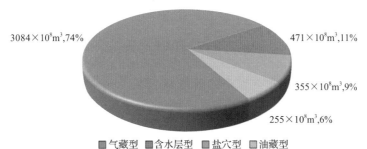

图 5-2 不同类型地下储气库工作气量分布图

目前全球已有一定数量的矿洞改建的地下储气库，用于储存气态天然气。捷克 Haje 地下储气库是利用已开挖地下花岗岩岩洞改建的地下储气库（图 5-3），其工作气量为 $7500×10^4m^3$；目前，瑞典、韩国等国家在浅层（100m 左右）进行地下岩洞开挖建设地下储气库，其主要原理是在岩洞内壁采用钢衬存储天然气，钢衬与岩壁之间采用混凝土加固，在混凝土中留排水口，减少水对钢衬的压力。瑞典某岩洞储气库埋深 115m，岩洞直径 35m，高度 51m，工作压力最大为 20MPa，工作气量为 $8.5×10^6m^3$（图 5-4）。

图 5-3　捷克 Haje 花岗岩地下储气库

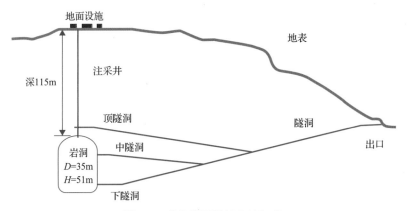

图 5-4　瑞典岩洞钢衬砌储气库

从建库技术层面分析，国外地下储气库发展已有一百多年的历史，在废弃矿井地下空间存储天然气，尤其是在废弃油气藏和废弃盐穴等领域已形成完备的设计、建设、运行及安全管理一体化体系（图 5-5 和图 5-6），主要包括五大方面：①建立了成熟的储气库地质与气藏工程评价技术；②形成了储气库专用的钻完井技术；③形成了成熟配套的注采工程技术体系；④形成了成熟的储气库地面技术；⑤形成了涵盖油套管柱完整性、水泥环完整性、库存完整性、政策标准规范制定等的储气库完整性评价技术。

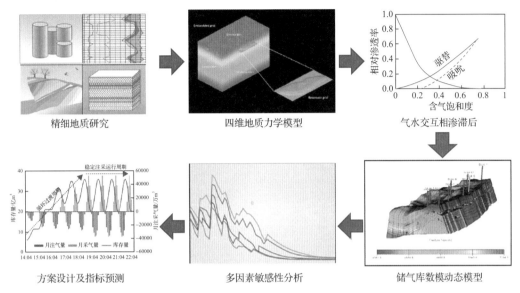

精细地质研究　　四维地质力学模型　　气水交互相渗滞后

方案设计及指标预测　　多因素敏感性分析　　储气库数模动态模型

图 5-5　废弃气藏型储气库关键技术

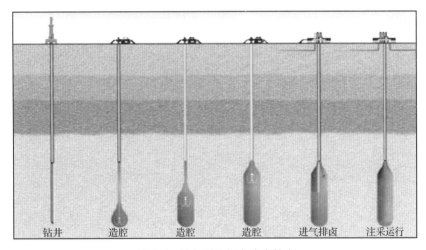

钻井　　造腔　　造腔　　造腔　　进气排卤　　注采运行

图 5-6　盐穴型储气库建库技术

二、国外废弃矿井地下储油库发展现状

世界大型原油储备库，通常采用地面罐储油、地中罐储油、地下水封洞库储油、盐穴储油等四种方式储油（图 5-7）。不同的储油方式，其适用地质条件、经济性、安全性、环保性等不尽相同。相比地面罐储油，地下水封洞库储油、盐穴储油具有占地少、更安全、更环保、投资省等显著优点，

投资约为 650～750 元/m³。目前利用地下空间建设储油库已成为一种趋势，也成为大型原油储备库的主要存储方式。例如，韩国的石油储备主要在地下水封洞库存储，美国、德国、法国等国家的石油储备都采用废弃盐穴存储(表 5-1)。

(a) 地面罐储油　　　　　　　　　(b) 地中罐储油

(c) 地下水封洞库储油　　　　　　(d) 盐穴储油

图 5-7　不同类型储油库

表 5-1　不同国家地下石油储备方式

国家	地下储存类型	岩性
美国	盐穴	盐岩
德国	盐穴	盐岩
法国	盐穴	盐岩
瑞典	地下水封洞库	花岗岩
韩国	地下水封洞库	花岗片麻岩
中国	地下水封洞库	花岗岩

美国的石油储备主要采用地下盐穴储存方式。储备库通常由数量不等的盐穴组成(6～22 个)，单个盐穴的腔体高约 250m，直径约 70m，两腔间距约为腔体直径的 1.5～2 倍。美国石油储备集中分布在得克萨斯州和路易斯安那州，总共有 60 个盐腔。得克萨斯州的 Bryan Mound 存储能力为 2.26 亿 bbl，Big Hill 存储能力为 1.6 亿 bbl；路易斯安那州的 West Hackberry 存储

能力为 2.19 亿 bbl，Bayou Choctaw 存储能力为 7500 万 bbl，Weeks Island 存储能力为 7200 万 bbl。得克萨斯州和路易斯安那州盐穴总存储能力 7.52 亿 bbl。

德国石油地下储备库从北到南都有分布，西北部地区盐穴储备库较为集中。原油主要储存在下萨克森州深 1000~1500m 已经废弃的地下盐矿中。4 个盐穴储油基地共有 58 个溶腔，其中 Rüstringen 35 个（含战略储备 9 个）、Sottorf 9 个（战略储备）、Heide 9 个（战略储备）、Lesum 5 个（战略储备），总储存能力 1000 万 m³。

法国是世界上最早建立企业石油储备制度的国家。与美国和德国不同，法国的战略石油储备并非主要集中于原油，还包括车用汽油和航空煤油、柴油、家用燃油和照明煤油、喷气发动机燃油、重油、液化石油气。法国在不同的地区利用盐穴储备各类石油产品，在利森地区储存成品油 120 万 m³，在马洛斯地区利用盐穴存储 1400 万 m³ 轻质油，在钮因汉拓夫存储 30 万 m³ 轻质油，在不勒克森存储 300 万 m³ 成品油，在伊特斯尔利用 33 个盐穴存储 12 万 m³ 成品油，另外还在法德边境存储 4.5 万 m³ 成品油等。

利用除废弃盐穴外的废弃矿井改建储油库也是地下储油库的一种建设形式，但由于改造难度较高，国际上该类储油库较少，目前只有两座，一是法国将 MaysurOrne 的一座废弃铁矿改造为 500 万 m³ 的液化烃储库，二是德国将 Holsen 的一座废弃钾矿改造为液化烃储库。

三、国内废弃矿井地下储气库发展现状

与世界地下储气库建设超过百年的历史相比，我国地下储气库建设起步较晚。中国从 20 世纪 90 年代开展地下储气库研究设计工作，2000 年投入运行的天津大港油区大张坨废弃气藏储气库是国内第一座投入商业化运营的储气库。之后，中石油又利用废弃的板 876、板中北等 4 座废弃气藏改建储气库，形成了包括 5 座储气库的天津板桥库群，重点是配套陕京长输管道保障首都北京稳定供气。2005 年，中石油在江苏金坛地区开展国内第一座盐穴储气库——金坛储气库的研究设计工作，分期开展工程建设和水溶造腔，在建库初始阶段，筛选了 5 口盐穴废弃老腔改造进行天然气存储，形成了近 5000 万 m³ 的工作气量。随着国内天然气消费市场的迅猛增长和长输管道的快速发展，天然气季节用气峰谷差持续扩大，调峰保供需求日益紧迫。

为缓解用气紧张局面和保障国家能源安全，2010 年，中石油、中石化等全面加快储气库选址设计和工程建设工作，2012～2014 年，先后投运了中原文 96、新疆呼图壁、西南相国寺等 7 座库群共 13 座废弃油气藏储气库。国内储气库经过近 20 年发展建设，目前已建成废弃气藏型和盐穴型两类储气库共 26 座(表 5-2)。

国内储气库经过近 20 年发展建设，目前已建成废弃气藏型和盐穴型两类储气库共 25 座(表 5-2)。其中，中石油 23 座，中石化 2 座，设计总库容 422.47 亿 m^3，设计总工作气量 186 亿 m^3，2017 年建成调峰能力 117 亿 m^3。

表 5-2　中国地下储气库统计表

地区	储气库(群)	类型	已建成工作气量/$10^8 m^3$	投产时间/年	运营商
环渤海	大港库群	废弃气藏	30.3	2000～2006	中石油
	华北库群		7.5	2010	中石油
长三角	刘庄		2.5	2011	中石油
	金坛	盐穴(含废弃盐穴)	17.1	2007	中石油
西北	呼图壁		45.1	2013	中石油
西南	相国寺		22.8	2013	中石油
东北	双 6		16	2014	中石油
环渤海	苏桥	废弃气藏	23.3	2013	中石油
	板南		4.3	2014	中石油
中西部	陕 224		5	2014	中石油
中南	中原文 96		2.95	2012	中石化
长三角	金坛	盐穴	7.23	2015	中石化
长三角	金坛	盐穴	2	2018	港华
合计			186.08		

从废弃气藏改建储气库技术发展来看，国内储气库从 20 世纪末启动建设以来，经过近 20 年边建设边摸索，总体技术框架初步形成，主体技术系列基本清晰，基本达到国际先进水平，但具体分支技术和标准规范尚未配套，仍需加强攻关研究。在地质气藏技术方面，国内在建库地质综合评价、注采机理、关键指标设计及优化运行等方面逐步形成配套技术，尤其是圈闭密封性评价、注采运行机理物理模拟、库容参数设计、气井高速不稳定流分析、扩容达产优化方法等方面的关键技术逐步配套。在钻完井技术方面，国内气藏储气库的发展经历了从向外学习到自主创新的过程。与国外储气库地质条

件相比，中国气藏具有埋藏深、构造复杂、岩性差异大等特点，决定了国内气藏储气库钻完井工程难度更高，从而形成了在钻井工艺、防漏堵漏、固井、老井封堵等方面的特色技术。从地面工程方面看，中国地下储气库地面工程经过 20 年的建设实践，积累了适合中国储气库特点的、较为丰富的地面工程建设经验，形成了储气库地面高压大流量注采工艺技术，主要包括总体布局、注采集输工艺、采气处理工艺、注气工艺、注采管网配置、计量外输等方面。

从废弃盐穴改建储气库技术发展来看，通过近 20 年的借鉴和学习国外经验，依靠技术创新，建库技术取得了较大进步，从废弃老腔库址选址、盐腔形态检测、老井的工艺改造、注采运行机理、稳定性评价及密封性检测等方面，逐步形成了中国层状盐岩废弃老腔改建地下储气库基础技术，但较国外仍存在一定差距，水平盐穴老腔的利用、薄盐层老腔的利用等亟待攻关。

废弃煤矿或者其他类型废弃矿坑改建储气库尚未在国内开展，整体技术尚处于摸索阶段，尤其是在我国大量存在的废弃煤矿和金属矿井，国外已有将其成功改建为地下储气库的先例，我国尚需在借鉴国外成功经验的基础上开展针对性攻关，形成利用废弃煤矿或其他类型矿坑改建储气库的配套技术。

四、国内废弃矿井地下储油库发展现状

我国国家石油储备主要采用地面罐和地下水封洞库两种形式。我国国家石油战略储备分为三期，一期主要采用地面罐存储，二期为地面罐与地下水封洞库存储，三期全部为地下水封洞库存储，同时国家发改委要求后期的石油储备库全部建设地下储库。目前一期和二期建设基本完成，截止到 2017 年我国已建成舟山、黄岛等 9 座国储库，形成 3773 万 t 战略储备能力。

就技术而言，经过近十几年的发展，我国开始探索出利用水封原理建设地下储油库的技术方法，形成了多手段的综合选址技术、水幕系统的优化设计技术、洞库长期水封可靠性分析技术、多场耦合条件下洞库长期稳定性技术，并研发了新型注浆材料的技术。但就国外较为通用的利用盐穴和废弃矿坑储油，尤其是利用废弃的盐穴储油，国内虽然在 2006 年开展过利用金坛盐穴建设地下储油库的前期探索工作，但后续工作由于特殊原因尚未延续。利用盐穴储油与储气原理大致相同，但从技术层面有较大区别，尚需在借鉴国外经验的基础上开展针对性攻关，形成具有中国特点的利用废弃矿坑储油技术，实现利用废弃矿井地下空间储油的规模化应用。

五、国内外废弃矿井放射性废物处置利用现状

通过对德国、捷克等国家利用废弃盐穴、废弃石灰矿的案例进行调研，国外已经形成了成熟的废弃巷道改造技术、开展了"水力笼"式构造防核素迁移的试验、建立了废弃盐矿放射性废物处置库封存的回填技术，开发了混凝土封装、屏蔽、运输、吊装和堆放技术，技术较为成熟，但也出现了个别储存库因为缺失系统性场址评价，导致后期储存库地下水渗漏，只能回取废物确保安全。我国目前仅有辽宁兴城废弃铀矿处置镭厂低放射性废物的一个实例，废弃矿井存储放射性废物还处于起步阶段。

六、国外废弃矿井放射性废物处置利用现状

(1)德国废弃矿井放射性废物处置实践。

在德国，所有的放射性废物都必须采用深地质处置。根据处置需要，德国将放射性废物分为释热废物和非释热废物，并制定了不同的处置路线(图5-8)。

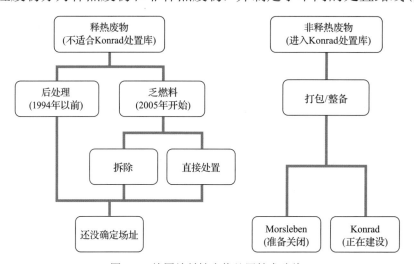

图 5-8　德国放射性废物处置技术路线

德国北部有 200 个大小不一的盐丘,在 20 世纪 60 年代就选定了岩盐作为放射性废物处置的围岩,并开始了放射性废物处置研究工作。德国已有放射性废物处置设施 4 座。目前 Asse II 矿正在准备回取废物然后关闭；Morsleben 处置库停止处置准备关闭；Konrad 处置库正在建设。三个处置库均为废弃矿井处置库,处置的都是非释热废物。德国的释热废物也计划采用废弃矿井处置,并曾在 Gorleben 盐矿进行过一系列探索工作,不过至今还

未最终确定场址。

Asse Ⅱ 盐矿处置库是德国第一个储存放射性废物的设施,作为地下处置库的 Asse Ⅱ 矿井在 1908 年就已掘进到了地下 765m 的深度。1965 年德国辐射研究协会得到联邦政府的允许,用这些废弃的矿井来处置放射性废物并对其加以建设。1967～1978 年,这里处置了超过 125000 桶(约 47000m³)废物[包括低水平放射性废物(LLW)和中水平放射性废物(ILW)]。在地下 511m 处设有 1 个中水平放射性废物处置硐室,处置了 1293 桶中水平放射性废物。地下 725m 和 750m 处分别设有 1 个和 11 个处置硐室用于处置 124494 桶低水平放射性废物。1978 年德国通过了新的原子能法,规定核废物的处置必须要有公众的参与。由于 Asse Ⅱ 地下处置库 1978 年以后没有申请过新的营业执照,所以从 1979 年起就没有再接收过新的放射性废物。Asse Ⅱ 矿曾是一个生产矿井,其建设运行与德国原子能法对放射性废物处置库的要求有显著区别。当时采矿形成了约 500 万 m³ 的地下空间,现在只有大约 10%的稳固空间还能允许人员进入。

(2)捷克废弃矿井放射性废物处置实践

捷克有四个处置库,如图 5-9 所示。Dukovany 采用近地表单元格式处置方案,用于处置核电厂低、中水平放射性固废废物;工业、研究和医疗部门产生的低、中水平放射性废物大部在 Richard 处置库、Bratrství 处置库及 Hostin 处置库集中处置,处置库部分也用于处置低、中水平放射性废物。其中 Richard 处置库、Bratrství 处置库和 Hostin 处置库由废弃矿井改造而成。另外,Hostin 处置库已经关闭,其余三个处置库还在运行中。

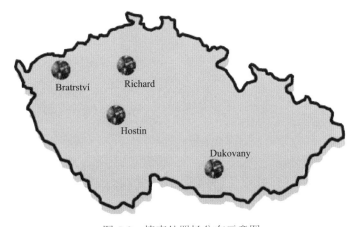

图 5-9　捷克处置场分布示意图

Richard 处置库位于捷克北部利托梅日采镇郊区一座废弃的同名石灰石矿山中。这座石灰石矿山自 20 世纪 30 年代开始开采，40 年代用于军工生产，1945～1960 年恢复采矿，1964 年改作处置库。Richard 处置库接收捷克国内核技术利用单位产生的低、中水平放射性固体废物。废物主要采用 100L 钢桶包装，并用 200L 钢桶进行二次包装，两个钢桶之间充填 5cm 厚的混凝土。200L 钢桶内外表面全部镀锌，并且外表面涂刷沥青。Richard 处置库现有库容 10249m³，截至 2015 年底已经使用处置空间 7120m³，使用率接近 70%。

(3) 其他国家废弃矿井放射性废物处置实践

根据签署《乏燃料和放射性废物安全管理联合公约》的美国、俄罗斯、英国、法国、日本的 2017 年度履约报告，上述五国都没有正在运行的废弃矿井放射性废物处置库。英国曾经计划利用一废弃石膏矿处置低、中水平放射性废物，但因为公众反对而作罢。

七、国内废弃矿井放射性废物处置现状

我国目前仅利用辽宁兴城某废弃铀矿处置镭厂低水平放射性废物。项目于 1995 年获得国家环保局(现生态环境部)的批复，2000 年开始接受废物。该处置设施在退役的 754 铀矿山三工区废弃矿井+43m 中段，总容积为 12000m³。+43m 中段巷道顶板距地表 25～40m。覆盖层岩性为第四系松散土、硬质砂岩和炭质板岩，表土有部分植被。兴城地区多年平均降雨量为 591mm。铀矿巷道在生产期间及停产至今没有出现过矿坑涌水的现象，巷道内比较干燥。

镭厂废物和 ^{137}Cs 源废物装入 II 型包装桶(普通汽油桶，见图 5-10)，在底部浇灌 100mm 的混凝土后，将废物直接装入桶中，用水泥固定，上面再浇灌 100mm 的混凝土，作为封盖。桶装废物有 1052 桶，大部分放在主巷道，采用单元封闭处置方式，见图 5-11。每单元长约 10m，处置作业按"位"进行。一个处置"位"长约 0.9m，每单元 10 个处置"位"。

污染建筑物及土壤的比活度较低(低于 3.7Bq/g)，故未经整备，直接填埋处置，直接填充在+43m 中段的穿脉和稳固的矿房内。填充顺序是从主巷道顶端的各穿脉开始，逐巷道向外扩展。填充方式是用手推车运输、电耙子堆高。设计要求废物应充满巷道的 85%以上。

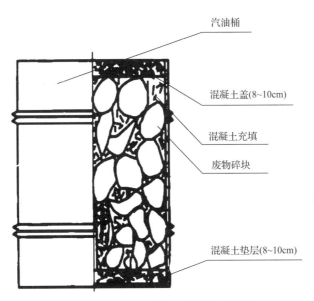

图 5-10　Ⅱ型包装桶基本结构示意图

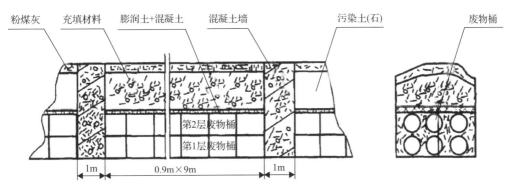

图 5-11　桶装废物处置单元

　　为了封存放射性废物，延缓核素迁移速度，在废物处置过程中采用了各种封堵措施，包括：①处置单元之间的封堵墙(1m 厚的 10%重晶石+C15 混凝土墙)；②处置单元末端的封堵墙(1m 厚的 10%重晶石+C15 混凝土墙、1m 厚的黏土与膨润土混合材料、1m 厚的 C15 混凝土，见图 5-12)；③穿脉与主巷道之间的封堵墙(1m 厚的 10%重晶石+C15 混凝土墙、1m 厚的黏土与膨润土混合材料、1m 厚的 C15 混凝土，见图 5-13)；④硐口封堵墙(1m厚的 10%重晶石+C15 混凝土墙、15m 厚的黏土与膨润土混合材料、2m 厚的 C15 混凝土、2m 厚的碎石、砂土碎石，见图 5-14)。

　　兴城低水平放射性废物岩洞处置库于 1995 年获得国家环保局的批复，2000 年开始接受废物，目前已经关闭。洞口封闭后，需进行长期监护。

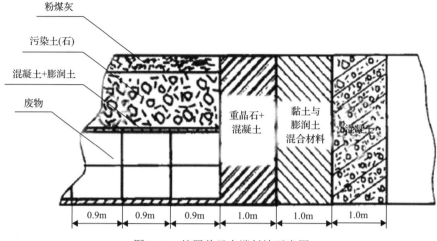

图 5-12　处置单元末端封堵示意图

图 5-13　穿脉与主巷道之间封堵示意图

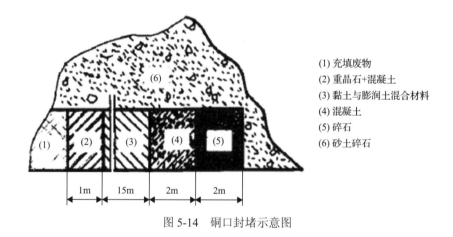

图 5-14　硐口封堵示意图

八、我国油气地下储库建设需求

我国天然气消费量仍在持续攀升，且天然气消费季节性供需矛盾突出，增储调峰保供成为关系民生的重大问题，按照国家发展规划 2025 年实现地下储气库工作气量超过 300 亿 m^3，尚需增加储气库工作气量 120 亿 m^3，加大地下储气库建设力度迫在眉睫。经过三期国家原油储库建设，储备能力达到 3773 万 t，但仅为 30 天储备，距离 90 天的石油进口储备量差距甚远。而且一期、二期国家石油储备主要采用了地面罐形式,三期储库国家明确要求全部建设地下储库,利用废弃盐穴等地下空间改建储油库的需求巨大、时间紧迫。

1. 天然气地下储备需求

我国天然气消费量仍在持续攀升。作为我国能源战略转型的重要组成部分,天然气是我国能源结构调整、大气污染治理措施的重要手段,天然气占一次能源比重仍将逐年提高,《能源发展战略行动计划(2014-2020 年)》明确指出,2020 年我国天然气占一次能源的比重将提升至 10%以上,天然气利用量达到 3600 亿 m^3。近年来,我国天然气产业保持快速增长态势,2018 年消费量达到 2766 亿 m^3,进入世界天然气消费大国行列,天然气安全保供已成为关乎国计民生的重大问题。

天然气消费季节性供需矛盾突出。我国地域辽阔,南北方气温差异较大,用气波动的幅度有所不同。东北、西北、中西部和环渤海地区城市燃气的用气量波动大,调峰比例在 12%~15%,尤其是环渤海地区用气波动性更为突出,由于北京采暖用户用气量约占总用气量的 60%,所以其用气量波动更为突出;长三角、中南地区调峰比例在 5%~6%;西南和东南沿海地区城市燃气的用气量波动较小,调峰比例在 3%~4%。由此可见,北方采暖区调峰需求明显高于南方地区,沿海高端消费市场区调峰需求明显高于内陆地区,季节性供需矛盾突出。

天然气增储调峰保供成为关系民生的重大问题。从 2005 年开始,中国已经历了多次气荒,储气能力不足是主要因素之一。尤其是 2017~2018 年供暖季,受需求快速增长、进口气源不稳定、"煤改气"快速发展等因素影响,全国天然气供需出现结构性、时段性、区域性矛盾,加快储气能力建设已经成为保障我国天然气稳定供应最为紧迫的任务之一。党中央、国务院高度重视油气的供应安全,为确保天然气产供储销体系建设各项任务目标切实落实到位,国家密集出台相关政策。2018 年 2 月 26 日,国家发改委召开煤电油气运保障工作部际协调机制全体成员会议,成立包括储气库建设及 LNG 站扩建协调小组在内的 6 个小组,推进相关项目建设工作。2018 年 4 月 26 日,国家发改委、能源局印发《关于加快储气设施建设和完善储气调峰辅助服务市场机制的意见》:到 2020 年,供气企业要拥有不低于其年合同销售量 10%的储气能力,城镇燃气企业要形成不低于其年用气量 5%的储气能力,县级以上地方人民政府至少形成不低于保障本行政区域日均 3 天需求量的储气能力。2018 年 9 月 5 日,国务院发布《国务院关于促进天然气协调稳定发展的若干意见》,强调构建多层次储备体系,建立以地下储气库和沿海 LNG 接收站为主、重点地区内陆集约规模化 LNG 储罐为辅、管网互联互通为支撑的多层次储气系统,再次强调供气企业、燃气企业及地方政府的储气能力建设责任。

地下储气库作为天然气季节调峰、应急供气及战略储备的最佳方式,加快地下储气库建设,既是国家天然气安全保供的重大战略,也是国家能源安全保障的重要组成部分。目前,我国建成地下储气库调峰能力仅 120 亿 m^3,占消费量不足 5%,与国家 16%的要求差距巨大。据有关研究机构预测,2025 年中国天然气消费预计达到 4000 亿 m^3 左右,规划地下储气库调峰需求为 240~320 亿 m^3,要达到 2025 年储气库工作气量调峰能力的下限,尚需增加储气库工作气量 120 亿 m^3,因此急需加大地下储气库库址筛选力度、增加储气规模,确保天然气安全平稳保供,加大地下储气库建设力度迫在眉睫。

2. 原油地下储备需求

中国国家统计局发布的数据显示,2018 年中国原油产量 1.9 亿 t,比上年下降 1.3%;在国内原油减产、原油加工能力增加等因素推动下,2018 年原油进口量达 4.619 亿 t,我国原油对外依存度已接近 70%,加快石油战略储备迫在眉睫。

2004 年 6 月,国务院审议通过了《能源中长期发展规划纲要(2004-2020 年)》,计划到 2020 年“十三五”结束时,国家战略石油储备达到 90 天的石油进口储备量。预计到 2020 年底,我国将建成 12 座国储库,石油储备能力达到 4460 万 m^3,仅为 30 天左右的储备(图 5-15)。目前已建和在建及规划的一、二、三期国家石油储库共计 7310 万 t。按照 2019 年原油进口量 90 天的储备库测算,我国石油储备规模应为 15800 万 m^3。

我国国家石油储备主要采用了地面罐和地下水封洞库两种形式,一期储库全部采用了地面罐;二期储库四处采用了地面罐,四处采用了地下水封花岗岩洞库;三期储库国家发改委要求全部建设地下储库,预计后续的国储规划将继续大力推动地下储油库建设,利用废弃盐穴、废弃金属矿或煤矿地下空间可成为地下储油的新方向。

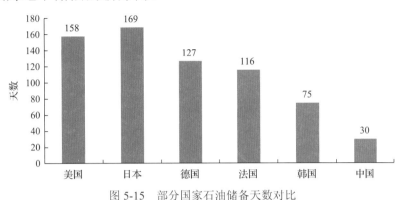

图 5-15　部分国家石油储备天数对比

第二节　研　究　结　论

在综合分析地下空间类型及利用条件的基础上，提出了废弃地下空间利用方式（表 5-3）。煤矿房柱式开采后煤柱支撑下的采空区是较为理想的天然气储存空间，开拓巷道可以作为地下储油库空间，废弃煤矿的其他地下空间形式并不适于改建油气储库；废弃盐穴可用于石油和天然气储存；废弃油气藏可用于天然气存储。

表 5-3　不同类型地下空间的利用方式

地下空间类型	分类	利用方式
废弃煤矿	房柱式采空区	储气
	开拓巷道	储油、核废物
	露天煤矿空间	储油
废弃盐穴	单井、连通井	储油、储气、核废物
废弃油气藏		储气

一、废弃煤矿储油气开发利用前景

煤矿井下空间主要可以分为采空区、各类巷道和硐室。其中柱式采空区赋存较为稳定、采空区的范围较大、开拓巷道围岩稳定、断面和长度较长，这两种空间均具有改建油气储库潜力，前者库容空间更大，是未来优先利用的重点。初步统计，我国柱式采空区共计 15 亿 m^3 地下空间，重点集中的地区为黑龙江、晋陕蒙地区和川贵地区，按照 1MPa 存储压力，如果充分利用可具备 100～150 亿 m^3 储气能力。其中晋陕蒙交界的鄂尔多斯矿区地处我国主要天然气生产区,位于我国西气东输管线附近,地理位置优越,适合建设地下储库,初步估算可形成的地下房式采空区空间 5 亿 m³,神东矿区房式采空区面积达 30km² 以上,可形成近 24 亿 m³ 的储气能力,具备开展先导试验的有利条件。

二、废弃盐穴储油气开发利用前景

按照在输气和油管线附近的盐矿具备建库的地理优势条件筛选,初选确定了赵集盐矿、淮安盐矿等 9 座盐矿,进一步在江苏金坛、湖北云应、河南平顶山、江苏赵集 4 个盐矿共筛选老腔 24 口,总计 483 万 m³ 体积可用于地下储气库建设。其中淮安楚州盐矿条件相对更有利,可以作为先导试验区开展工作,共筛选出 10 对老腔,估算总体积 153.4 万 m³。

1. 废弃盐穴改建油气储库筛选原则

废弃盐腔改建油气储库是一项复杂的系统工程,筛选评价结果及改造工程质量的好坏直接关系到储库的安全平稳运行。我国已有成功将废弃单井单腔盐穴改建成储气库的经验,废弃盐穴改建储油库的工作尚未实施。在对金坛、平顶山、云应、淮安、楚州等盐矿大量资料调研与前期研究的基础上,借鉴金坛储气库单井单腔改造的技术与经验,结合工程可行性、安全稳定性、经济效益性等因素,制定废弃盐穴(单井单腔和复杂连通老腔)改建储库目标的筛选原则。

1)地质条件

(1)盐穴稳定且封闭条件良好,上覆盖层和断层应具有良好的封闭性。

(2)盐穴所处盐层厚度较大且分布稳定。

(3)盖层岩性以盐岩、硬石膏、石膏和较纯的泥岩为主,分布稳定。

(4)盐穴所处盐岩层埋深适中,地层平缓,构造较简单,远离断层。

2)盐穴条件

(1)复杂连通老腔施工过程中未进行过压裂施工。

(2)卤水开采过程中状态相对稳定,未发生过影响腔体溶漓的重大复杂事故。

(3)盐穴体积在 8 万 m³ 以上。

3）地面条件

（1）地面条件良好，利于施工。

（2）井口距村落、学校、医院等人口集中地距离按中石油油气井标准确定。

2. 废弃盐穴改建油气储库潜力与重点

井下开采盐矿必然形成大量的废弃盐穴，据我国废弃盐穴老腔以 2000 万 m^3/a 的速度增加，可利用空间大。通过对我国中东部 32 座盐矿统计，可利用的盐矿资源（埋深＜2000m，盐层厚度＞50m）超过 60% 以上。

从建设盐穴地下油气储库的角度考虑，只有在输气和油管线附近的盐矿才具备建库的地理优势。通过中南地区、长江三角洲、东南沿海，以及西南四大石油天然气主要消费市场盐矿资源调查，明确了具有利用盐穴建设油气地下储库的盐矿（表 5-4）。

长三角地区 2 座。该地区的赵集盐矿、淮安盐矿含盐地层发育、埋深适中，已完成资料井钻探、三维地震资料采集等工作，地质情况较清楚，可作为长江三角洲地区储气库建库目标，以保障该地区的调峰保供需求。

中南地区 6 座。该地区有河南平顶山、湖北云应、湖北黄场、湖南湘衡、安徽定远、江西清江六座盐矿可以作为建库资源。

西南地区 1 座。该地区的云南安宁盐矿位于中缅天然气管道沿线附近，从埋藏深度、含盐地层厚度、含盐率与盐岩品位来看，基本具备建设盐穴地下储气库的地质条件。

在分析盐矿的基础上，收集分析了江苏金坛、湖北云应、河南平顶山、江苏赵集等 4 个盐矿 332 余口老腔的地质、工程、生产等资料。基于筛选原则，共筛选老腔 24 口，估算盐腔总体积 483.2 万 m^3，其中金坛老腔净体积 53.2 万 m^3，云应老腔净体积 110.8 万 m^3，平顶山老腔净体积 165.8 万 m^3，楚州老腔净体积 153.4 万 m^3，总计 483 万 m^3 可用于地下储气库建设。

3. 废弃盐穴改建地下储气库示范工程

淮安楚州盐矿位于江苏省淮安市淮安区（原楚州区），距淮安市约 20km，距冀宁管线楚州分输站约 7km，距淮安分输站约 18km。东起朱桥镇以东，西至清浦区，南抵上河-泾口，北达徐扬-季桥。主要含盐层为白垩系浦口组二段，含盐面积 247km²，盐岩资源量达 1300 亿 t。

表5-4 中国可建油气地下储库盐矿的主要地质特点

序号	盐矿名称	地区	地理位置	含盐地层	构造特征	盐顶埋深/m	含盐地层厚度/m	含盐率/%	石盐含量/%	夹层特征	盐层稳固性	备注
1	赵集盐矿	长三角	江苏,距冀宁线淮安分输站约30km	古近系阜宁组四段	单斜,南端和北端发育几条延伸不长的边界小断层	1000~2500	37.5~169.5	55.4~86.8	一般大于75%,个别达90%以上	以小于2m为主,占70.4%	好	
2	淮安盐矿	长三角	江苏,距冀宁线络绕楚州分输站约10km	白垩系浦口组二段	背斜,被断层切割	909.5~1783.1	302.5~654.2	65~75	最底44.8,最高71.43,一般为50~60	单个夹层厚度<4m的层居多,占70%~80%	好	
3	平顶山盐矿	中南	河南,距平顶山分输站20km	古近系核桃园组一段	单斜,发育四组断裂	500~1700	293~662	61~76,平均68.8	85~90	盐群内夹层个数为0~5个,厚度0~22m,平均3.5~14.5m	好	
4	云应盐矿	中南	湖北,距西气东输孝感分输站约45km	古近系云应群青盐组	向斜,南北部发育断层	150~650	316.8~910.8	60~80	55~77	盐群内部夹层厚度一般0.2~0.5m,间隔层多数小于2m	较好,浅层开采区发生过多处地面塌陷路	埋深较浅
5	黄场盐矿	中南	湖北,距潜江清管站20km左右	古近系潜江组二段	单斜,工区内无断层	1212.5~2182.0	150~500	88.5	63~75	夹层厚度均小于1m,层数1~40层,夹层比例0.61%~13.7%,个别20.4%	好	埋藏较深
6	湘衡盐矿	中南	湖南,衡阳株洲—衡阳支线衡阳分输站约30km	古近系霞流市组茶山坳段	东、西两个次凹,东西两侧发育边界断层	200~1500	375~400	65.4~89.1	40~50	单层厚0.58~7.18m	好	盐岩品位较低于50%
7	定远盐矿	中南	安徽,西气东输管线约20km	古近系定远组四段	不规则的扁豆状,东西两个次凹	西凹陷:200~260;东凹陷:290~410	一般60~160,最厚198.4		60~76 西凹陷:64.9;东凹陷:72.1	夹层层数在4~12层,单层夹层厚度一般0.5~1.0m,大于3m的较少,最大单层厚度为17.64m	较好,东凹陷水采区发生多处地面塌陷起	埋深较小于500m
8	清江盐矿	中南	江西,距离江西省天然气管网丰城站25km	古近系清江组二段	单斜,发育多条断层	50.15~866.8	120~620	42.3~49.7,平均46.0	67.5~70.8,平均69.4	最大7.5m,最小1.8m,平均厚度4.2m,大于4m占54%	好	含盐率低于50%
9	安宁盐矿	西南	云南,距昆明市约30km	侏罗系安宁组	向斜,无断层	0~600	0~250	87~96	一般为50~70	单夹层厚度最小0.5m,最大19.14m,小于2m的夹层比例40%~67%	好	埋藏较浅,盐岩品位较低

　　淮安楚州盐矿主要由江苏井神盐化股份有限公司开发,目前已在下关块段、蒋南块段、张兴块段实施盐岩水溶开采,生产井均为水平定向对接连通井,目前卤水接收能力为1200万 m^3/a。

　　在楚州盐矿区收集了张兴块段、蒋南块段老腔资料11对,其中张兴块段6对(图5-16),蒋南块段5对(图5-17),均为定向对接连通方式开采。

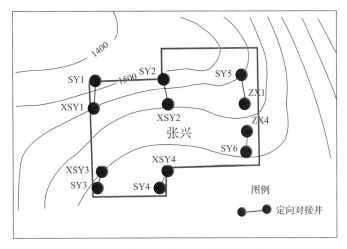

图5-16　楚州张兴块段6对井井位图

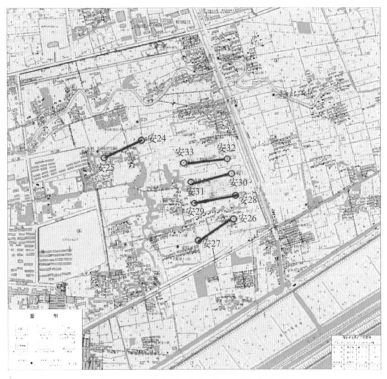

图5-17　楚州蒋南块段5对井井位图

张兴块段开采 5～6 年，截止到 2014 年 8 月，单腔采盐体积均达 10 万 m³ 以上(除 SY1-XSY1 井)，蒋南块段开采 10 余年，截止到 2017 年 5 月，单腔采盐体积均达 30 万 m³ 以上。

基于废弃盐穴改建油气储库筛选原则，楚州盐矿共筛选出 10 对老腔，估算总体积为 153.4 万 m³(表 5-5)，以这 10 口老腔开展水试压及评价工作。

表 5-5　楚州盐矿筛选 10 口老腔体积估算表

序号	井号	井型	采层	对井距/m	浓度/(g/L)	采卤时间	出卤量/万 m³	采盐体积/万 m³	腔体净体积/万 m³
1	SY1	直井	III7	350	304	2013.12～2014.8	11.8	6.5	3.9
	XSY1	水平井					34.4		
2	SY2	直井	III4	330	313	2012.10～2014.8	20.2	14.3	8.6
	XSY2	水平井					78.3		
3	SY3	直井	III4	340	314	2013.6～2014.8	0	10.3	6.2
	XSY3	水平井					71		
4	SY4	直井	III2	360	305	2013.5～2014.8	43.3	10.5	6.3
	XSY4	水平井					31.3		
5	SY6	直井	III2	360	311	2011.10～2014.8	45.2	17.5	10.5
	ZX4	水平井					76.6		
6	安 24	直井	III2	330	300	2007.12～2017.5	678.1	94.2	47.9
	安 25	水平井	III7						
7	安 26	直井	III2-7	322	300	2013.12～2017.5	238.4	33.1	16.8
	安 27	水平井							
8	安 28	直井	III2-7	338	300	2013.12～2017.5	243.6	33.8	17.2
	安 29	水平井							
9	安 30	直井	III2-7	338	300	2013.12～2017.5	257.4	35.7	18.2
	安 31	水平井							
10	安 33	直井	III2-7	338	300	2013.12～2017.5	251.3	34.9	17.8
	安 32	水平井							
	合计						2080.9	290.8	153.4

通过老腔水试压，认为安 24-安 25、安 26-安 27、安 28-安 29、安 30-安 31 井口压力变化极小，呈现平稳趋势，水试压密封性较好，初步预测具备改造成地下储气库条件，计划开展后期的声呐测试及稳定性评价工作。

三、废弃油气藏储油气开发利用前景

在收集整理分析新疆、西南、辽河、长庆、大庆等 11 个油气田近 200 个废弃油气藏资料，筛选出 28 个相对有利目标，预计通过改造建设，共可形成 421 亿 m^3 的工作气量。

1. 废弃油气藏利用

废弃油气藏空间利用主要是采用原有的气田或油田开发后形成的地下孔隙空间，目前主要用于天然气的地下存储，而且也是世界上天然气地下存储的主要类型。作为天然气地下储气库，枯竭气藏的采出程度达到 70%最为合适。注水开发的枯竭油藏含水率达到 90%为宜，这类储气库既有含水层的特征，又有油气藏的特征。利用枯竭油气藏建库最为易行，尤其是气藏。因为油气藏本身就是很好的构造圈闭，且构造闭合度较大，密封性良好，而且还可从油气藏的实际开采中得到有关气库的储气能力、注采能力、压力等气库运行的参数。

2. 废弃油气藏改建地下储气库筛选原则

利用废弃油气藏改建地下储气库的原理较为简单，但对建库目标要求较高。若废弃油气藏构造条件过于复杂，储层不均质性强及物性条件不理想，有可能导致气体注入后，无法采出，或者气体从附近断层或盖层泄漏，引发巨大风险。库址筛选通常需综合考虑区位条件、油气藏地质条件、油气藏特征及开发情况、地面条件进行比选。

(1)区位条件：位于骨干管线附近或天然气主要消费区，气库与用户距离越近越经济，200km 以内为宜。

(2)油气藏地质条件：构造落实且较简单、内部断层少、密封性好，气水关系较简单；埋深适度，500～3000m 比较合适，一般不超过 3500m；储层厚度大、分布稳定、物性较好，孔隙度大于 15%，渗透率大于 100mD（$1D=0.986923\times10^{-12}m^2$）为优；盖层具有一定厚度，分布稳定、封闭性能好，岩性以泥岩和膏盐岩为优；储量规模大者优先。

(3)油气藏特征及开发情况：天然气性质好，不含酸性气体，尤其是硫化氢含量不超标，应<20mg/m^3；油气藏单井初期产能高，一般>10 万 m^3/d；

不含水或水体不活跃者优先；完钻井较少，井况较简单的气藏优先；处于开发中后期或枯竭油气藏优先；气藏优于油藏。

(4)地面条件：避开人口密集区、大型工厂及建筑物、特殊区域(保护区、管制区)等，既可确保安全，也易于建库且节约投资。

3. 废弃油气藏改建地下储气库方法技术

利用废弃油气藏改建地下储气库的技术相对成熟，目前主要在于准确选好库址的问题，具体技术本书不单独论述。

4. 废弃油气藏改建地下储库潜力分析

我国油气藏分布广泛，据相关机构统计，我国目前已有近 500 个气田，主要分布在中西部、东北、华北地区，在其他地区也有分布。根据中国油气资源分布情况，国内八大天然气消费地区的废弃油气藏型储气库资源情况大致如下。

(1)东北地区大庆、吉林、辽河 3 个油区有一定数量的气藏与油气藏分布，可以作为库址资源来考虑。大庆与吉林油区的气藏，辽河油区的油气藏均有一定的建库潜力，除了满足本区域的调峰需求外，还可以作为中俄东线的配套库址资源。

(2)环渤海地区是中国天然气市场成熟度较高、调峰需求最大的地区。自 2000 年大张坨储气库投产以来，为了满足本地区，尤其是京津地区的调峰要求，先后利用大港、华北的 16 个气藏建成了板桥、京 58、板南、苏桥 4 个储气库群。虽然大港与华北油区剩余的气藏多为物性差、埋藏深、构造复杂的气藏，但仍有建库的潜力。同时，胜利油区尚有如平方王气田这样埋深适中、物性较好、具有一定储气规模的气藏，故环渤海湾地区的气藏型库址资源还有进一步优选的空间。

(3)长三角地区目前已建刘庄油气藏型储气库，根据目前掌握资料，该地区仅有盐城(朱家墩)气藏与周庄、永安、肖刘庄 3 个气顶油藏。3 个气顶油藏天然气探明储量较小，故库址资源应重点关注盐城气藏。

(4)中南地区有江汉、中原、河南 3 个油区，有一定数量的油气藏分布，可以作为库址资源来考虑。中原油区气藏相对较多，文 23、卫 11 等气藏条件相对较好；江汉仅有潭口稠油气顶与建南气田两个目标；河南的也只有下二门与赵凹两个气藏可供选择。

（5）东南沿海地区为中国天然气主要消费市场，也是油气资源相对匮乏的地区。仅在两广地区有小型油气藏分布，在今后天然气管网完善的情况下，这些小型油气藏也有可能成为库址资源。

（6）西南、西北、中西部地区是中国天然气的主产区与气源区，目前已建成投产的相国寺、呼图壁、陕224储气库可以满足其所在区域一段时期内的调峰需求。这三个地区气藏资源较丰富，建库地质条件较好，因此有调峰需求时，可供选择的库址资源较多，气藏型储气库资源潜力较大。随着中国进口气量增加，对外依存逐年增高，可考虑在这三个地区建设地下天然气储备库，用来应对进口气减供或中断等突发事件。

上述对八大地区库址资源分析发现，受中国油气资源分布的限制，西南、西北、中西部作为天然气的主产区与气源区，是地下储气库库址资源较丰富的地区，也是建设大型储气库的有利地区。东北、环渤海、中南与长三角地区作为主要的原油生产基地，四个地区均有一定数量的气藏与油气藏分布，可作为库址资源。东南沿海地区虽为中国天然气主要消费市场，却是油气资源相对匮乏的地区，仅有数量有限的小型油气藏可作为库址资源。

通过收集整理分析新疆、西南、辽河、长庆、大庆等11个油气田近200个废弃油气藏的资料，筛选出28个推荐目标（表5-6），累计可形成400余亿 m^3 的工作气量。

表 5-6　地下储气库筛选目标

消费中心	油田	目标		小计/个
		建库条件基本具备的目标	需进一步评价的建库目标	
东北	大庆	四站库群		1
	吉林	双坨子		1
	辽河	雷61	双台子库群、兴古7、高3、马19、黄1、龙气5	7
环渤海	大港	驴驹河		1
	华北	文23	雁翎	2
	冀东		南堡	1
中西部	长庆	苏东39-61	榆林	2
西北	新疆		克75、玛河	2
	塔里木		东河塘、塔中4	2
	青海		马北	1
西南	西南	铜锣峡	黄草峡、老翁场、牟家坪、黄家场、万顺场、寨沟湾、沈公山	8

四、废弃矿井放射性废物处置开发利用分析

截至 2019 年 4 月底，我国在运核电机组达到 45 台，装机容量 4640 万 kW，到 2020 年，我国在运核电装机将达到 5800 万 kW，在建机组达到 3000 万 kW。按照每台机组运行 60 年估算，未来数十年中产生运行废物约 26.4 万 m^3，机组运行与退役后废物量将达 88 万 m^3，利用废弃矿井进行地下处置将是发展方向之一。

1. 放射性废弃物分类处置规定

根据 2018 年环境保护部、工业和信息化部和国家国防科技工业局联合发布的《放射性废物分类》，按照废物中所含放射性核素的半衰期及其活度浓度将放射性废物分成豁免或解控废物(EW)、极短寿命放射性废物(VSLW)、极低水平放射性废物(VLLW)、低水平放射性废物(LLW)、中水平放射性废物(ILW)及高水平放射性废物(HLW)。其中，EW 不需要处置；VSLW 经过一段时间贮存达到解控水平不需要处置；VLLW 仅需采取有限的包容和隔离措施，在地表填埋设施处置；LLW 和 ILW 需要近地表或中等深度处置；HLW 放射性水平高，半衰期长，对人类和环境危害极大，处置方式是深地质处置，如图 5-18 所示。

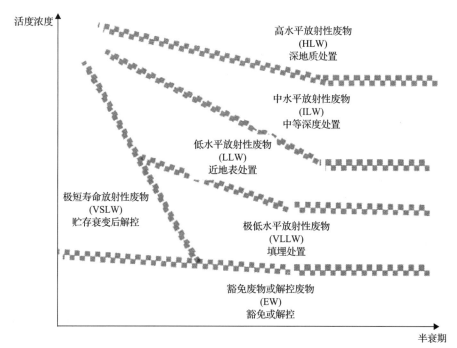

图 5-18　放射性废物分类体系概念示意图

废弃矿井处置可能属于近地表范畴也可能属于中等深度处置范畴。

2. 国外放射性废物处置库特点及经验

通过调研国内外废弃矿井放射性废物处置库(表 5-7)，发现处置库选择具有三个鲜明特点:①各国在选择废弃矿井用于放射性废物处置时并不拘泥于某一种或某几种类型的矿山，盐矿、铁矿、石灰石矿、铀矿都可以选作处置库。②水文地质简单、地下渗流量小、巷道干燥是各废弃矿井的共同点，水文地质条件是废弃矿井能否作为放射性废物处置库的关键影响因素。③废物处置深度差别很大，处置区的埋深主要取决于废弃矿井已有井巷工程，同废物的放射性水平没有直接关系，无论处置区埋深多少，都必须要保证废物的长期安全性。

表 5-7　废弃矿井放射性废物处置库对比表

名称	国家	矿山类型	水文条件	废物总量/m³	废物活度/Bq	处置深度/m	目前状态
Asse II	德国	盐矿	在含水层之上	47000	2.3×10^{15}	500～750	待回取
Morsleben	德国	盐矿	巷道干燥	37000	2.4×10^{14}	300～500	待关闭
Konrad	德国	铁矿	巷道干燥	303000	5×10^{18}	1000～1300	在建
Richard	捷克	石灰矿	在含水层之上	7120	4.14×10^{14}	70～90	在运
Bratrství	捷克	铀矿	—	927	3.97×10^{12}	—	在运
辽宁兴城	中国	铀矿	巷道干燥	11000	1.38×10^{11}	40	关闭

研究中发现国外放射性废弃物处置较多的经验教训,值得我国在建设放射性废弃物处置库时借鉴。

①废物处置库选址工作不严谨，导致后期存在安全风险。Asse II 矿处置库没有系统性场址评价，导致发现了地下水渗漏时无法提出针对性的处置工程方案，并且无法判断地下水是否会进入已经坍塌的处置区并且带走放射性核素，只能回取废物以确保安全，不仅浪费了财力，还加重了公众对于放射性废物处置的疑虑。因此，我国废弃矿井放射性废物处置库的选择必须经过科学系统的筛选和评价。

②需要开展从放射性废物处置场选址到设计运行直至最终关闭各个阶段的安全全过程系统分析。Konrad 处置库近年来补充了地下水迁移研究并开展了核素迁移计算，支持了该场址适宜建设处置库的结论。同样捷克 Richard 处置库补做了核素迁移计算后发现原有处置方案存在的安全隐

患，在采用"水力笼"式处置硐室后，计算结果有显著改善，这体现了安全全过程系统分析对于优化处置工艺方案的支持性作用。因此，在我国废弃矿井放射性废物处置库选址设计过程中应该坚持安全全过程系统分析思想。

③废弃矿井设施利用要以安全性为前提。原有矿山最初规划时并未考虑到未来作为放射性废物处置库，矿山设计和建设时对巷道和地下硐室围岩损伤区的控制要求比作为放射性废物处置库的低。德国 Konrad 处置库只利用了原矿山的竖井和一些联络巷道，作为放射性控制区的废物运输巷道和处置巷道均为新建巷道；捷克 Richard 处置库在改用了新设计建造的处置硐室后，废物处置的长期安全性明显改善。是否直接利用原有巷道处置废物需要在安全全过程系统分析结果的基础上结合技术经济性等多方面因素综合考虑确定。

④煤矿作为废弃矿井处置库的适宜性需要研究探索。目前还没有调研到采用煤矿处置放射性废物的工程案例。德国也是煤炭资源丰富的国家，废弃的地下煤矿空间并没有成为德国优先的选择，而是选择了盐矿及铁矿处置中低水平放射性废物。分析其原因主要是煤矿作为沉积岩一般围岩较为不稳定，煤炭矿井除围岩稳定性、水文地质情况较为复杂外，一般在未采出的煤层中含有瓦斯。重新开启/关闭煤炭矿山面临很大的风险。因此，若将废弃煤炭矿井作为放射性废物处置场，需要谨慎的处理围岩、地下水、瓦斯的关系，进行详细的方案论证。

3. 放射性废物处置库建设关键技术

(1)"水力笼"式构造防核素迁移技术。

水力笼的原理是采用混凝土材料支护硐室并包裹废物桶，在混凝土外侧采用透水性较好的砂砾石等材料与围岩接触，起到导水作用。与原有处置方案对比，地下水不能直接接触到废物包，并且核素随地下水的迁移也将受到混凝土的阻滞，如图 5-19 和图 5-20 所示。因此水力笼硐室能够更好地包容废物体，迟滞核素随地下水的迁移。

(2)放射性废物地下矿井处置工艺技术

放射性废物处置工艺(图 5-21)包括：①场内地面转运。在场外将废物包运至处置场暂存库，场内废物运输车将废物包从暂存处运至换装与转运大厅，而后通过废物地面转运机具运至提升井塔内的竖井大厅。②地下转运。通过竖井将废物运至井底平台，用废物地下倒运机具和废物运输车将放射性废物运至各处置巷道。③放射性废物码放与回填。废物包顺序码放，每隔50m浇筑一堵混凝土墙，并在混凝土墙顶部预留"抽出式排风通道"，通过预留通道将每堵混凝土墙后废物包与岩壁之间的孔隙灌浆回填，通过"抽出式排风通道"收集并排出污风（图5-22）。

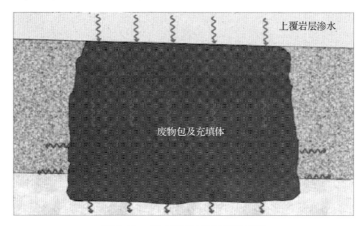

图5-19　原方案地下水迁移示意

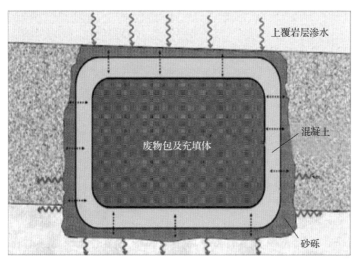

图5-20　水力笼硐室地下水迁移方案

（3）废弃盐矿放射性废物处理库封存回填技术

德国Morsleben处置库申请的关闭方案是对矿井地下空间大量使用混凝土回填。①回填竖井。沿竖井深度方向拟采用砾石、沥青、沙子和黏土分段回填并密封竖井；②保留空腔。废物受到侵蚀或有机物作用可能产生气体，为了避免气量增加导致围岩破裂，需要筛选一些空腔作为贮气空间并且应保持这些空腔的开启状态。③设置密封墙。为延迟可能的液体渗入和受放射性

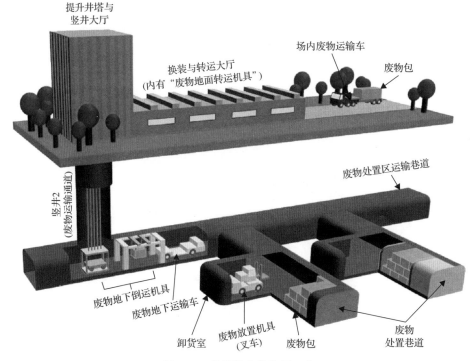

图 5-21 放射性废物处置工艺

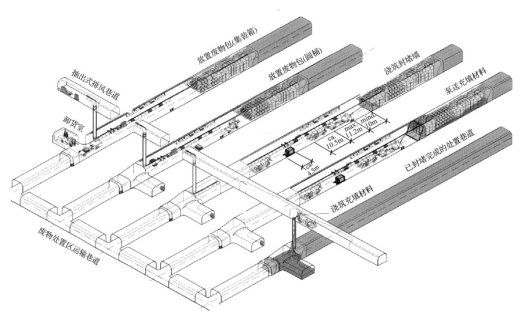

图 5-22 Konrad 处置库废物码放与回填工艺

污染的液体流出，需要在储存区域周围建设密封墙，密封墙需根据其功用使用不同的建筑材料和结构形式，并经过实验验证可靠性。④回填地下采空区。为了维持岩体力学稳定性，防止在围岩和上覆岩层中形成通路，需要用混凝土回填大部分采空区。地下采空区的回填依次从下向上、从外部区域到竖井内部进行。

（4）放射性废物回取工艺技术。

德国 Asse II 矿正研究如何从硐室中取出废物容器和被污染的盐。要实现回取，必须用适当的中性设备从混凝土一般坚硬的盐材料中将其挖掘出来。科学家们借鉴隧道机械化掘进中工作面施工组织经验，提出了废物回取工艺设想，如图 5-23 所示。这种回取工艺的优点是将废物容器发掘并用特殊容器包装这两项操作的区域与其他矿井建筑分开，有利于地下工作人员的辐射防护。

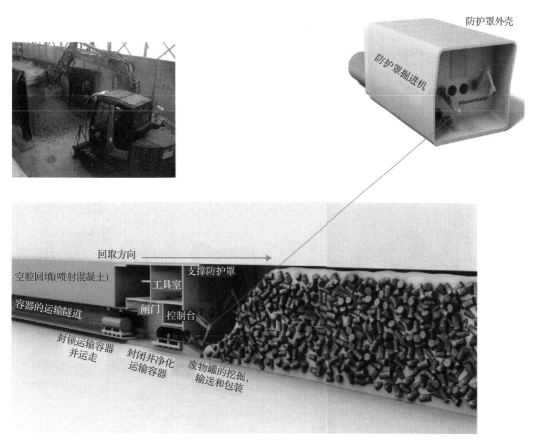

图 5-23　废物回取工艺概念设计

4. 国内放射性废弃物处置库筛选

(1)处置库选址原则。

处置库选择要综合考虑地质稳定性、水文地质、工程地质和社会经济需求,按照地质稳定程度高、地质屏障阻滞放射性核素迁移有效性好、对水循环系统影响小、满足社会经济要求等4个方面的具体要求,进行深入细致的场址调查。

我国放射性废物处置按照区域处置原则,在核电项目所在省份选择建设处置库。目前,我国在运及在建核电项目均位于沿海省份,包括:辽宁、山东、江苏、浙江、福建、广东、广西和海南等。根据区域处置原则,围绕核电所在省份的大中型煤矿、金属矿等矿山,进行筛查。

(2)处置库备选场址筛选结果。

煤矿可作为处置库建设备选场址的共5座。据统计,沿海核电厂所在省份共有煤矿381座。其中,福建省拥有煤矿148座,以中小型煤矿为主,年产50万t以上的煤矿仅有翠屏山煤矿1座;山东省拥有煤矿128座,年产50万t以上的煤矿有63座;辽宁省拥有煤矿54座,年产50万t以上的煤矿19座;江苏省拥有煤矿9座,年产100万t以上的大型煤矿6座;其余四个省份无在产煤矿。调查煤矿所在区域和地质情况发现,福建省翠屏山煤矿周围水系发达,常有透水事故发生,无合适煤矿;江苏省煤矿主要位于沛县,周围为一水库,地表沉降较为严重,无合适煤矿;山东省和辽宁省煤矿数量多,地质条件差别较大,评价认为山东省许厂煤矿、高庄煤矿、陈蛮庄煤矿,辽宁省沈阳焦煤股份有限公司的红阳三矿和红阳二矿地质条件较好,可以作为放射性废物处置库的备选场址。

金属矿可作为处置库建设备选场址共18座。金属矿山可以细分为黑色金属矿产、有色金属矿产、贵重金属矿产、稀有金属矿产、稀土金属矿产以及分散元素金属矿产等。按照不同矿产区域分布特征和地下井工开采方式,沿海核电厂所在省份共有井工金属矿山23座。辽宁省9座,分别为瓦房子锰矿、弓长岭铁矿、杨家杖子钼矿、青城子铅锌矿、八家子铅锌矿、红透山铜锌矿、五龙金矿、兴城铀矿、本溪铀矿;山东省4座,分别为焦家金矿、三山岛金矿、新城金矿和归来庄金矿;江苏省2座,即梅山铁矿、栖霞山铅锌矿;广西3座,分别为龙头锰矿、长营岭钨矿、大厂铜坑矿;广东省1

座，即凡口铅锌矿；海南省 1 座，即石碌铁矿；福建省 1 座，为武平悦洋银多金属矿；浙江省 2 座，分别为王贵寺铀矿、大茶园铀矿，具体见表 5-8。

表 5-8 沿海核电省份地下开采金属矿山放射性废物处置库的场址备选目标

省份	矿山名称
辽宁	瓦房子锰矿、弓长岭铁矿、杨家杖子钼矿、红透山铜锌矿、青城子铅锌矿、八家子铅锌矿、五龙金矿、兴城铀矿、本溪铀矿
山东	焦家金矿、三山岛金矿、新城金矿、归来庄金矿
江苏	南京梅山铁矿、南京栖霞山铅锌矿
浙江	衢州铀业王贵寺、大茶园铀矿
福建	武平悦洋银多金属矿
广东	凡口铅锌矿
广西	龙头锰矿、大厂铜坑矿、长营岭矿区(珊瑚矿)
海南	石碌铁矿

5. 放射性废弃物处置库建设示范工程

浙江衢州 771 铀矿可作为废弃矿井放射性废物处置库示范性工程。建设完成后可用于接受浙江省内在运、在建以及规划核电厂运行与退役阶段产生的低、中水平放射性固体废物。

(1)处置库场址基本情况。

衢州 771 铀矿属于中低山区，处置层位于地表下 240m 处的侏罗系微风化流纹岩、熔结凝灰岩、流纹质凝灰岩中。场址及周围发育北北西向、北西西向、北东向及北西向四组断裂，北北西、北西西、北西三组断层为压性或压扭性断层，断层内部多有角砾岩带、断层泥充填，表现为阻水断层；北东向断层呈张性，断层部分内部有胶结小碎屑，大部分表现为非含水阻水断层。场址地震影响较弱，破坏性地震影响记载少。水文地质特征具有径流途径较短，就地补给、就地排泄的特征，地下水对混凝土结构具有微腐蚀性。

(2)处置库总体规划。

规划分区包括处置单元区、辅助工艺设施区、办公及生活区，除辅助工艺设施区部分利用原矿井设施外，其余均为新建。处置库总库容 34 万 m^3，其中一期设计处置容量为 2.5 万 m^3。

(3)处置场总体设计。

处置场地面和地下设施共由三部分组成。①处置区。放射性废物采用巷道式处置，共 27 个处置区，740 个处置单元，处置单元规格为 25m×6m×3m(长×宽×直墙高)，新建巷道总长度约 2.85 万 m。一期按处置容量 3.4 万 m 考虑，2 个处置区；后期预留 25 个不同规格的处置区。②辅助工艺设施区。辅助设施区主要为处理低、中水平放射性废物的工艺设施，主要包括综合车间、热机修间、中控室、配电室、特征车库、风机房等，上述设施全部设置在地下。卫生通道、环境实验室和废水处理设施可以利用铀矿已有设施，不再新建。③办公及生活区。利用铀矿现有办公及生活设施，不再新建。

(4)处置工艺流程。

整体处置工艺流程由三部分组成。①废物包接收。废物货包由废物运输车运至处置场接收监测处，进行检查，若合格，则登记、接收；若不合格，则进入整备设施进行整备、重新包装，检测合格后登记接收。②废物包码放。水泥桶或金属桶由里向外，顺序码放，并进行水泥砂浆浇灌固定。③处置场关闭。当处置单元全部装满或所处置的废物的总活度达到许可限制时，正常关闭；当发生严重事故或不可预见的自然灾害，使得处置库不在适合处置放射性废物时，实行非正常关闭。

五、废弃矿井开发利用发展战略与路线图

1. 废弃矿井地下空间利用四步走设想

第一步：利用 2~3 年时间，开展废弃地下空间综合调研，摸清家底，建立包括废弃煤矿、废弃油气藏、废弃盐穴、废弃金属矿等废弃矿井资源库，按照空间类型对废弃矿井进行利用前景初步分类评估。

第二步：利用 3~5 年时间，按照储油、储气、核废料处置等利用方向，建立地下储存空间开发与利用机制，建立不同利用方式的筛选原则，同时形成相关的技术规范，按照利用方式综合评判，筛选一批可利用的废弃矿井进行先导性试验。

第三步：利用 5~10 年时间，形成矿产开发利用与废弃转型产业链。强化矿井全生命周期利用意识，在矿井的建设、开发及废弃整个全生命周期内，始终贯穿矿井废弃后地下空间利用的意识，建立矿井资源开采与矿井空间利用的综合开发机制，形成矿井地下空间综合利用产业链，将矿井空间利用发展成为产业。

第四步：建立地下储存空间利用政策保障制度。在 1～3 步的同时，建议国家出台废弃矿井地下空间利用政策，鼓励社会资本及矿山运营企业开展废弃矿井空间利用，适当时候给予一定的资金补助，推动废弃矿井空间利用发展。

2. 废弃地下空间利用重大工程科技问题

鉴于国外废弃矿井已经积累了较多的技术经验，我国目前除地下储气库建设发展相对较快以外，废弃矿井放射性废物处置技术规范、废弃盐穴改建油气储库技术等仍处于探索阶段，需要开展关键技术研究攻关，及早形成选库原则规范、建库技术体系(表 5-9)。

表 5-9　废弃矿井地下空间油气储存及核废料处置关键问题

研究方向	技术问题
废弃矿井放射废物处置	(1)废弃矿井选址准则和选址程序 (2)废弃矿井利用方式比选 (3)废弃煤矿放射性废物处置可行性分析
废弃煤矿改建油气储库	(1)地下空间密封工艺及评价技术、注采管柱设计技术 (2)煤矿地下储气库注采机理及库容参数设计技术 (3)油气储库长期利用安全性测试及评估技术
废弃露天矿坑改建储油库	厂房式储油库密封工艺及矿坑综合利用配套技术
废弃盐穴改建油气储库	(1)连通老腔的形态测试技术 (2)连通老腔改建油气储库改造及优化设计技术
废弃油气藏改建储气库	(1)废弃油气藏地下空间精细评价 (2)废弃油气藏注采运行机理研究 (3)废弃油气藏库容设计及评估技术

第三节　政　策　建　议

一、建议尽快开展我国废弃矿井资源调查，建立废弃矿井资源库，优选库址，开展先导性试验

国家相关部门牵头，摸清废弃矿井的类型及分布，建立矿井资源库，绘制废弃矿井资源分布图。在摸清资源的基础上，根据不同废弃矿井的类型及特点，建立废弃矿井改建油气储库、放射性废物处置库选址原则，启动废弃矿井建设油气储库、放射性废物处置库选址评价，优选有利目标，同步开展废弃矿井改建油气储库、放射性废物处置库的改造技术研究，适时开展先导

性试验，建立国家工程示范基地，推动废弃矿井规模化应用。

二、建议由能源局牵头，成立国家能源安全与储存战略行动计划领导小组

建立健全相关职能部门，统一规划油气存储、放射性废物处置设施布局，出台废弃矿井地下空间利用政策和指导意见，形成废弃矿井改建油气储库、放射性废物处置库国家战略，支持成立国家技术研发中心平台，为废弃矿井地下空间利用提供技术支持和人才保证。

三、建议科技部设立国家重大专项开展废弃矿井地下空间储存利用研究

针对不同类型废弃矿井进行油气地下储库、放射性固体废物库的选址原则、地质条件、工程改造技术、密封技术、经济性和安全性评价方面开展专门的技术攻关。同时鼓励高校、科研院所与企业联合攻关，实现产、学、研相结合，推动废弃矿井空间改建油气储库、放射性废物处置库技术发展。

四、建议开展氢能地下存储研究，形成氢能制取、储存、利用产业链

由于未来可再生能源比重将增加，其过剩电能的多元转换必然加快（尤其是氢能）。氢能是未来我国能源的发展方向之一，建议将我国弃水、弃风、弃光的发电量转换为氢能，加强氢能地下存储研究，形成氢能利用产业链。

五、建议更新矿井开发理念，增强矿井地下空间作为可利用资源的意识

建议由国家发改委牵头，针对目前已运行、在建和规划建设的不同类型矿井进行整体规划，依据筛选原则提前确定好矿井废弃后地下空间的利用方式。在矿井的建设、开发及废弃整个全生命周期内，始终贯穿矿井废弃后地下空间利用的意识，在矿井开采方案的设计及开采过程中更加注重对地下空间的保护，提高矿井地下空间利用的可行性，同时降低废弃矿井的改造成本，提高空间利用的安全性。

第六章

废弃矿井水及非常规天然气开发利用战略研究

本章在充分调研国内外废弃矿井水及非常规天然气开发利用的基础上，总结国内外废弃矿井水及非常规天然气开发利用经验，梳理我国废弃矿井水及非常规天然气开发利用现状及存在问题，以我国煤炭开采晋陕蒙宁甘区、华东区、东北区、华南区和新青区"五大区"为研究对象，分析废弃矿井的区域水及非常规天然气赋存与开发利用潜力，探讨我国废弃矿井水及非常规天然气开发利用潜在可行性技术方案，提出我国废弃矿井水及非常规天然气开发利用战略路线图，结合国家可持续发展战略布局，从科技创新、平台建设、体制机制、产业管理、政策措施等方面提出相关政策建议。

第一节 现 状 分 析

一、我国矿井水污染特征分析

前人在安徽淮北、淮南，江苏徐州、大屯，山东枣庄、兖州，内蒙古扎赉诺尔，云南弥勒，河南禹州等 109 个煤矿采集了 162 组样品，采水样的监测分析指标包括常规化学成分和有机污染物及微生物。另外还收集了江西、浙江、湖南、福建等地 160 个煤矿的矿井水化学组成，根据化学特性和地下水质量标准，将我国的地下矿井水分为六种类型，并分析了每种类型的矿井水的特性、分布和成因。

1. 常见组分矿井水

这类矿井水一般分布在中国的煤矿中，占被调查水样的 65.62%。污染物通常包括悬浮固体、化学需氧量（COD）、石油类物质和少量有机污染物，并且没有特殊的离子污染物。这种矿井水的特点是悬浮固体含量高，没有特殊污染，呈现灰色或黑色。悬浮物质主要来自煤炭开采过程中产生的煤灰和岩粉。其中，COD、石油物质和少量有机污染物主要来自煤炭开采过程中的人为排放。在鲁西基地，这种类型的矿井水也很普遍，占被调查水样的 32.81%。

2. 酸性矿井水

酸性矿井水指的是 pH 低于 6 的矿井水，pH 一般为 2～4。根据分类结果，中国部分地区的采矿水呈酸性，酸性矿井水的 pH 为 2～4 的约占 6.5%，

pH 为 4~6 的约占 3.6%，主要分布在鲁西基地、晋北基地、晋中基地、晋东基地和云贵基地。其他矿区也有酸性矿井水，如宁夏石嘴山煤矿、福建龙永煤矿、浙江长山煤矿等。江西天河矿业和湖南金竹山煤矿，尤其是永安矿业采煤水质的 pH 可达 2.4 以下，其酸性成分主要由煤层中高硫矿物氧化形成。这种矿井水通常含有比较多的铁、锰和其他重金属。

存在于煤层中的黄铁矿是矿井水变酸的主要因素，黄铁矿与氧气及水接触发生反应后的产物是铁离子及硫酸。

3. 高矿化度矿井水

一般地，高矿化度矿井水指的是 TDS 大于 1000mg/L 的矿井水。由统计结果可知，中国煤矿矿井水矿化度为 45.5~22225mg/L，有巨大的差异，平均值为 1905.33mg/L。TDS 在 1000~2000mg/L 的矿井水占比 28.5%，在 2000~4000mg/L 的矿井水的占比 18.3%，大于 4000mg/L 的占比 10.2%。高矿化度井水主要分布在两淮、鲁西、晋北、晋中、晋东、蒙东、河南、新疆和宁东。其中，新疆、宁东、山西和河北峰峰矿区的矿井水具有较高的矿化度，特别是在新疆哈密，矿井水矿化度约为 16000mg/L，最高为 22225mg/L。另外，淄博、巨野、淮南、晋城、山东等矿区矿井水矿化度是比较高的，达到 2000mg/L 以上。

高矿化度矿井水的形成原因主要有以下几种：

(1)黄铁矿等煤层中的硫化物发生氧化反应后产生游离酸，煤系地层中大量发育的薄层灰岩、白云岩等与游离酸发生中和反应，使矿井水中钙离子、镁离子和硫酸根离子等增加。

(2)煤炭的开采使得岩层与地下水的接触面及接触概率增大，这样便促进了岩层中的硫酸盐、碳酸盐等可溶性矿物的溶解，造成钙离子和镁离子等增多。

(3)有的地区地下咸水入侵煤田，使得矿井水呈高矿化度(如山东的龙口矿区)。需要指出的是，即使在同一煤田，不同开采区域、不同开采深度的水动力条件不同，矿化度也有差异，一般在开采深部煤炭时，矿化度明显升高。

4. 高硫酸盐矿井水

一般地，高硫酸盐矿井水指的是硫酸盐含量大于 250mg/L 的矿井水。据统计，中国煤矿中矿井水硫酸盐含量为 1～4654mg/L，平均值为 780.58mg/L，比中国《地下水质量标准》（GB/T 14848-2017）中的III级标准高出三倍以上，其中矿井水的硫酸盐含量在 250～1000mg/L 的占比为 26.5%，含量在 1000～2000mg/L 的占比 16.3%，其中 11.6% 的矿井水硫酸盐含量超过 2000mg/L，高硫酸盐主要集中在新疆哈密矿区，宁夏积家井矿区，福建永安矿区，山西大同矿区，安徽两淮矿区和山东龙口、枣庄、兖州、济宁、巨野、新汶、肥城、莱芜、淄博矿区。

形成高硫酸盐矿井水有两个原因：一是在生产黄铁矿煤时黄铁矿与水和采矿空气接触，形成大量硫酸盐；二是矿区某些含水层中的岩盐和石膏的溶解提供了大量的硫酸盐，这些含水层中的地下水又是矿井水的主要来源。

5. 高氟矿井水

矿井水化学成分统计的氟化物的平均含量为 1.16mg/L，这比《地下水质量标准》（GB/T 14848-2017）中III级标准规定的 1.0mg/L 稍高。矿井水氟化物含量高的区域主要集中在两淮区域、山西晋城区域和内蒙古的部分区域。矿井水氟化物含量在 1～2mg/L 的占比为 32.4%，含量在 2～4mg/L 的占比 10.1%，含量高于 4mg/L 的占比为 2.0%。山西晋城潘庄矿矿井水中的氟化物含量高达 5.93mg/L，严重超标，属于高氟矿水。

矿井水中的氟化物的一个来源是地层中的富氟矿物，如萤石、磷灰石、水晶石等，而另一个来源则是岩浆岩含有氟，通过长期物理和化学反应进入地下水中。此外，煤层具有较大的埋藏深度，地下水矿化度高，深部的蒸发浓缩作用给氟化物的积累提供了条件。

6. 含特殊组分矿井水

含特殊组分矿井水一般是指有毒有害物质超标，如重金属（如铁、锰）、有机物及放射性元素等的矿井水。其中，含铁锰的矿井水最为普遍。

高铁锰矿井水一般是指含铁量超过 0.3mg/L、含锰量超过 0.1mg/L 的矿井水。在统计数据中，高铁锰矿井水主要集中在蒙东地区和云贵地区，在山西西山、大同矿区，河南鹤壁矿区，山东肥城矿区，宁夏石嘴山矿，湖南金竹山矿及福建永安煤矿中，矿井水的铁锰含量均超标。在调查的矿井水中，铁含量超过 9mg/L 的矿井水有 18.8%，其中鲁西基地的大丰矿矿井水的铁含量最高可达 691.02mg/L，锰含量超过 3mg/L 的矿井水占调查样品的比例为 10.3%，其中贵州恩洪煤矿矿井水中锰含量高达 32mg/L。

含铁锰酸性矿井水是在开采时，黄铁矿及地层中含铁、锰的矿物发生酸化反应后形成的。高铁锰在酸性和弱碱性矿井水中都有分布，但铁含量大于 15mg/L、锰含量大于 1.5mg/L 的矿井水主要是酸性矿井水。在酸性矿井水中，随着 pH 的减小，铁、锰含量增加。

二、国内外废弃矿井水资源化利用技术现状

受所属地区的地质条件、气候和开采方式等因素的影响，废弃矿井水一般含有以煤粉、岩粉为主的悬浮物、可溶性无机盐及少量有机物等污染物质。根据废弃矿井水中所含污染物质的不同，将其划分为洁净矿井水、含悬浮物矿井水、高矿化度矿井水、酸性矿井水和含毒害物矿井水五种类型。根据这五类废弃矿井水各自的特性分别采取针对性技术对其进行处理。我国对含悬浮物矿井水、高矿化度矿井水、酸性矿井水和含毒害物矿井水的水资源化利用技术已经进行了多年的研究和实践，下面将分别对各类废弃矿井水的处理技术现状进行阐述。

1. 国内洁净矿井水处理技术

一般情况下，清洁矿井水的 pH 呈中性，具有低矿化度、低浑浊度、不含或含有极少有毒有害元素的特点，基本符合《生活饮用水卫生标准》（GB 5749-2006）。这类矿井水主要来源于石炭纪和奥陶纪石灰岩水、砂岩裂隙水，第四纪冲积层水和老空积水等，多见于我国东北、华北等地的废弃矿井中。

对于清洁矿井水的利用，一般采用"清污分流"的模式，即在井下布置单独排水管道，将清洁矿井水与其他被污染矿井水分开排出。洁净矿井水通常在矿井水源头位置进行拦截汇聚，然后在井下使用单独的输水管道引至井底，进入清水仓后通过水泵排至地表，经过简单处理后可作为矿区工业用水，或者经过消毒处理并达到生活饮用水标准后，作为城市生活用水使用。对于含有多种微量元素的清洁矿井水，可将其开发利用为矿泉水。例如，徐州矿务集团有限公司新河煤矿为徐州市自来水公司供水和开发了矿泉水。

2. 含悬浮物矿井水处理技术

含悬浮物矿井水是指除悬浮物、细菌和感官性状指标超标外，其他指标均符合《生活饮用水卫生标准》(GB 5749-2006)的废弃矿井水。含悬浮物矿井水的主要污染物来源于地下水流经采掘工作面的过程，该过程中地下水与煤层、岩层接触而挟带煤粉、岩粉和黏土等固体颗粒。

经调查，含悬浮物矿井水的排放量约占我国北方部分重点国有煤矿矿井涌水量的 60%。去除废弃矿井水中的煤粉、岩粉和细菌等细小的污染物，以及对水体的杀菌消毒处理是含悬浮物矿井水资源化利用的关键。这类矿井水被处理后经常用作工业用水或生活用水。目前，国内对含悬浮物矿井水的处理技术已较为成熟，一般采用混凝、沉淀、过滤、消毒等工艺处理后的矿井水便可达到生产或生活用水的标准。较大颗粒的煤粒、岩粒一般在井下水仓中能够通过自然沉降的方式去除，但粒径细小的煤粉和岩粉无法通过自然沉降的方式去除，需要依靠混凝剂才能被去除，因而混凝是含悬浮物矿井水处理中的重要一步。

(1)化学混凝法。

化学混凝法是向含悬浮物矿井水中加入混凝剂，药剂在短时间内迅速地分散到水体中，与水中的胶体杂质发生作用，凝聚成较大颗粒或絮凝体，然后再通过自然沉降和过滤的方式将其去除。混凝剂有硫酸铝、聚合氯化铝等，水温、浊度、硬度、pH 和混凝剂投放量都会影响混凝效果。此外，混凝剂的选择对于水处理的结果也相当重要，在选择时需要考虑大规模工业处理的成本及净化效果，最终确定最优的混凝剂。聚合氯化铝混凝剂对废弃矿井水的水温和 pH 的变化适应性很强，比硫酸铝的去浊率强。目前较为常用的方法是无机高分子絮凝剂聚合氯化铝与有机高分子絮凝剂聚丙烯酰胺同时使用。

将废弃矿井水导入井下水仓，通过调节池调节水量，使其变为匀质，为后面稳定投药量提供条件。利用提升泵站将废弃矿井水与混凝剂混合后送入澄清池处理或使其在反应池充分反应后送入澄清池，澄清池根据水流方向的不同可分为平流式、竖流式和辐流式。在澄清池使用泥水分离设备将上部清液与沉淀物分离，上部清液进入过滤池过滤，过滤池一般采用无烟煤和石英砂作为滤料。矿井水经过消毒处理送至水塔。下部沉淀物经污泥脱水后外运。

用于生活用水的矿井水在处理过程中可添加活性炭,吸附水中的有机污染物和异味。目前,一体化净水处理设备被煤矿企业广泛采用,是集絮凝、沉淀和过滤于一体的小型净水设备,将多道工序集合在一个装置中,原理上与常规工艺基本相同,具有结构紧凑、占地面积小、建设时间短、便于维护管理等特点。

(2)氧化塘法。

氧化塘法一般处理水质矿化度不高,经过井下水仓自然沉淀后悬浮物较少的含悬浮物矿井水。煤炭开采后往往在矿区表面出现大面积塌陷区,可以将塌陷坑改造为氧化池,利用自然条件下的生物处理原理净化矿井水。氧化塘水面可以放养水生生物及种植水面作物,利用氧化塘改善所处理矿井水的水质。采用氧化塘法可使含悬浮物矿井水达到有关的用水标准,同时也解决了开采塌陷区域的环境修复问题,进行水产养殖等也增加了经济效益。氧化塘法处理矿井水通常是将矿井水依次通过沉淀池和滤沟床,将大颗粒物沉降过滤,然后送入氧化塘中处理,达到使用标准后出水使用。这种方法虽然成本低,但处理周期长,适用于对矿井水处理要求不高的简单处理。

(3)气浮固液分离法。

除了传统的化学混凝法工艺外,20世纪70年代发展起来的气浮固液分离技术也被用于废弃矿井水的资源化利用,它的作用相当于传统的沉淀工艺。气浮固液分离法是将大量微小气泡充分地通入废弃矿井水中,微小气泡与悬浮颗粒物相互黏附,由于气泡的密度远远小于水的密度,在浮力的作用下,微小气泡与悬浮颗粒物一同上升到水体表面,形成浮于水面的气浮体。该工艺固液分离能力强,对去除矿井水中微量矿物油效果明显。气浮固液分离法处理工艺的优点是对矿井水处理速度快,出水水质好,污泥的含水率低并且体积小,化学药剂投加量少;缺点是工艺较为复杂,对操作技术要求较高,设备运行时产生的电费高。

3. 高矿化度矿井水处理技术

高矿化度矿井水是指溶解性盐类大于1000mg/L的废弃矿井水。由于受到采掘工作的影响,高矿化度矿井水也含有煤粉、岩粉和黏土等悬浮物,在进行脱盐处理之前要对其进行预处理,使用含悬浮物处理技术的一般工艺方法去除矿井水中的悬浮物。脱盐处理是高矿化度矿井水处理技术的关键,目前，脱盐处理的方法有蒸馏法、离子交换法、可生物降解树脂(DM)装置技术及膜分离法。其中，膜分离法主要包括电渗析法和反渗透法。目前电渗析法在高矿化度矿井水处理中已基本被淘汰，主要采用反渗透法处理工艺。下面对以上提到的方法进行详细介绍。

(1)蒸馏法。

蒸馏法是指使用热能加热高矿化度矿井水使水蒸发，然后冷凝，最终实现无机盐与水分离的脱盐处理方式。这种方法适用于盐含量高于 3000mg/L 的高矿化度矿井水和脱盐后高浓度含盐水的进一步脱水。由于蒸馏法需要大量的消耗能源，可以利用煤矿开采的煤矸石和低价值煤作为燃料，从而降低工艺成本。为了使热量得到充分利用，防止热表面结垢，蒸馏法可采用高效多级闪蒸的方法。

(2)离子交换法。

离子交换法是一种化学脱盐方法，是利用矿井水中的离子与离子交换树脂中离子之间发生的交换反应来进行脱盐处理的方法。该工艺对于盐含量较低的废弃矿井水具有较好的去除作用，脱盐率及回收率均可达到99%以上，并且出水水质好，适合处理含盐量在 500mg/L 以下的废弃矿井水，虽然高盐浓度的矿井水也可以使用离子交换法进行处理，但是由于受到交换容量的限制，处理效率并不高，而且浓度过高会影响离子交换反应的正常进行。离子交换工艺的设备结构简单，操作方便，但设备占地面积过大，具有一定的局限性。

(3)DM 装置技术。

DM 装置是在传统膜分离设备上增加了振动装置，使分离膜具有了震动效果，矿井水中的离子随着水流垂直通过膜面，在震动泵的作用下，膜产生震动，有效防止了颗粒物在膜表面富集结垢，保证了膜通过量的稳定性，延长了分离膜的使用寿命。DM 装置技术对废弃矿井水的含盐量具有较强的适应性，适用于 3000～60000mg/L 的含盐废弃矿井水的处理，预除盐率可达90%～98%，出水水质稳定且良好。该装置为一体化设备，自动化程度高，安装容易，操作简单，检修方便，但投资成本较高，与反渗透技术相比，在较高盐浓度的废弃矿井水处理中具有成本上的优势。

(4)膜分离法。

膜分离法是指在电位差、压力差、浓度差等推动力的作用下，利用选择性半透膜,对高矿化度矿井水中的各种成分进行选择性分离、浓缩或提纯的一种技术方法。其中,溶剂透过选择性半透膜的方式称为渗透,溶质透过选择性半透膜的方式称为渗析。对于高矿化度矿井水资源化处理,目前,主要采用电渗析法脱盐和反渗透法脱盐,这两种方法都用到了半透膜,半透膜即可选择性透过液体中某些物质的薄膜。半透膜容易被污染堵塞,对水质有一定要求,在使用其进行矿井水处理的过程中必须进行预处理,包括沉淀、过滤、吸附或消毒等工序。电渗析法和反渗透法矿井水处理工艺具有高效低耗、适应性强、不发生相变、设备简单、操作方便、过程可控性强等特点。

①电渗析法是指在直流电力场环境中,推动高矿化度矿井水中的阴阳离子定向迁移,并选择性透过离子交换膜,使矿井水中的盐与水分离的一种方法。在正负两电极之间,将阴、阳离子交换膜交替排列放置,形成一个个排列的水室。通电后,流入装置的矿井水中的阴离子在直流电场作用下向正极方向迁移,透过阴离子交换膜,或者是被阳离子交换膜挡住;同样,水中的阳离子在直流电场的作用下向负极方向迁移,透过阳离子交换膜,或者是被阴离子交换膜挡住。这种阴、阳离子迁移的方式使得与正负极方向相反的水室中的离子发生迁移,而与正负极方向相同的水室中的离子被离子交换膜挡住,并且有临近水室的离子迁移进来,形成了浓、淡交替的水室。通过不同的排水口出水,就得到了脱盐后的淡化水和高盐浓度的浓缩水。电渗析法适用于含盐量在1000~4000mg/L的废弃矿井水的处理。该法矿井水脱盐设备安装简单,操作方便,脱盐效果较好,但对电力能源的消耗大,处理成本较高,矿井水的处理效率和回收率低。此外,电渗析法不能有效去除矿井水中的细菌和有机物,运行能耗大,使其在高矿化度矿井水资源化处理中的应用受到限制,因此,电渗析装置在高矿化度矿井水脱盐处理方面逐渐被反渗透装置所取代。

②反渗透法是指在高于溶液渗透压的压力作用下,矿井水通过半透膜,将水与离子、有机物和细菌等杂质分离,从而提纯水的方法。该方法适用于含盐量在3000~10000mg/L的高矿化度矿井水的处理,其预除盐率在95%~98%,出水水质较好。反渗透装置设备的优点有占地面积小、自动化程度高、对高矿化度矿井水处理效果好、水的回收率高;缺点有设备造价高、维护复杂、反渗透膜易结垢、对预处理的水质要求比较高。为了保证该工艺后续反渗透设备的稳定运行,防止反渗透膜被污染是高矿化度矿井水处理中的重要

环节。反渗透的前期预处理技术经过多年的研究，基本可保证膜元件的安全平稳运行，设备的整体效率也在不断提高。与电渗析法相比较，反渗透法对高矿化度矿井水含盐量的适用范围更广，脱盐效果好，工艺技术简单可靠，操作方便。随着近年来废弃矿井水处理技术的不断进步，反渗透法装置的投资费用大幅降低，运行成本明显下降，特别是低压膜的应用普及，使得反渗透处理的运行成本大大减少，因此反渗透法逐渐成为处理高矿化度矿井水的首选工艺。

高矿化度矿井水处理一般分为预处理和脱盐处理两部分。预处理主要去除高矿化度矿井水中的悬浮物，处理工艺基本与含悬浮物矿井水处理技术相同。脱盐处理是指利用膜分离技术对高矿化度矿井水进行脱盐，在实际应用中，可采用一级或多级脱盐处理装置，使出水水质达到资源化利用要求。

4. 国内酸性矿井水处理技术

酸性矿井水是指矿井水的 pH 小于 6，我国煤矿中的酸性矿井水一般 pH 为 2～4，主要分布在我国南方的高硫矿区。酸性矿井水中通常含有 SO_4^{2-}、Fe^{2+}、Fe^{3+}、Ca^{2+}、Mg^{2+} 等离子及悬浮物等杂质，其中 SO_4^{2-} 浓度较高。目前，国内煤矿对酸性矿井水的处理技术主要是采用化学中和的方法，在实际处理工艺中主要使用石灰石、石灰等碱性的中和剂。此外，近些年国内煤矿酸性矿井水处理的生物化学处理法和人工湿地处理法的应用和研究也有所进展。

1) 化学中和法

化学中和法是目前处理酸性矿井水经常采用的处理工艺。可以用作中和剂的有石灰石、石灰、大理石、白云石、苛性钠和纯碱等碱性物质。中和剂的选择取决于其本身的反应特性、价格成本等因素，如采用苛性钠和纯碱作为中和剂，具有用量少且产出的污泥体积小等优点，但因为成本过高，已经淘汰不用了。目前，中和剂的使用以石灰石和石灰最为广泛。根据使用中和剂的不同，将化学中和法细分为石灰石中和法、石灰中和法及石灰石-石灰联合中和法。下面将介绍这三种方法的具体工艺流程。

(1) 石灰石中和法。该方法的酸性矿井水处理装置有两种形式，包括中和滚筒法、升流膨胀过滤法。①石灰石中和滚筒法采用的中和剂为石灰石，酸性矿井水进入滚筒中与石灰石接触发生中和反应，经过沉淀后排放或利用。这种工艺的优点是对石灰石大小无严格要求，设备简单，操作方便，处理费用低。但缺点也很明显，首先是设备庞大、噪声大；其次是产生的废渣会对环境造成二次污染。②升流膨胀过滤法是指酸性矿井水由耐酸泵抽至石灰石滤池底部，自滤池底部上升的过程中，在酸性矿井水的作用下，石灰石滤料颗粒逐渐膨胀，能够连续不断地与酸性矿井水发生中和反应，然后出水沉淀后进入曝气池，使用空气压缩机压缩空气，使水中的 H_2CO_3 迅速分解为 H_2O、CO_2，将酸性矿井水中的 pH 进一步提高，达到相关标准后排放或利用，该方法操作简单，工作环境良好，处理成本低，是酸性矿井水处理主要采用的工艺之一。但是缺点也很明显，中和后的废弃矿井水往往达不到 pH 为 6 的要求，后续的曝气对 pH 的提高有限，同时 Fe^{2+} 的去除率也很低，所以在实际处理过程中，需要在滤池的出水中再投加石灰等中和剂。

(2)石灰中和法，以石灰作为中和剂处理酸性矿井水，石灰具有价格便宜、来源方便等特点。在处理酸性矿井水的工艺中，需要先将石灰(CaO)粉调制成石灰乳，形成熟石灰[$Ca(OH)_2$]，再投加到中和氧化池中。在中和氧化池中进行充分搅拌，依次经过沉淀、过滤等工艺环节，达到排放标准后排放或者用于其他用水。该工艺易于实现全过程自动化控制，在酸性矿井水处理技术中应用广泛。但石灰中和法也会产生大量没有利用价值的沉淀物质，造成二次污染，而且容易造成反应池排泥管的阻塞。

(3)石灰石-石灰联合中和法，即采用石灰石和石灰作为中和剂，联合处理酸性矿井水的工艺技术。石灰石-石灰联合中和法弥补了石灰石中和法除铁率低、出水水质 pH 不达标，以及石灰中和法在实际处理过程中成本过高的不足。首先采用石灰石中和滚筒法的工艺处理酸性矿井水，中和消耗酸性矿井水中的大部分硫酸，处理后的水的 pH 在 5.5 以上；其次采用石灰(乳)中和处理，使 pH 再提高一些，最终 pH 控制在 8 左右，同时 Fe^{2+} 水解并形成沉淀，达到了去除 Fe^{2+} 的目的。石灰石-石灰联合中和法对于酸性矿井水的酸碱程度有较强的适应性，产生沉淀的速率快于石灰中和法，并且产出的污泥体积较少，对于 Fe^{2+} 的去除效果好于石灰中和法和石灰石中和法，操作费用比石灰中和法低，但缺点是该工艺的前期设备投资成本比石灰中和法和石灰石中和法高。

2)生物化学中和法

生物化学中和法是指利用微生物将酸性矿井水中待处理的离子转化为其他物质并去除的一种处理方法。目前已发现并被应用的主要有硫酸盐还原菌和氧化亚铁硫杆菌两种。硫酸盐还原菌可以先将酸性矿井水中的 SO_4^{2-} 还原为 H_2S，然后 H_2S 被光合硫细菌或者无色硫细菌氧化为单质硫，从而提高了酸性矿井水的 pH。另外，H_2S 可与重金属离子形成沉淀而被去除。该工艺的优点是处理成本低，适应性强，不会产生二次污染，能够以重金属硫化物沉淀的方式回收重金属。氧化亚铁硫杆菌可以将酸性矿井水中的 Fe^{2+} 氧化为 Fe^{3+}，然后再投加石灰石进行中和处理生成 $Fe(OH)_3$ 沉淀，实现酸性矿井水的除铁和中和处理。在常温下氧化亚铁硫杆菌对 Fe^{2+} 有很强的氧化能力，与石灰石中和法相结合可实现高除铁率。氧化亚铁硫杆菌可以从氧化反应中获取能量用于生存繁殖，不需要添加营养液，大大降低了处理成本，产生的沉淀物可用于制取氧化铁红和聚合硫酸铁。这种方法也有缺点，如处理时间长、反应空间大、设备投资高等，在我国目前尚处于试验研究阶段。

3）人工湿地处理法

人工湿地处理法又称植物处理法，是 20 世纪 70 年代由国外发展起来的一种处理方法。这种方法主要是利用自然生态系统中的物理的、化学的和生物的三重系统作用，通过过滤、吸附、沉淀、离子交换、微生物分解和植物吸收实现对酸性矿井水的净化与中和。人工湿地处理法的工艺是以人工湿地为基础的天然生态处理方法，湿地系统中的矿渣、黏土、砾石、细砂、土壤等物质对酸性矿井水的 pH 提高、悬浮物和溶解性铁元素的去除有明显效果。在人工湿地建造时，应当选择耐受能力强的植物品种，如香蒲、灯芯草、宽叶香蒲等。有研究表明，人工湿地处理法对氢离子、铁离子和悬浮物的去除率可达 90%以上。与上述传统工艺相比，人工湿地处理法具有出水水质稳定、无二次污染、投资成本低、运行维护方便、技术要求不高等优点，能有效去除水中氮、磷等营养物质，提高 pH。人工湿地处理法对 pH 高于 4 的酸性矿井水处理效果较好，当酸性矿井水 pH 低于 4 时，需要添加石灰石来改善湿地基质和腐殖土层，这大大提高了工艺复杂度和成本。此外，人工湿地处理法对酸性矿井水的处理速度十分缓慢，占地面积较大，对塌陷区的改造成本也很高，这使得人工湿地处理法并没有被国内煤矿广泛采用。

4）其他处理方法

近年来随着研究的不断深入，处理酸性矿井水的中和剂种类也越来越多，出现了轻烧镁粉、粉煤灰作为中和剂处理酸性矿井水的方法。在采用石灰石中和处理酸性矿井水的过程中，容易产生硫酸钙等沉淀，造成二次污染，存在缓冲能力不足，投加量不易控制，中和过度和成本过高等问题。轻烧镁粉来源于菱镁矿尾矿，菱镁矿主要分布于我国华北、东北、西北和华南地区。由于菱镁矿尾矿是废品，轻烧镁粉价格低廉。轻烧镁粉的主要成分为活性氧化镁，与酸性矿井水中和产生硫酸镁，通常无沉淀生成，与某些金属离子可生成致密沉淀物，容易分离澄清，而硫酸镁可用作肥料生产。因此，轻烧镁粉作为中和剂处理酸性矿井水有着不错的发展前景。粉煤灰来源广泛，获取容易，价格便宜，使用粉煤灰作为中和剂，具有一定的便利条件。粉煤灰颗粒呈多孔状结构，比表面积大，具有一定的吸附能力，其中某些成分还可以同酸性矿井水中的污染物质作用产生絮凝沉淀，与粉煤灰一样具有吸附作用。粉煤灰作为中和剂对一般酸性矿井水具有较好的中和作用，对悬浮物的去除效果也不错，不过粉煤灰也存在着吸附能力有限、对 Fe^{2+} 的去除机理尚不明确、容易造成二次污染等问题，对于这些问题的解决有待深入研究。

5. 含毒害物矿井水处理技术

含毒害物矿井水主要是指废弃矿井水中含有氟、重金属、放射性物质及油类等污染物。这类废弃矿井水由于来源的差异和形成过程的不同，所含污染物质地不同，与其他类别的废弃矿井水相比，含毒害物矿井水的性质比较特殊，处理技术难度大，处理工艺方法也不尽相同。根据废弃矿井水中所含毒害物质的不同，将其分为含氟矿井水、含重金属矿井水、含放射性污染物矿井水、含有机物矿井水。对于不同种类的含毒害物矿井水，有着不同的处理方法，下面将分别介绍各类含毒害物矿井水资源化利用的技术现状。

1) 含氟矿井水处理技术

含氟矿井水又叫高氟矿井水，是指废弃矿井水中含有大量氟元素，高于我国工业废水排放标准浓度限值 10mg/L。我国大多数煤矿的矿井水中都含有氟，但一般含量较低。受技术和成本限制，我国目前对矿井水的处理一般是处理达到排放标准即可，很少将其作为生活饮用水(含氟量不超过 1mg/L)来处理。含氟矿井水的处理工艺有多种，常见的有混凝沉淀法、吸附过滤法、膜分离法、离子交换法。

（1）混凝沉淀法，在含氟矿井水中投加铝盐、石灰乳等絮凝剂进行混凝处理，生成的絮状沉淀能够吸附含氟矿井水中的氟离子或氟化物，经过沉淀、过滤、澄清后可将其去除。铝盐主要包括硫酸铝、氧化铝和碱式氯化铝等，对含氟矿井水中的胶体状态的氟化物有较强的吸附能力。由于处理费用偏高，目前很少有煤矿使用铝盐作为絮凝剂处理含氟矿井水。石灰乳中的钙离子可与氟离子结合形成氟化钙沉淀，但由于氟化钙在常温下溶解度较大，不能完全将含氟矿井水中的氟元素除尽，使用石灰乳沉淀法处理含氟矿井水的出水中都含有一定量的氟，不过只要满足了排放标准便可以排放。并且因为成本低，石灰乳沉淀法被很多煤矿所采用。

（2）吸附过滤法。含氟矿井水流经吸附剂组成的滤层，水中氟离子被吸附剂吸附，形成难溶的氟化物而被去除。通常采用活性氧化铝、磷酸三钙、活性炭和氢氧化铝等吸附剂。吸附剂可重复利用，吸附能力丧失后，可用再生剂恢复其吸附能力。活性氧化铝是常用的吸附剂，其吸附能力受到 pH、氟浓度和其本身性质的影响，当 pH 大于 5 时，pH 越低，其吸附能力越强。由于废弃矿井水一般含有悬浮物，需要先进行预处理，再进行除氟工艺。

（3）膜分离法，即利用半透膜分离含氟矿井水中的氟化物，包括反渗透和电渗析两种方法。电渗析法主要是指含氟矿井水在直流电场的作用下，氟离子透过半透膜，形成淡、浓水室，达到去除氟的目的，该方法在去除氟的同时，也能去除其他离子，适合高矿化度含氟矿井水。

（4）离子交换法是利用离子交换树脂对含氟矿井水中的氟离子进行交换，将水中氟离子去除。普通阴离子交换树脂对氟离子的选择性过低，螯合有铝离子的氨基膦酸树脂对氟离子的吸附效果较好。该方法运行成本高，一般将含氟矿井水处理为生活饮用水时采用。

2）含重金属矿井水处理技术

含重金属矿井水是指废弃矿井水中含有汞、铜、锌、铬、铅等重金属元素，其含量超过了我国的工业废水排放标准。由于无论采取何种方式处理含重金属矿井水都不能分解和破坏重金属，因而只能采用转移重金属存在的位置、物理和化学形态的方式处理含重金属矿井水。经过混凝沉淀处理后，重金属元素从废弃矿井水中转移到沉淀污泥中；经离子交换法处理后，重金属富集在离子交换树脂上，经再生后溶解到再生液中。由此可知，含重金属矿井水经过处理后会形成两种产物，一种是去除重金属污染物的处理水，另一种是重金属的浓缩产物，如沉淀污泥、失效的离子交换剂、吸附剂等。因此，在处理含重金属矿井水时需要注意防止二次污染。

含重金属矿井水的处理方法可以分为两类，一类是将溶解于废弃矿井水中的重金属转化为不溶的重金属沉淀物，从而将其去除。此类方法有还原法、氧化法、硫化法、中和法、离子交换法、活性炭吸附法、离子上浮法、电解法和隔膜电解等。另一类是浓缩和分离，具体方法有电渗析法、反渗透法、蒸发浓缩法等。

3) 含放射性污染物矿井水处理技术

含放射性污染物矿井水在我国煤矿矿区分布广泛，废弃矿井水放射性超标的主要是 α 粒子，以及少量的 β 粒子和 γ 射线。这些放射性物质会损害人体健康，诱发癌症、白血病等严重的疾病。因此，对含放射性污染物矿井水进行处理尤为重要。目前，国内对废弃矿井水中 α 粒子、β 粒子等放射性物质的处理方法研究得不多，国外成熟的处理方法主要有化学沉淀法、离子交换法、蒸发法等。化学沉淀法依据凝聚—絮凝—沉淀分离原理，能够处理高矿化度溶液，但当废弃矿井水中含有油质洗涤剂、络合剂等有机物时，可能会影响其处理效果。离子交换法依据放射性核素在液相和固相中骨架间的交换原理，适合处理低悬浮量、低含盐量、离子型放射性物质。蒸发法依据水分蒸发分离、不挥发盐分和放射性核素残留在剩余液体中的原理，适合预处理洗涤剂含量低的废弃矿井水。

4) 含有机物矿井水处理技术

我国废弃矿井水有机物污染处于较低水平，含量较低，但由于难以彻底清除，制约着废弃矿井水的资源化利用。其中的有机物主要来自煤矿开采过程，不可避免地将废机油、乳化油等有机物混入矿井水中，造成了污染。目前，含有机物矿井水处理方法主要有混凝沉淀法、吸附处理法、生物预处理法、电解气浮法、氧化法、生物氧化塘法等。一般混凝、沉淀、过滤、澄清工艺对废弃矿井水中有机物的去除效果有限。目前，煤矿常采用投加药剂上浮或吸附方式处理废弃矿井水有机物污染问题。

针对含有机物矿井水的处理，20 世纪 70 年代，国内外出现了光化学氧化技术，该方法是通过利用光的照射同一些特定化学物质共同作用以达到去除废弃矿井水中有机物目的的一种水处理方法。经过光化学氧化后，含有机物矿井水中的有机物大分子(如乳化油等)破裂，能够被活性炭有效吸附，使得含有机物矿井水中有机物去除率达 95% 以上。

6. 国外废弃矿井水资源化利用现状

在国外，对于水资源相对丰富地区的煤矿，在废弃矿井水对环境不造成影响的情况下，通常不考虑对其进行资源化利用，一般只经简单的无害化处理使其达到相关排放标准后，直接排放到地表水体；而对于水资源相对较少的矿区，废弃矿井水则被视为一种宝贵的可利用的伴生资源，得到了充分的开发和利用。国外对矿井水处理和资源化利用技术的研究应用较早，进行了广泛的研究和实践，有许多成熟的技术和经验，产生了许多新理论、新工艺，这些值得我们去学习与借鉴。

(1)国外对于含悬浮物矿井水处理技术研究和应用。

在对于含悬浮物矿井水处理技术的研究与应用方面，苏联起步较早，苏联煤矿环保研究院研制了使用压力气浮法净化含悬浮物矿井水的方法。采用将净化水进行部分循环的工作方式，即循环水进入压力箱后，利用剩余压力加压使水中充满空气，可以较好地形成气浮选剂。苏联采煤建井和劳动组织研究所研究的电絮凝法是通过使用直流电接通正负电极处理含悬浮物矿井水。在电场作用下，矿井水中悬浮的杂质颗粒、水和微小气泡相互作用形成松散团粒，凝聚后由于密度不同上浮至水体表面，在水面形成一层泡沫后用刮板清除。此工艺可使杂质团粒的上浮速度提高数倍，并对去除混入的油类污染物有效。

(2)国外对于高矿化度矿井水处理技术的研究和应用。

针对高矿化度矿井水处理，苏联采用了高温蒸馏法进行脱盐淡化，效果明显。苏联煤矿环保研究院曾研制出了一种高矿化度矿井水脱盐处理的蒸馏设备，主要用于对含盐量大于 5g/L 的高矿化度矿井水进行脱盐处理，其出水用于煤矿生产和生活用水。捷尔诺夫斯克矿井建成的绝热式蒸发装置，可将废弃矿井水的矿化度由 7800～9000mg/L 降至 25～200mg/L。波兰的杰别尼斯卡矿井建成了一套处理能力为 100m³/h 的绝热式蒸发淡化装置，能够将高矿化度矿井水含盐量从 100g/L 降至 100mg/L。早在 1991 年，苏联顿涅茨等煤矿已采用电渗析法淡化高矿化度矿井水，也取得了很好的效果。

同时，国外采用反渗透法处理高矿化度矿井水已较为普遍，如日本鹿岛钢厂采用反渗透法对高矿化度矿井水进行脱盐淡化处理，该矿区的高矿化度矿井水含盐量约为 2000mg/L，同时还含有微生物、有机物等污染物，加入聚合氯化铝对其进行混凝沉淀处理，再经过双层过滤器和精密过滤器等进行过滤，并进行杀菌消毒。预处理完毕后，将其进入三级反渗透装置进行脱盐处理，其最终出水含盐量降至 470mg/L，日均出水量为 13900m^3，脱盐率大于 95%，基本实现了对高矿化度矿井水的处理。

(3)国外对于酸性矿井水处理技术的研究和应用。

国外对用石灰石中和法处理酸性矿井水进行了一些改进，研究出了一种新型石灰石流化床法，该方法的基本流程是将 CO_2 间歇性通入流化床反应器中进行溶解，以增加石灰石颗粒之间的相互摩擦，加快石灰石的溶解，并冲刷掉石灰石颗粒表面反应生成的覆盖物，同时流化床中的水高速流动将沉淀物及时排除，防止堵塞。日本曾报道过采用 NO 氧化酸性矿井水中 Fe^{2+} 的处理方法，该方法是在曝气环节通入 NO 气体使 Fe^{2+} 被氧化，形成 $FeOH_3$ 沉淀从而被去除，酸性矿井水中的游离 H_2SO_4 则使用石灰石进行中和处理。

使用缺氧石灰石沟法处理酸性矿井水因其特别经济，在国外已得到广泛的应用。该方法的原理是在缺氧条件下，酸性矿井水遇到石灰石产生大量 CO_2，石灰石与水和 CO_2 生成 $Ca(HCO_3)_2$，产生碱度中和酸性矿井水。缺氧石灰石沟需要呈缺氧状态，溶氧浓度为 2mg/L 或更小。缺氧石灰石沟能不断地溶出碱度，但要防止其表面被金属氢氧化物覆盖结垢钝化，因此其适用于处理 Fe^{3+} 等金属离子浓度不高的酸性矿井水。缺氧石灰石沟的体积是根据投放石灰石的量确定的，一般长 30~600m，深 0.5~1.5m，宽 0.6~2m；挖掘深度要高于地下水位处或存在渗流的位置，以防止水流入缺氧石灰石沟中；酸性矿井水应能顺利进入缺氧石灰石沟，并通过溢流出水；在沟的底部要有一定的坡度，坡度应根据流量、石灰石粒径、缺氧石灰石的断面尺寸等设计；为保证缺氧石灰石的缺氧环境，要在缺氧的石灰石上面覆盖塑料，厚度为 10~20mm，然后在塑料上面覆土并压平，种上植物。为了产生较高的碱度，需要选择纯度好的石灰石，同时石灰石粒径要大小适宜，既要使石灰石与酸性矿井水充分接触并反应，也要使石灰石颗粒溶解缓慢，增加其寿命周期。美国宾夕法尼亚州、田纳西州和西弗尼亚州等地已建造了数十个缺氧石灰石沟，它们都显示出了良好的处理效果。在宾夕法尼亚州有两处缺氧石灰石沟系统，其中一处 pH 由 3.5 提高到了 6.5；另一处 pH 从 3.7 提高到了 6.5。因此缺氧石灰石沟法具有成本低、建造简单、管理方便等优点。

运用生物化学处理法处理含铁酸性矿井水是目前国外研究较多的处理方法。该方法在美国、日本等国已进入了实际应用阶段。1976 年日本科学家研究并建成了两座利用生物转盘工艺处理酸性矿井水的处理站，该方法的原理是利用氧化亚铁硫杆菌将酸性矿井水中的 Fe^{2+} 氧化成 Fe^{3+}，并且 Fe^{2+} 氧化速率与生物转盘的转速成正比，然后加入石灰石进行中和处理，达到除铁和中和的目的。

人工湿地处理法是 20 世纪 70 年代在美国等国发展起来的一种处理酸性矿井水的方法。美国科学家在人工湿地的最底部铺上碎石灰石，然后在上面覆盖上有利于植物根系生长的肥料和有机质，种植上香蒲等水生植物。80 年代美国阿拉巴马、宾夕法尼亚、俄亥俄、西弗吉尼亚、马里兰等州的 25 座煤矿矿区采用人工湿地法对酸性矿井水进行处理，之后对其进行水质调查，结果表明人工湿地对处理酸性矿井水中的氢离子、铁离子和悬浮物质具有较好的效果，其去除率达到了 80%～96%，pH 降低了 68%～76%，锰和硫酸盐的去除率为 22%～50%，出水水质已接近或等于周边天然河流的水质。因此人工湿地处理法在北美及欧洲的许多国家得到了广泛应用，目前美国已有 400 多座人工湿地处理系统用于处理酸性矿井水。但该方法仍有不足之处，某些酸性矿井水还需要进行其他的化学处理才能达到排放标准。

微生物在酸性矿井水的形成过程中扮演着重要的角色，因此为减少酸性矿井水的产生可以采用抑制微生物活性的方法。美国进行过有关喷洒杀菌剂来抑制煤中硫氧化杆菌等微生物的生长和繁殖，防止酸性矿井水产生的相关研究。例如，美国宾夕法尼亚州阿多比采矿公司采用杀菌处理技术对尾矿进行综合治理，使酸性矿井水含酸量下降了 80%。另外，加拿大拉瓦尔大学的 K.法陶斯提出了从源头抑制酸性矿井水产生的方法，即利用慢速释放丸剂的形式施加杀菌剂，控制黄铁矿的氧化反应。

1982 年美国国家环境保护局提出了可渗透反应墙法(PRB 法)，这是一种原位去除污染地下水中污染组分的新方法。之后许多国家对其进行了相关研究，该方法日趋成熟，于 1995 年在加拿大实现处理酸性矿井水的实际应用后，美国、英国也相继修建了 PRB 系统。其基本原理是在矿山地下水的下游建造一个被动的反应材料的原位处理区，针对酸性矿井水的具体成分采用物理、化学或生物处理技术和原理处理流经墙体的污染组分。目前，国外实际应用的 PRB 法可分为三种：①连续墙系统。在地下水流经的区域内设置连续活性渗滤墙，以保证能够处理修复所有污染区域内的地下水。该系统结构简单，并且对流场的复杂性不敏感，对自然地下水流向没有影响。不过当蓄水层厚度或者污染区域过大时，连续墙的面积会增加，从而提高了造价。②漏斗-通道系统。该系统利用低渗透性的板桩或泥浆墙来引导受污染地下水流向可渗透反应墙。该系统的反应区域较小，便于在墙体材料活性减弱或被堵塞时进行清除与更换，因此更适合现场治理。③大口井连接虹吸或开放性通道单元。该系统是利用进、出水端的自然水位差来引导地下水流，通过一个大口井来提高上下游的水位差，使受污染水流由高压进口端流向低压出口端、再流入地表水体。

(4)国外对于含毒害物矿井水处理技术的研究和应用。

美国的 Don Heskett 教授于 1984 年发明了 KDF 新型水处理材料，其成分为高纯度的铜合金，能够有效去除废弃矿井水中的重金属离子和酸根离子。这项发明开辟了水处理材料的新纪元，与传统的离子交换法去除水中金属有着本质上的不同。1992 年，由该法发展而来的 KDF55 与 KDF85 处理介质通过了美国国家卫生基金会(NSF)认证，其出水符合相关的饮用水标准。KDF 水处理介质是一种新颖的、符合较高环保要求的水处理介质，使用这种金属材料制成的 KDF 滤芯可用于净水设备中，是目前处理含重金属矿井水的理想材料。

由澳大利亚 ORICA 公司开发的一种新型磁性离子交换树脂(MIEX)，是近年来迅速发展起来的一种水处理材料，主要用于去除含有机物矿井水中的天然有机物，这种新型树脂带有磁性，具有较大的比表面积和连续操作性，动力学反应速率高，对带负电荷的有机污染物去除效果明显。能够节省大量絮凝剂的使用，并能减少消毒过程中副产物的产生，提高了常规工艺的处理能力。

20 世纪 70 年代，我国开始对废弃矿井水资源化利用技术进行研究与应用，近年来，随着我国经济的快速发展和科学研究的不断深入，水资源需求增加，环保要求提高，废弃矿井水资源化利用得到了快速发展，利用规模不断扩大，技术水平大大提高，处理成本有所下降，加快了煤矿企业对废弃矿井水资源化利用技术的应用，某些矿区的废弃矿井水利用率已达到较高水平，取得了显著的效益，积累了宝贵的经验。但整体上我国废弃矿井水资源化利用水平不高，发展不平衡，高排放、低利用的现象依旧存在。因此，我国在废弃矿井水资源化利用中仍然存在一定的问题。

①废弃矿井水资源化利用的重要性没有得到充分重视。废弃矿井水是煤矿开采过程中产生的伴生资源，在传统计划经济思维的影响下，煤矿重视采矿业而忽视伴生资源的合理开发利用的现象依然没有改变。因此，废弃矿井水没有被视为矿区发展循环经济、保护生态环境、实施可持续发展战略的重要资源。废弃矿井水的水质和水量没有得到全面而系统的研究和分析，使得废弃矿井水的处理工艺针对性不强，设计不完善，在运行过程中发现了许多问题，处理效果不理想。

②宏观上废弃矿井水资源化利用缺乏政策支持和激励性措施。目前废弃矿井水资源化利用缺少系统的废弃矿井水开发利用发展规划，煤矿企业完全是在依靠市场运作驱动来开发利用废弃矿井水资源，导致动力不足。同时，针对废弃矿井水资源化利用缺乏法律、法规的支持与指导。

③缺乏先进、适用的废弃矿井水处理技术和设备。同其他水处理行业相比，废弃矿井水资源化利用的技术和设备还不够完善。目前煤矿企业和相关的科研院所已研发和推广了一批废弃矿井水资源化利用的技术成果，取得了许多成功的经验。不过随着煤炭行业现代化建设速度的加快和对废弃矿井水处理要求的不断提高，废弃矿井水处理工艺、技术及设备等均需要进一步研究并加以完善。

④资金投入不足，规模示范不够。废弃矿井水资源化利用工程设施建设需要投入大量的资金，资金短缺严重制约着废弃矿井水资源化利用工程的建设。规模较小的废弃矿井水资源化利用工程的综合成本过高，煤矿企业无法获得相应的经济效益，而且所取得的环境效益也远远达不到预期。此外，在废弃矿井水资源化利用技术上的科研投入也不足，仅仅依靠某些单位分散地进行研究探索，进展缓慢。

⑤缺少标准统一的技术规范。目前，我国废弃矿井水资源化利用技术和管理尚无国家标准，废弃矿井水处理过程和出水水质缺乏监督管理，导致废弃矿井水处理不规范。

⑥煤矿企业管理措施不到位。对于矿区废弃矿井水资源缺乏统一管理和整体规划，不能做到分质供水。对于废弃矿井水的处理程度、规模、复用、

管网布置等规划不到位。另外，我国煤矿的职工大多以采矿、土建、机电等专业人员为主，缺少环保专业人员负责环保方面的工作，并且管理和控制废弃矿井水处理的给排水专业技术人员也十分缺乏，负责设备操作的工人部分未经过专业培训。从企业领导到技术人员再到工人对废弃矿井水的处理工艺都不精通，不利于设备的运行管理，不能及时发现和解决废弃矿井水处理过程中的问题，限制了一线技术人员对工艺的创新。

三、国内外废弃矿井煤层气开发利用状况

世界范围内有大量的矿井已经或者即将关闭，但是这些废弃矿井中仍然储存着数量可观的煤层气，将这些废弃矿井煤层气加以开发利用不仅可以减少煤层气这种会造成温室效应的气体向大气环境中的排放，起到保护环境的作用，而且废弃矿井煤层气更可以作为一种宝贵的资源为人类利用，成为生产生活的能量来源之一。所以，世界范围内废弃矿井煤层气的开发利用越来越被重视起来，很多国家在废弃矿井煤层气的抽采利用上已经取得了很大的进展。

1. 国外废弃矿井煤层气开发利用状况

(1)美国。

美国在废弃矿井煤层气研究、勘探、开发利用方面处于世界领先地位，是世界上率先进行废弃矿井煤层气商业化的国家，也是世界上废弃矿井瓦斯抽采利用规模化和商业化最成功的国家，而且美国首次将废弃煤矿瓦斯排放量计算在温室气体排放总量内。美国在很早即进行了废弃矿井煤层气的开发利用，主要有两方面原因，一方面，美国的煤层气资源十分丰富，2010年底，美国煤层气年产量达到 $550 \times 10^8 m^3$，约占全美天然气消费量的 8%，2016 年美国煤层气为 $380 \times 10^8 m^3$，成为美国举足轻重的能源工业。而且美国关闭的废弃矿井数量众多，废弃矿井煤层气作为美国能源的重要组成部分，必须要开发利用起来。1996 年以来，美国 Stroud Oil Properties 公司利用原有的 6 个采动区瓦斯抽放孔从废弃矿井 Golden Eagle Mines 进行煤层气(瓦斯)抽采，每天约 $5 \times 10^4 m^3$ 的高浓度煤层气(瓦斯)被抽采。2004 年，美国环保局列出了 400 座可作为"瓦斯源"的废弃煤矿，2015 年美国统计废弃矿井达 48529 处。

2008 年，美国发表一份关于资源枯竭矿井煤层气回收利用项目的评估计划报告，称美国正在进行的资源枯竭矿井煤层气资源利用项目有 44 个，分散在 8 个州，5 个含煤盆地，其中 The Grayson HillEnergy、The Kings Station Mine、The DTE Methane Resources 项目最为成功。报告还对 14 个潜在资源枯竭矿井煤层气资源回收利用项目进行了评估。2012 年，美国有 16 个废弃矿井开展煤层气(瓦斯)抽采，利用的煤矿瓦斯总量约 $1.6 \times 10^8 m^3$，其中近60%的项目分布在伊利诺斯州的煤炭盆地中。2013 年美国又新增 26 个煤层气(瓦斯)抽采利用项目，据统计，2007～2013 年美国 Creed 和 Jackson 矿井煤层气回收利用项目生产瓦斯约 $2.5 \times 10^6 m^3$。

(2)英国。

英国废弃煤矿瓦斯储量丰富，废弃矿井煤层气开发利用的历史也最为悠久。英国废弃矿井开展煤层气(瓦斯)抽采利用始于 1954 年，英国国家煤炭局利用已关闭的老波士顿煤矿进行瓦斯发电。英国煤矿瓦斯公司从 1994 年开始废弃矿井煤矿瓦斯利用项目研究。截至 2015 年底，英国已累计报废煤矿的数量超过 900 个，估算废弃矿井煤层气储量约 $2130 \times 10^8 m^3$，其中 $1070 \times 10^8 m^3$ 为可开采瓦斯储量，可采量占 50.2%。2014 年英国废弃矿井煤层气总涌出量 $0.9 \times 10^8 m^3$，其中约 $0.7 \times 10^8 m^3$ 被回收利用，有 15 个正在运行或在建的废弃矿井煤层气发电项目，总装机容量约 84MW。英国报废矿井瓦斯抽放方式大体有两种：没有充填的废弃矿井或平硐抽放瓦斯；向废弃矿井采空区或井下卸压地区打大直径地面钻孔抽放瓦斯。抽放的瓦斯主要应用于工业，如瓷砖场、轮胎厂和电厂等，还供给居民用气。此外，英国具有较多的高瓦斯废弃矿井，英国斯塔福德郡及其附近地区有 5 个报废矿井进行瓦斯抽放，目前英国废弃矿井煤层气发电技术处于世界领先地位。

(3)德国。

20 世纪 80 年代，德国矿井大量关闭，1998 年起，德国逐渐开始了对废弃矿井煤层气的开发利用，在废弃煤矿瓦斯开发利用方面也积累了宝贵经验。德国 1998 年在 MontCenis 煤矿利用关闭煤矿煤层气建成了第一座供暖发电厂。2001 年，建设了第一批(3 座)不同模式的发电厂，每座电厂发电能力均为 13.5MW。2002 年，德国格鲁班瓦斯公司建成了一座发电能力达 51MW 的瓦斯发电厂。目前，德国拥有 17 个废弃矿井煤层气抽采利用项目，瓦斯发电装机容量 185MW，德国在运行的废弃矿井煤层气利用项目至少有 30 个，多用来发电供暖，装机容量约 175MW。而且德国在 2001 年将煤矿瓦斯纳入《可再生能源法》，保证为期 20 年的固定退税率，同时对于报废煤矿瓦斯发电企业上网电价，政府补贴达到 0.4 欧元/kWh。由于补贴到位，德国的废弃煤矿纷纷都对废弃矿井里的煤层气进行开发作为新能源利用，并成为煤炭转型的一部分。数据显示，截至 2010 年底，正处于运行的废弃矿井瓦斯抽采利用项目不少于 36 个，大多数为瓦斯发电和热电联供，装机总容量达 200MW，年抽采量达 $25\times10^8\mathrm{m}^3$，其中规模最大的斯蒂亚格能源公司年抽采利用量约 $3\times10^8\mathrm{m}^3$(折纯)，年发电量约 $10\times10^8\mathrm{kWh}$。

2. 国内废弃矿井煤层气开发利用状况

我国废弃矿井煤层气开发以抽取生产矿井的未采或卸压煤层中煤层气为主，真正意义上的以整个废弃矿井煤层气为抽采目标、采用井下密闭及预留专门管道抽放方式的工程实践还不普遍。虽然我国的废弃矿井煤层气(瓦斯)开发尚处于起步阶段，但是目前已经越来越受到相关部门的重视，而且我国在煤层气抽采方面已经有了很长的历史，积累了大量的相关方法和经验，并且一系列的相关研究和实践已经逐渐有所进展。

"十五"期间，煤炭科学研究总院西安研究院承担了国家"十五"科技攻关项目"废弃矿井煤层气地面抽放与利用先导性试验技术研究"，以铜川矿务局王家河关闭矿井为试验基地，初步建立了一套适合报废矿井的煤层气资源预测方法，开启了我国开发资源枯竭矿井煤层气资源工程实践的开端。刘子龙对阳泉矿区煤炭资源枯竭矿井的煤层气资源开发潜力进行了评价，并进行过多次的采空区与废弃矿井采区结合的矿井煤层气抽放试验，取得了一定的效果。在地面钻井抽采采动采空区、封闭采空区、老采空区瓦斯方面，我国积累了丰富的经验，如 1994 年铁法矿区率先在国内应用地面垂直采空区钻井进行了技术示范，对于采空区钻井的布孔原则和理论方面取得了丰富的经验和成果。2007 年曾对废弃老采空区进行地面垂直井开发，取得了一些经验。其他地区，如淮南、阜新、唐山、淮北、余吾、屯留等在采空区瓦斯地面抽采工程实践上均有成功经验。为利用地面钻井抽采煤炭资源枯竭矿井封闭采空区煤层气资源奠定了工程实践基础。

第二节 研 究 结 论

一、废弃矿井水资源开发利用战略研究结论

1. 建立废弃矿井地下水污染风险评价指标体系

废弃矿井具有许多特征，如点多面广、调查困难、资料很少等，这使得评估其地下水污染风险变得极其不易。在这种情况下，更复杂的评估方法不适用于评估废弃矿井地下水污染风险。此外，基于迭置指数法的评估方法可以完全考虑和评估影响废弃矿井的风险性、污染渠道的风险性和地下水危害性三个主要因素。因此，选用迭置指数法进行评价，以废弃矿井作为污染源，其附近的含水层作为风险受体，在分析废弃矿井地下水污染模式的基础上，综合考虑基于废弃矿井污染特征和评估方法的优缺点，建立了基于迭置指数法的评价方法，即定性评价。

废弃矿井地下水污染风险评价指标体系的建立，既要考虑含水层的自然属性特征，又要兼顾人类的开采活动和污染源对地下水污染的影响，还要表征风险受体可接受的水平，即地下水价值功能的变化也要考虑进去。因此，在构建该指标体系时，要在遵循科学性原则的同时兼顾全面性和可行性。

指标体系的建立需要首先明确评价的目的；其次利用统计、分析等各种方法，得出一个综合性质的评价指标集；最后通过分析与评价将各指标之间的制约关系表达出来，改变指标集合松散的状态。

根据层次法计算结果，确定了评价废弃矿井地下水污染风险的 15 个指标的权重指数，并将所有指标的分级标准与权重汇总后，得到废弃矿井地下水污染风险评级指标体系，见表 6-1。

表 6-1 废弃矿井地下水污染风险评价指标体系

序号	评价指标名称	取值依据	高风险等级	中风险等级	低风险等级	权重
1	矿井开采面积	统计数据	≥60	30～60	≤30	0.0724
2	矿井排水影响半径/km	《环境影响评价技术导则 地下水环境（HJ 610-2011）》	>1.5	0.5～1.5	<0.5	0.0781
3	矿井正常涌水量	《煤矿防治水规定》	≥600	180～600	≤180	0.0651

序号	评价指标名称	取值依据	高风险等级	中风险等级	低风险等级	权重
4	矿井水水质复杂度	《环境影响评价技术导则 地下水环境 (HJ 610-2011)》	污染物类型数≥2，需预测的水质指标≥6	污染物类型数≥2，需预测的水质指标＜6；污染物类型数=1，需预测的水质指标≥6	污染物类型数=1，需预测的水质指标＜6	0.1399
5	矿井水水质	《地下水质量标准 (GB-T14848-93)》	V 类	IV 类	I-III 类	0.1271
6	煤系主要充水含水层渗透系数 /(m/d)	含水层渗透系数经验值	≥50	10～50	≤10	0.0365
7	煤系主要充水含水层厚度/m	统计数据	≥60	30～60	≤30	0.0362
8	断层导水性	参考含水层渗透性	强	中	弱	0.0387
9	不良钻孔/个	专家咨询	＞6	3～6	＜3	0.0278
10	闭坑回弹水位与目标含水层最低水位的关系	已闭坑的，取真实的回弹水位。未闭坑的，闭坑回弹水位用矿井开始开采时的水位代替	高于	近似	低于	0.0559
11	目标含水层相对废弃矿井的位置关系	地下水流向	正下游	侧下游	上游	0.0447
12	目标含水层敏感性(功能)	《环境影响评价技术导则 地下水环境 (HJ 610-2011)》	集中式饮用水水源地(包括已建成的在用、备用、应急水源地，在建和规划的水源地)准保护区；除集中式饮用水水源地以外的国家或地方政府设定的与地下水环境相关的其他保护区，如热水、矿泉水、温泉等特殊地下水资源保护区	集中式饮用水水源地(包括已建成的在用、备用、应急水源地，在建和规划的水源地)准保护区以外的补给径流区；特殊地下水资源(如矿泉水、温泉等)保护区以外的分布区以及分散式居民饮用水水源等其他未列入上述敏感分级的环境敏感区	其他地区	0.0760
13	目标含水层取水量/(m³/d)	《饮用水水源保护区划分技术规范(HJ T338-2007)》	≥50000	10000～50000	≤10000	0.0558
14	目标含水层水质	《地下水质量标准 (GB-T14848-93)》	I～III 类	IV 类	V 类	0.0837
15	目标含水层岩性	含水层岩性分类	岩溶	裂隙	孔隙	0.0621

根据废弃矿井地下水污染风险评价方法，基于迭置指数法的原理与方法，采用加权求和法建立废弃矿井地下水污染风险评价综合指数模型，见表6-2。

表6-2　废弃矿井地下水污染风险等级

等级划分	弱	中	强
综合指数(R)	40≤R＜60	60≤R＜80	80≤R＜100

2. 确定废弃矿山采用方法的影响因素

对于不同类型的废弃矿山，我们要采用的处理方法是根据矿山的水文地质等条件选取最适合的方法。我们需要先找出影响废弃矿山治理方法选用的关键性因素，然后根据每个矿山不同的情况选择不同的再利用方法。为了找到影响废弃矿山治理方法的关键因素，可以将鱼骨图分析法作为工具，将废弃矿山治理方法作为要解决的问题，然后分析其主要原因。

利用鱼骨图分析法确定影响废弃矿山再利用方法的主要因素的步骤如下所述：

(1)首先我们要找到影响废弃矿山再利用方法的各种因素，然后通过头脑风暴确定影响废弃矿山再利用的几种关键因素。其中头脑风暴是指召集有关专家召开关于废弃矿山再利用方法的影响因素的研讨会，由多位专家集思广益，自由发言，不受任何限制，互相启发和激励，从各种不同角度找出问题的关键性因素。

(2)绘制鱼骨图。"鱼头"表示需要解决的问题，即废弃矿山的再利用方法。根据对矿山再利用方法的综合分析，可以把影响矿山再利用方法的因素分别在鱼骨图上展示出来，将影响废弃矿井再利用方法选择的因素按其影响程度由大到小依次填写在鱼骨图的大刺、中刺及小刺上。当然每一种因素的影响程度的大小，不能是由一个人决定的，要召集大量的相关人员对每一种因素进行仔细的分析研究，群策群力。在绘制鱼骨图时，应保证代表影响程度最大的因素的大刺与鱼骨图主干呈60°的夹角，代表影响程度次之的因素的中刺与鱼骨图的主干保持平行。需要强调的是，使用鱼骨图分析法分析问题的主要原因时，要利用知因测果或者倒果查因的方法检测二者之间的因果关系是否对应，因果常是一一对应的，不能混淆。

由鱼骨分析图可以看出，影响废弃矿山再利用的几种关键因素分别为：废弃矿井的富水性、废弃矿山地质条件的复杂程度、埋藏深度、空间布局、高差及污染程度和煤矿的开采方式。

前面已经通过头脑风暴利用鱼骨图分析法确定出了影响废弃矿山再利用方法的因素，接下来就要解决什么样的废弃矿山使用怎样的再利用方法的问题。

根据前面对废弃矿山再利用方法的讨论，决定采用的废弃矿山再利用方法为建造地下水库、地下污水处理中心及抽水蓄能电站三种。根据不同矿山的不同情况选择不同的再利用方法,如果矿山能够同时满足两种或三种方法所需要的条件,可以建设两种设施甚至三位一体的综合利用设施,即既能蓄水,又能进行污水处理,还能发电的多功能设施。

根据七种影响因素将废弃矿山进行分类,将矿山富水性等级分为强、中等、弱三种;将矿山的地质条件的等级分为复杂、中等、简单三种;根据埋藏条件将矿山分为埋藏深度小于 150m、150～400m 及大于 400m 的矿山;矿山的开采方式主要分为露天开采和井工开采两种;根据空间分布将矿山分为有邻矿和无邻矿的矿山;根据高差情况将矿山分为有高差和无高差的矿山;根据污染程度将矿山分为严重污染和轻微污染的矿山。

对矿山及其再利用方法进行分类,然后将其整理成一个样本数据集,将其导入 Access 数据中,通过对数据库内部函数的应用,然后输入影响废弃矿山再利用方法的影响因素的等级,就可以获得对其再利用的方法。这样,本书就初步建成了废弃矿井水再利用方法的优选体系。

为了建立一个比较完善、效率高的废弃矿井水再利用方法优选体系,让计算机能够快速准确地根据输入的废弃矿山的数据做出反应并提出一个合理、科学的利用方法,需要让机器对我们所做的数据库进行学习,从而构建一个方便快捷的废弃矿井水再利用方法优选方法体系的模型。

基于之前输入到 Access 数据库中的数据,选取其中的 150 组数据用来对 BP 神经网络进行训练,剩余数据用来验证 BP 神经网络预测结果的准确性,以废弃矿井再利用方法作为输出变量,其余七种主要影响因子为输入变量训练神经网络,其中,神经网络隐含层神经元数 $K=7$,最大迭代次数 150,学习率为 0.1,训练目标最小误差设置为 0.0001,基于 BP 神经网络预测的结果,废弃矿山再利用方法体系的精确度为 0.95,由此可以得出,我们已经建立了比较成熟的废弃矿井水再利用方法的优选体系。

二、废弃矿井非常规天然气开发利用战略研究结论

根据调研的五大区废弃矿井煤层气资源量情况,本节对我国未来废弃矿井煤层气资源开发进行了布局规划。

1. 晋陕蒙宁甘区——重点开发区

晋陕蒙宁甘区煤炭资源储量多、质量好、条件优,主要表现在:煤层稳

定，构造简单，煤层厚度以特厚、厚和中厚为主，大型、特大型矿井的一、二、三等的资源储量丰富。其中侏罗系延安组适于建设大型、特大型矿井的一、二、三等的资源储量约占该组总资源储量的 89%。石炭—二叠系山西组、太原组之一、二、三等资源储量约占该组总资源储量的 78%。晋陕蒙宁甘区是我国煤炭资源的富集区、主要生产区和调出区，煤矿区废弃矿井煤层气储存量大，如晋城、潞安、阳泉、西山、离柳、渭北、乌达、石嘴山、石炭井、汝箕沟、靖远、窑街等矿区高瓦斯矿井多，少数矿井具有煤与瓦斯突出危险，部分中生代盆地煤、油气共（伴）生，煤系砂岩的油气容易进入巷道（如黄陇地区），具有重要的开发价值。根据 2014 年 7 月～2018 年 6 月的统计结果：期间晋陕蒙宁甘区关闭的 316 处矿井中，废弃矿井煤层气（瓦斯）资源量 $138.37 \times 10^8 m^3$。根据相关资料的统计，山西省废弃矿井 4700 余座，煤矿区采空区面积高达 $5000 km^2$，采空区煤层气资源量约 $2100 \times 10^8 m^3$ 以上。

目前，山西省煤层气（煤矿瓦斯）发电装机容量超过 $100 \times 10^4 kW$，晋城市总装机容量 28.4 万 kW，成为全国最大的煤层气发电基地，也是世界上瓦斯发电最集中、装机规模最大的区域。沁水县建成 5 个煤层气压缩站、4 个煤层气液化项目，可形成每日液化 $155 \times 10^4 m^3$ 标准状态煤层气的能力，年利用 $6 \times 10^8 m^3$，建成全国最大的煤层气液化基地。潞安集团在煤基合成油项目中，将煤层气作为重要原料加以利用。山西境内建成有陕京一线、陕京二线、陕京三线、榆济线、西气东输等东西向的过境管线；山西投资建设了连接 22 个市辖区、74 个县城的省内管线，输气管道总长已达 8000km，形成“三纵十一横、一核一圈多环”的煤层气输气管网系统，为煤层气产业发展提供重要保障。除娄烦县外，105 个县（区）城区和部分矿区已建成市政煤层气（燃气）管道，保障了燃气供应，惠及人口 1800 万。这些便利条件为废弃矿井煤层气规模化开发提供了基础保障。山西蓝焰煤层气集团有限责任公司在山西晋圣永安宏泰煤业公司、沁秀煤业公司岳城煤矿等多个废弃矿井，施工地面钻井 27 口，15 口井完成设备安装运行，单井日均产量 $1155 m^3$，截至 2016 年底累计抽采利用约 $0.17 \times 10^8 m^3$ 煤层气，相当于节约煤炭资源 2 万多吨。

布局思路为当前至 2050 年该区域保持既有煤炭开发规模和强度，重点加大废弃矿井（或采空区）煤层气（资源）或煤系“三气”开发力度和示范引领作用。推进煤层气、天然气管网互联互通，建立公平、开放的管网输配机制，鼓励煤矿区瓦斯输配系统联网,实现资源集约化利用,煤层气资源开发与区域经济发展共赢共享,满足区内和国内市场需要,同时确保实现可持续发展,达到既充分利用资源又保护环境目的。

2. 华东区——限制开发区

华东区多为平原地区,各省之间煤炭资源分布极不均衡,煤炭资源主要集中于冀、鲁、豫、皖(北)四省区,北京、天津几乎没有煤炭资源分布,江苏有少量煤炭资源,但仅分布于省内唯一的产煤地徐州地区。华东区查明煤炭资源量 1191.35×10^8 t,主要赋存石炭—二叠系含煤地层,上组煤为主采煤层,厚煤层为主,局部中厚煤层;下组煤为辅助开采煤层,薄煤层赋存。由于华东区煤炭开发时间长,许多大型矿区的开采或开拓延伸到深部。据 2015 年统计,我国目前采深超过 800m 的深部煤矿集中分布在华东、华北和东北地区达 111 座,其中华东区占 82 座。

华东区内安徽省保有资源最多,河南省次之,山东省、河北省、江苏省分别列后三位。调研表明:2014 年 7 月~2018 年 6 月华东区关闭矿井 301 处,退出产能 0.924×10^8 t。区内以河南、安徽高瓦斯、煤与瓦斯突出矿井居多,具备废弃矿井(采空区)煤层气(瓦斯)开发的条件。近年来,淮南矿区在瓦斯治理方面取得突出成果,特别是地面钻井抽采采动卸压区瓦斯成效显著,淮南井上、井下瓦斯抽采模式在全国范围内推广应用。华东区由于采深较高,深部开采面临严重"三高"问题,瓦斯灾害、水害、自燃灾害等严重。该地区的煤炭资源以供应本地为主,同时承接晋陕蒙宁甘区的调出资源,该区域开发布局的调整思路为限制煤炭资源开采强度。条件好的废弃矿井,废弃矿井(采空区)煤层气(瓦斯)可以进行选择性开采。对一些条件不允许或者暂时开发首受限的矿井,矿井关闭过程中,应严格按照矿井关闭流程,做好矿井排水、密封、井下气体浓度的监测,以被后期废弃矿井(采空区)煤层气(瓦斯)开发利用。

3. 东北区——鼓励开发区

东北地区经过一个多世纪的高强度开采,现保有煤炭资源普遍较差,开采深度大。东北区煤田构造条件中等—复杂,高瓦斯矿井多,煤和瓦斯突出是煤矿生产的主要隐患。东北区域的煤矿开采历史悠久,开采深度大,是

20 世纪中叶以前我国主要煤炭生产区。煤炭资源开发过程中很多矿井瓦斯、水、自然发火、冲击地压、顶板等多种灾害并存。该区绿色煤炭资源量仅为 46.1×10^8t，绿色资源量指数仅 0.21，仅占全国绿色资源量的 0.9%。目前，煤炭资源量及产量占全国的比例均不断下降。

近代东北煤炭资源的开发兴起于 19 世纪末 20 世纪初，经过一百多年的持续开采，长期以来东北城市的资源型工业尤其是矿产资源开采业造成的生态破坏十分严重，如目前辽宁省共有 7 处较大的采煤沉陷区，总面积 333km^2，涉及住宅面积 630×10^4m^2，居民近 11 万户、32.8 万人；到 2002 年底，黑龙江省鸡西矿区地下采空面积达 214km^2，地面沉陷面积 156km^2。我国资源型城市中东北数量最多，共有煤炭资源型城市 12 座，除辽宁的调兵山和黑龙江的七台河资源禀赋和开发强度尚可外，黑龙江的鹤岗、双鸭山、鸡西，吉林的舒兰、珲春，辽宁的抚顺、阜新、本溪、南票、北票等普遍进入衰退期。

目前，东北地区迫切需要快速转型，收缩煤炭产业，变粗放型经济发展模式为高效率、集约化的经济发展模式。为此，国家和相关地方政府应出台相应的优惠政策，如在贷款、税收、财政等方面对煤矿关闭地区的土地、环境治理和招商引资方面加大扶持力度，鼓励相关企业在有条件的东北区开展废弃矿井(采空区)煤层气(瓦斯)开发利用。

4. 华南区——限制开采区

华南区保有资源量 1115.52×10^8t，煤层赋存条件不稳定，鸡窝状煤层分布广泛，急倾斜、薄煤层多、地质构造复杂，绝大多数分布于川东、贵州和滇东地区。该区域的典型特点是普遍存在高瓦斯双突煤层、突水严重等灾害(占比 90%以上)。2010 年，该区高瓦斯矿井 1733 处，产量 2.99×10^8t，占全区总产量的 35%；煤与瓦斯突出矿井 859 处，产量 1.41×10^8t，占全区总产量的 30.7%。煤炭资源丰度很低，绝大部分资源只宜建设小型矿井，年产 30×10^4t 及其以上矿井少见，新发现大型矿藏的前景也并不乐观。主要矿区有涟邵、萍乡、丰城、龙永等。

该区内尽管经过多年的整顿关闭，小煤矿仍然较多。截至 2018 年 6 月底，该区约有煤矿 1406 处，其中小型 1209 处，占比 86%。如果按目前开采速度，2006～2050 年，现有煤矿报废关闭的生产能力将占现有生产能力的 80%以上；到 2030 年前后，广东、浙江、湖北、湖南、广西等省(区)将陆续退出煤炭生产领域。

在 2014 年 7 月~2018 年 6 月华南区关闭的 2776 处矿井中,估计煤层气(瓦斯)储量 $15×10^8m^3$,云南、贵州、四川三省废弃矿井煤层气资源具有埋藏深度浅、资源量大、丰度高的优势,瓦斯资源丰富,可采潜力大,但煤矿分散、规模小,煤层构造类型与煤层层数多,瓦斯含量与煤层厚度变化大,需要结合三省煤矿区及煤层赋存的特点研究相应的抽采方式。综上,华南区内废弃矿井(采空区)煤层气(瓦斯)规模化开发受限,应作为资源储备区,有待后期分布式废弃矿井(采空区)煤层气(瓦斯)开发利用技术的突破,在 2014 年 7 月~2018 年 6 月新青区关闭的 2776 处矿井中,估计废弃矿井煤层气资源量 $15×10^8m^3$。

5. 新青区——资源储备区

新青区煤炭资源极为丰富,新疆在"十二五"期间更是被确定为我国第十四个集煤炭、煤电、煤化工为一体的大型综合化煤炭基地。该区煤炭资源保有量 $2517.38×10^8t$,绝大多数煤炭资源分布在北疆地区,北疆煤炭保有量 $2097.85×10^8t$,占比 83.33%;青海保有量 $63.40×10^8t$,占比 2.5%;南疆保有量 $197.47×10^8t$,占比 7.8%。其中新疆地区绝大多数为长焰煤、不黏煤和弱黏煤,三者占比 84.26%,也分布一定比例的气煤,约占 3.2%,青海也以长焰煤和不黏煤占绝大比例。新疆 2000m 以浅煤炭资源总量约为 1.9 万亿 t,占全国煤炭资源总量的 40%,位居全国第一;新疆 2000m 以浅煤层气资源量 $9.51×10^{12}m^3$,约占全国($36.8×10^{12}m^3$)的 26%,全国煤层气资源量大于 $1×10^{12}m^3$ 的 9 个含气盆地中新疆占 4 个。

在东部煤矿区资源量大幅减少的背景下,北疆已成为中国重要的能源接替区和战略能源储备区。北疆煤炭区资源储量巨大,煤质较为优良。主要矿区有哈密、吐鲁番、准东、准北、准南、伊犁等。1997~2007 年,10 年间新疆已关闭 1300 个小煤矿。2016 年新疆关闭退出煤矿 21 处,2017 年拟淘汰关闭退出煤矿 113 处,产能 $0.116×10^8t/a$。截至 2015 年底,新疆现有煤与瓦斯突出矿井 6 处;经瓦斯等级鉴定为高瓦斯的矿井 14 处;按高瓦斯矿井管理的矿井 6 处。目前有昌吉五宫煤矿等 35 个矿井建设了瓦斯抽放系统,比 2010 年增加 13 个。2015 年,新疆瓦斯抽采量 $0.86×10^8m^3$,比 2010 年提高 17.8%,但利用率仅为 4.81%。

在 2014 年 7 月～2018 年 6 月关闭的 159 处矿井中，估计废弃矿井煤层气资源量 $4 \times 10^8 m^3$。

新青区煤矿开采地质条件和煤矿灾害的主要特征是：煤系地层一般埋藏浅，部分含煤盆地(煤田)(如塔里木、准噶尔、伊犁等盆地)上覆地层厚度较大，局部地区煤层具有一定的突出危险性；大多数矿井属容易自燃和自燃煤层矿井，自燃发火期一般为 3～5 个月，最短为 15～20 天；厚及特厚煤层储量大，煤层层数多。新疆中低煤阶煤层气是我国煤层气领域发展的重要方向之一，国家煤层气"十三五"规划及国家科技重大专项均对新疆煤层气勘查开发予以大力支持，将为新疆煤层气快速发展奠定政策保障和技术基础。

基于以上分析判断，今后一段时期，"控制东部、稳定中部、发展西部"的开发布局将逐步形成，新青区煤炭行业未来发展具有较大的发展空间，未来废弃矿井数量将会大幅增长。但在目前煤炭生产结构将进入一个新的发展阶段，煤炭消费需求增长趋缓，煤炭产能出现过剩，新青地区的某些重点大煤田的产能还未释放出来，所以将新青区作为资源战略储备区。随着新疆煤矿开发力度的逐渐加大，届时可利用适合我国的、较成熟的废弃矿井煤层气开发技术，科学高效开发废弃矿井煤层气资源。

第三节　政　策　建　议

1. 矿井水资源化利用战略政策建议

(1)完善政策法规，拓宽融资渠道。

实施废弃矿井水资源化利用激励政策，研究制定相关产业政策、财税政策和其他扶持政策，并完善相关法律。积极支持废弃矿井水利用技术的研发及工程项目建设。对于参与废弃矿井水开发利用的企业予以税收优惠。

(2)健全标准体系。

研究建立废弃矿井水利用标准体系和监督管理体系，研究制定废弃矿井水利用技术标准和管理规范，规范废弃矿井水利用工程设计和生产过程，加强生产过程和出水质量的监管，使废弃矿井水利用规范有序。

(3)统筹规划。

将废弃矿井水利用纳入矿区发展的总体规划中，对矿区内地下水资源进行评估，在矿井的规划设计阶段，将井下排水作为水资源来开发利用，把废弃矿井水的综合利用作为解决矿区缺水问题的重要措施。坚持走以市场为导向、企业为主体的道路，加强宏观调控和政策引导。

2. 废弃矿井非常规天然气资源利用政策建议

(1)健全废弃矿井煤层气开发的法律法规体系。

由于目前废弃矿井煤层气地面开发缺少法律依据，项目启动比较困难，建议国家对关闭矿井及其蕴藏的煤层气资源所有权给予明确的法律依据和政策支持，减少企业工作中面临的法律和经济风险。

(2)加快完善废弃矿井煤层气开发利用行业规范和政策支持。

为促进废弃矿井煤层气抽采利用的规模化，建议国家尽快制订规范和标准，加强对该领域的规范引导，为下一步此类煤层气开发、评价提供技术支撑和依据。

(3)国家设立专项资金或设立科技专项。

在一些矿区开展相应的试点，支持有实力的大型企业开展废弃矿井煤层气开发利用试验，借鉴英国、德国等国家煤矿管理经验，在煤矿关闭前着手建设采空区煤层气开发利用基础设施，使资源开发利用实现最大效益化。

(4)完善废弃矿井煤层气勘查、开发机制。

从回收资源的角度，加大对废弃矿井煤层气调查、勘查力度，深入开展研究和开展综合评价工作，鼓励有实力的企业加大废弃矿井煤层气回收利用。

第七章

废弃矿井生态开发及工业旅游战略研究

本章研究我国及世界主要发达国家废弃矿井/矿山生态开发及工业遗产旅游现状，分析废弃矿井/矿山生态开发及工业旅游的潜在价值与经济社会效益，发现我国废弃矿井/矿山生态开发及工业旅游存在的问题；调查研究我国废弃矿井生态环境损害现状及空域分布规律，战略性评估我国废弃矿井生态修复潜力与环境效应及其技术经济评价；在生态环境修复基础上，对我国废弃矿山工业旅游资源进行空间重构，借助 SWOT 分析法对我国废弃矿山旅游资源开发利用进行全面分析，提出我国废弃矿山工业遗产旅游资源空间重构与开发的技术途径、关键技术创新方向与保障措施；结合国家煤炭工业发展规划，研究废弃矿井/矿山生态开发及工业旅游对我国能源产业结构调整和经济社会发展的多重效益，提出我国废弃矿井/矿山生态开发及工业遗产旅游发展战略的政策建议。

第一节　现　状　分　析

一、废弃矿山工业遗产旅游开发背景及现状分析

伴随工业化、城镇化进程的深入，长期、大规模、高强度的矿产资源开发，使得我国诸多矿山进入资源开发的衰退期，废弃矿山数量逐年增加。与此同时，我国近些年来经济改革进入到"供给侧结构"改革阶段，"去产能"的提出，更加快了关停矿山的速度。据统计，"十一五"以来，我国关闭煤矿 1.7 万余处，"十二五"期间关闭煤矿 7100 处。这些煤矿中赋存煤炭资源量约 420 亿 t，非常规天然气近 5000 亿 m^3，并具有丰富的地下空间资源、矿井水资源、地热资源与旅游开发资源等。中国工程院重点咨询项目"我国煤炭资源高效回收及节能战略研究"预测：2020 年，我国关闭/废弃矿井数量将达到 12000 处，到 2030 年将达到 15000 处。如果单个煤矿地下空间以 60 万 m^3 计算，2020 年，我国关闭/废弃矿井地下空间约为 72 亿 m^3；到 2030年，约为 90 亿 m^3。关停矿井/矿山不仅造成了井下数百亿资产的浪费，同时还带来了生态破坏、矿工失业和矿山所在资源枯竭型城市衰退等诸多经济、社会和生态问题。

工业遗产旅游开发是解决废弃矿山现实问题的重要途径之一。我国高度重视工业遗产旅游开发，自 2004 年以来积极探索废弃矿山工业遗产旅游开发路径，开发了以国家矿山公园为代表的工业遗产旅游项目。在制度层面，

2016 年国家旅游局出台了《全国工业旅游发展纲要(2016-2025 年)(征求意见稿)》，提出要在全国创建 1000 个以企业为依托的国家工业旅游示范点，100 个以专业工业城镇和产业园区为依托的工业旅游基地，10 个以传统老工业基地为依托的工业旅游城市等。国务院印发的《"十三五"旅游业发展规划》提出"旅游＋新型工业化"开发模式，鼓励工业企业因地制宜发展工业旅游，促进转型升级。支持老工业城市和资源型城市通过发展工业遗产旅游助力城市转型发展。《工业和信息化部 财政部关于推进工业文化发展的指导意见》提出，统筹利用各类工业文化资源。大力发展工业旅游。倡导绿色发展理念，鼓励各地利用工业博物馆、工业遗址、产业园区及现代工厂等资源，打造具有鲜明地域特色的工业旅游产品。这些支持性的政策为废弃矿山工业遗产旅游开发带来了难得的机遇。

工业遗产旅游最早起源于英国，并在欧美等国家和地区得到了长足的发展。英国铁桥峡谷、威尔士煤矿工业区，德国鲁尔区，法国洛林老工业区，波兰维利奇卡盐矿等依托自身工业遗产和地理区位优势，开发了多种形式的工业遗产旅游目的地。工业遗产旅游在废弃矿山再利用方面取得了巨大成功：一方面通过工业遗产旅游开发，为经济发展注入了新活力，实现了产业升级、经济复兴；另一方面在旅游资源开发中，尽可能地保持工业遗产的完整性和原真性，使工业遗产得到了最大程度的保护。

目前，我国正处于步入工业化后期的关键阶段，加强废弃矿山工业遗产旅游开发对于资源枯竭型城市转型、扩大矿工就业渠道、保护工业遗产、提高居民的生活质量等都具有十分重要的现实意义。

废弃矿山工业遗产旅游开发有利于资源枯竭型城市转型。废弃矿山与其他土地资源一样具有资源和资产的双重内涵，具备负载、养育、仓储、提供景观、储蓄和增值等土地的功能。因地制宜地对废弃矿山进行工业遗产旅游开发，把废弃地变成"可居、可业"的发展空间，有利于资源的充分利用。废弃矿山工业遗产旅游开发在充分利用资源的同时，将废弃闲置资源就地转换为旅游资源，形成特色鲜明的旅游产品，可以催生经济发展新的"动力源"，加速推进废弃矿山由生产功能向服务功能转变，促进资源枯竭型城市经济转型升级。

废弃矿山工业遗产旅游开发有利于解决矿工再就业问题。劳动力需求为引致需求，通过废弃矿山+旅游创新模式，形成新型旅游产品，为废弃矿山矿工带来新的就业与创业机会，有利于促进矿工再就业。同时，通过旅游+战略，利用旅游产业关联性强、渗透性高的产业特征，促进废弃矿山与城镇化、农业现代化、新型工业化、现代服务业高度化融合发展，形成新型旅游业态，可以扩宽与旅游相关产业的就业空间。

废弃矿山工业遗产旅游开发有利于保护工业遗产。很多废弃矿山是中国工业化过程中留下的最鲜明的时代烙印，见证了中国从洋务运动，到中华人民共和国成立，再到改革开放经济转型的历史递进，工业遗产价值极高。世界上很多地区的工业遗产都是通过旅游开发形式保存下来的。废弃矿山工业遗产旅游开发是在尽可能保持工业遗产的原真性的前提下打造的具有观光、休闲和游憩功能的旅游吸引物，可以有效地延续工业文脉，实现工业遗产保护。

废弃矿山工业遗产旅游开发是矿区居民提高生活质量的重要举措。废弃矿山周边生态环境问题普遍较为突出，且随着废弃矿山数量的增多，生态环境问题愈发凸显。据统计，我国因采矿直接破坏的森林面积累计达 106 万 hm^2，破坏的草地面积为 26.3 万 hm^2，引发的塌陷区面积累计 11.5 万 hm^2(占全国土地破坏面积的 10%)。废弃矿山工业遗产旅游开发是以生态修复和生态重建为前提，旅游资源只有在开发利用的同时加强对环境的保护才能发挥其功能和效益。工业遗产旅游通过真实的文化空间场景与社会生活空间的保存，既活化历史，又丰富现实，将工业生产功能置换为宜居宜游的生活空间，为民众融入城市文化生活提供契机，为城市文化旅游增加新的内容。

废弃矿山工业遗产旅游开发是工业文脉得以延续的重要路径。作为一个城市历史文脉的见证，工业遗产也蕴藏巨大的文脉价值内涵。《关于工业遗产保护的下塔吉尔宪章》提到，工业遗产具有重要的社会历史价值，它是人民生活的一部分，它见证、记录了人类巨大变革时期的日常生活。工业遗产旅游开发可以将这种价值得以体现，内含于它的结构、组件、机器设备和环境中，存在于工业景致和书写文档中，并且还存在于无形的工业记录中，还容纳在人类的记忆和风俗习惯中，通过内隐工业文化得以再现。

本部分从我国废弃矿山工业遗产旅游开发现实出发，从供给和需求两个角度分析废弃地进行工业遗产旅游开发的现状与存在的问题；分析中国废弃矿山旅游资源的独特性，识别具有旅游开发潜力的废弃矿山空间分布与特征；构建废弃矿山+旅游产品开发模式、废弃矿山+旅游产业融合开发模式、废弃矿山+旅游区域协同开发模式；提出中国废弃矿山工业旅游开发战略思路、目标、开发时序和实施路径，并提出相关政策建议和措施。

1. 中国工业旅游发展历程

我国利用工业用地开展旅游的发展历程主要分为 3 个阶段：第一阶段，企业自发组织阶段(1990~2000 年)；第二阶段，政府规范引导阶段(2001~2009 年)；第三阶段，政府积极推进阶段(2010 年至今)。

(1)企业自发组织阶段(1990~2000 年)。

这一阶段是我国工业旅游的发起阶段，一些企业由于自身发展需要，推出了一些以观光、度假为主的旅游项目，奠定了中国工业旅游发展的基础。

工业旅游起源于欧美国家，我国起步较晚。20 世纪 90 年代初，一些企业集团开始探索工业旅游。例如，1990 年，山西杏花村汾酒集团首先对外开放，供游客参观；1994 年，中国一汽集团通过一汽实业旅行社，对外开放了卡车生产线、红旗轿车生产线、捷达轿车生产线及汽车研究所样车陈列室，供游客参观体验；1997 年，宝山钢铁(集团)公司开始在集团领导的帮助和支持下开展工业旅游，先后获得了"上海市优秀旅游产品"的称号并被国家旅游局评为"全国工业旅游示范点"；此后北京三元食品股份有限公司、中国石化燕山石化公司、北京燕京啤酒集团公司等企业纷纷对游客开放，国内其他一些知名企业也开始涉足工业旅游项目。

(2)政府规范引导阶段(2001~2009 年)。

这一阶段的特点是政府主要通过工业旅游示范点标准化，实现规范和引导工业旅游的开发。北京、山东、广西、江西、山西、浙江等省(自治区、直辖市)及广州、太原、青岛等城市也编制了本地的工业旅游地方标准，促进和规范工业旅游管理。

标准化建设是推进工业旅游示范点的重要举措。2002 年国家旅游局审议通过并发布《全国农业旅游示范点、工业旅游示范点检查标准(试行)》。该标准作为示范点验收的重要依据在很长时间内对工业旅游示范点的建设起着有效的引领作用。通过政府的规范管理，促进了工业旅游健康有序地开展，避免一窝蜂地盲目上马而造成资源浪费、质量低下等现象出现。

工业旅游的地方标准建设也是工业旅游标准化建设的重要组成部分。应该说明的是，在工业旅游标准化建设过程中，虽然上述全国范围内统一的示范点验收标准起到了规范作用，但是并没有设定全国范围内适用的更细化的工业旅游示范点服务质量方面的标准，而是交由各地方自行制定相关的工业旅游示范点服务质量及评定标准。

（3）政府积极推进阶段（2010年至今）。

《国务院关于加快发展旅游业的意见》首次把旅游业提高到战略性产业的高度，明确"要把旅游业培育成国民经济的战略性支柱产业和人民群众更加满意的现代服务业"，将旅游业的地位上升到战略高度，上升到与人民生活息息相关的现代服务业的高度，这是对旅游业的全新定位，也是对旅游工作提出的新的更高要求。这标志着我国旅游业发展将进入一个新阶段，也为工业旅游开发迎来重要发展时机。近年来，政府部门在经济、社会和生态效应的多重目标驱动下，大力推广、引导和规范工业旅游发展，我国工业旅游已初具规模，形成了一些比较成熟的旅游目的地，工业旅游发展进入了新阶段，在法律、政策、实践等层面上积极推进工业旅游的发展。

目前，我国在工业遗产旅游方面没有统一适用的国家层面的专门立法，但实践中涉及的法律适用领域非常广泛。工业旅游在本质上是工业与旅游结合的产物，是通过整合开发各种工业旅游资源，以满足旅游消费需求的旅游体验活动，在我国同时还是一种相对新型的旅游产品，是一种产业融合的新形式。虽然没有专门的工业旅游立法，但从对工业旅游认识的不同角度来看，其适用的法律范围又很广泛。

工业旅游项目从建设环节来看，涉及土地、环境保护、建筑管理等领域的法律适用；如果从工业旅游建设依托城市建设角度来看，又涉及城市建设规划领域的法律适用，还可能涉及历史文化名城领域的法律适用。从工业旅游资源角度来看，因资源类型和属性的不同，涉及的法律适用范围更广泛，如建筑保护、文物保护与利用、遗产保护与利用等方面的法律适用。矿山公园在建设和运营过程中，既要符合文物领域的法律适用要求，又要满足文化遗产方面的法律适用要求。

所以，工业遗产旅游在我国虽然没有统一适用的国家层面的专门立法，但实践中涉及的法律适用领域非常广泛。

目前我国在政策方面，形成了一批工业旅游的政策性文件、以标准化促进示范点建设的保障措施、地方层级的工业遗产旅游组织保障机制等，初步构建了引导和规范工业遗产旅游管理的政策框架。

2. 废弃矿山工业遗产旅游开发现状

近年来，政府部门在经济、社会和生态效应的多重目标驱动下，大力推广、引导和规范工业旅游发展，我国工业旅游发展进入了新阶段，在法律、政策、实践等层面上积极推进工业旅游的发展，工业旅游已初具规模，初步建成了 10 个国家工业旅游示范基地和 10 个国家工业遗产旅游基地。国家矿山公园建设规模不断扩大。2010 年 5 月 6 日，经国家矿山公园评审委员会评审通过，国家矿山公园领导小组研究批准，授予黑龙江大庆油田等 33 个矿业单位国家矿山公园资格。2013 年，第三批 11 个国家矿山公园获得批准。截至 2013 年底，我国已有 72 个矿山公园获国家矿山公园资格。

凭借矿业开采形成的、具有区域稀有性的地表或地下矿业遗迹、遗址等开发旅游产品，目前开发出的旅游产品主要有：矿业遗产展览展示项目，矿山遗迹、矿山生产景象参观项目，矿工生活体验项目等。围绕非矿业旅游资源，依托废弃矿山空间资源及地理位置的优越性开发的"吃、住、行、游、购、娱"等旅游项目，如拓展运动类、风土民情类、餐饮娱乐住宿类等休闲旅游项目。这些旅游产品在一定程度上基本满足了游客日趋多元化的消费需求，但整体而言，尚普遍存在内涵不足、产业结构失衡、旅游开发模式单一、游客满意度不高等诸多问题。

(1)产品内涵不足，缺乏竞争力。

目前我国在废弃矿山工业遗产旅游开发方面尚处于初级阶段，仅是将废弃矿山与旅游简单叠加，深层次、复合型的创意体验型工业遗产旅游产品较少，产品特色不浓、功能不完善、文化内涵挖掘不足，不能满足广大游客个性化、多样化的消费需求。相对于其他旅游产品而言，国家矿山公园并没有在全国乃至国际旅游市场上形成具有较强竞争力和吸引力的品牌优势。废弃矿山工业遗产旅游产品滞后于我国旅游产品业态的整体开发水平。

(2)产品结构失衡，空间组织松散。

旅游产品结构是指在一定地域范围内的旅游产品的种类、时空布局、组合方式、各产品之间的联系及在当地旅游收入贡献中的比重及作用。合理的旅游产品结构是实现资源充分利用和资源有效配置的重要手段,是促进旅游目的地消费合理化、高级化的基础。现代旅游产品主要包括观光旅游、度假旅游和特种旅游 3 个产品结构。目前国家矿山公园开发的旅游产品中观光旅游占了很大比重,游客体验性差,参与度不强。在产品内容呈现方面,国家矿山公园旅游产品更多侧重展览、展示,而互动性、趣味性、休闲性旅游产品不足。而且目前废弃矿山工业遗产旅游更多关注"游"的要素,"吃、住、行、购、娱"等其他要素配置不足,旅游基础设施不完备,旅游空间布局不合理等也无法适应大众旅游需求。

目前国家矿山公园空间组织松散,分布不均衡,单体旅游景点与周边旅游目的地缺乏有机的、内在的关联,国家矿山公园之间也没有形成成熟的、特色鲜明的旅游线路。空间分布松散的特征决定了我国国家矿山公园目前难以形成区域旅游规模效应。

(3)市场竞争激烈,可能出现内耗。

废弃矿山工业遗产旅游本身不属于大众旅游产品,而是属于小众的利基市场。近些年来,随着废弃矿山工业遗产旅游开发的兴起,我国出现了国家矿山公园及工业遗产旅游示范点等新业态。这些工业遗产旅游示范点的存量已经构成了一定的竞争关系。与此同时,这些国家矿山公园旅游产品主题相似、项目雷同,在市场有限的条件下,竞争激烈,可能出现严重的内耗现象。

(4)资源利用率低,公众参与性不强。

国家矿山公园旅游产品与市场需求衔接脱节。尽管目前已开园的国家矿山公园旅游产品体系建设日趋齐全,但是很多矿山公园旅游产品不是结合消费者的消费需求开发的,旅游产品差异度小,体验性差,缺乏竞争优势,市场效果并不理想,有些国家矿山公园游客稀少,门可罗雀,资源利用率低,公众参与度不高,有可能再一次面临废弃的危险。

(5)管理不规范,服务不专业。

目前国家矿山公园突出的问题就是管理不规范,服务不专业。这类主题公园在经营中,依然按照工业企业的运行模式,对旅游业发展规律认识不足、营销手段单一、旅游服务质量不到位、矿山公园解说系统不完善、游客服务设施缺乏,无法给游客带来良好的旅游体验。

二、废弃矿井生态开发战略研究现状分析

长期大规模高强度的矿产资源开发，造成我国废弃矿井数量逐年增加，矿区生态环境约束日益严重，进一步加剧了土地资源的短缺，同时还引发了经济发展滞后、失业人数增多、社会矛盾突出等一系列区域性和结构性的经济和社会问题，严重威胁着矿区经济的可持续发展，废弃矿井（矿区）迫切需要生态开发与经济转型升级。然而，由于我国废弃矿井生态开发起步较晚，总体上呈现出零星分散、小规模、低水平的状态，以矿区的土地复垦、植被修复及景观恢复为主，在矿区的新产业培育、产业链形成及矿区经济转型、可持续发展等方面还未形成系统的生态开发思路，与发达国家相比还有很大差距。因此，开展我国废弃矿井生态开发战略研究对于改善矿区自然与人居环境，促进矿区经济转型，破解资源开发与生态环境协调发展的难题，具有重大现实意义。

"废弃矿井生态开发战略研究"课题组在分析我国矿产资源开发的生态环境影响与废弃矿井生态开发需求的基础上，基于废弃矿井生态修复及生态开发相关理论，界定了废弃矿井生态开发的定义和范畴，明确了废弃矿井生态开发方法与技术支撑体系，调研总结了国内外废弃矿井生态开发典型案例与主要模式，进而提出了我国废弃矿井生态开发的战略思路与基本原则、战略目标、重点任务和实施路径，最终提出了相应的保障措施与政策建议。

1. 我国废弃矿井生态开发内涵与定位

一般而言，矿业废弃地是指由采矿活动所破坏的不经治理而无法使用的土地。废弃矿井是指某种矿产资源枯竭或已停止开采的闭坑矿山，一般指矿区所在的场地。广义的废弃矿井是指某种矿产资源的生产矿井由于该种矿产资源已枯竭或即将枯竭（开采时间将不足 5 年或可采矿产资源储量不足 5%的在产矿井），或失去开采价值，或不满足生态环境保护开采条件，或由于国家、地方关停政策等在现阶段一定时期内或永久时期内退出关闭的，并且开采活动造成了生态环境破坏的区域。资源枯竭型和政策关闭型矿井是常见的废弃矿井类型。

根据废弃矿井的定义和相关文献资料的梳理，基于矿种、进入废弃时间、开采方式、废弃属性分类、土地破坏性质、废弃地积水程度和矿区地形分类可以实现对废弃矿井的不同分类，如表 7-1 所示。

表 7-1　废弃矿井类型与分类

分类方式	类型	描述
矿种	能源矿产废弃地	以某种能源矿产(我国常见类型为煤炭、石油和天然气三类)进行生产开采的矿区在退出关闭后形成的废弃地
	金属矿产废弃地	以某种金属矿产(主要包括黑色金属矿、有色金属矿、贵金属矿、稀有金属矿、稀土金属矿等)进行生产开采的矿区在退出关闭后形成的废弃地
	非金属矿产废弃地	以某种非金属矿产(主要品种为金刚石、石墨、自然硫、硫铁矿、水晶、刚玉、蓝晶石等)进行生产开采的矿区在退出关闭后形成的废弃地
进入废弃时间	已废弃地	指矿井的生产活动已经完全停止或已经闭坑,矿区被完全废弃
	正在废弃地	指在 1~2 年内将完成退出关闭的矿井,生产开采活动基本停止,矿井正根据计划逐步采取关停步骤的矿区
	规划废弃地	根据退出关闭时间,其可分为短期规划废弃地(5 年内明确计划退出关闭的矿区)和长期规划废弃地(10 年内具有明确的退出关闭计划的矿区,一般规划废弃地的生产开采活动仍在正常进行,退出关闭程序还未开始)
开采方式	露天开采	指废弃前采用露天开采方式的矿区,其特点是在地表开采或剥离矿上的覆盖物(包括岩石、土壤等)后形成了显露的矿坑
	地下开采	指废弃前采用地下开采方式的矿区,地下开采方式主要包括立井、斜井和平硐形式
	露天+地下开采	指废弃前同时采用了露天开采和地下开采两种方式的矿区,废弃地同时存在露天开采废弃的矿坑和地下开采废弃空间
废弃属性分类	资源枯竭型废弃矿井	指原矿山开采的矿产资源因枯竭或当前开采技术无法实现等原因造成该矿产资源储量不足而不具备开采条件的资源枯竭矿区,多表现为采空/塌陷型的废弃矿井
	提前退出型废弃矿井	提前退出型废弃矿井是指采富弃贫、落后产能、供给侧结构性改革、去产能等,其矿产资源不满足当前国家政策和开采条件而停止生产开采而废弃的矿区或矿山,受落后产能治理的影响,从 2016 年开始大量产生此类废弃矿山
	资源禁采型废弃矿井	指矿井所在区域是当前国家政策禁止进行开采生产活动的保护区域(城市规划区、自然保护区、风景区、地质遗迹保护区和重要交通干线两侧)
	不具备生态安全开采条件的废弃矿井	指由于矿井分布在地质构造复杂或生态环境脆弱不具备安全开采条件和生态环境脆弱的地区,迫使矿区开采活动被禁止的废弃矿井
	战略性储备型废弃矿井	指为了满足国家矿产资源规划的战略性和安全性需要,减少国家经济社会在发展重大战略实施时期的潜在发展危机,或者因区域发展规划、国家资源安全战略和当前自然资源承载力等限制因素而临时退出关闭的废弃矿井,一般其资源赋存和开采条件较好。若是已开采的矿区,则战略性储备型废弃矿井也是提前退出型废弃矿井
土地破坏性性质	挖损地	指废弃矿井因生产建设活动致使原地表形态、土壤结构、地质表层、地表生态等产生了直接性、毁灭性的破坏
	沉陷地	指废弃矿井因地下开采引起围岩位移和变形,并导致地表下沉、变形和塌陷的场地,或造成土地原有功能部分或全部丧失,成为常年积水或季节性积水的塌陷坑
	压占地	生产建设过程因堆放剥离物、废石、矿渣、粉煤灰、表土、施工材料等,以及出现大量的采矿作业面、机械设施、矿山辅助建筑物和道路交通形成的先占用而后废弃的废弃矿井。按生产建设活动产生的剥离物,可具体分为废石堆废弃地、尾矿废弃地和压占废弃地
	污染土地	指生产建设过程中排放的污染物造成的矿区土壤原有理化性状恶化、土地原有功能部分或全部丧失的土地
	露天采场	能在露天条件下开采矿物的场所
	排土(岩)场	露天矿区中指由剥离的表土、开采的岩石碎块和低品位矿石堆积而成的废石堆积地;井工煤矿中指建设期的土石方堆放用的排土(岩)场和复垦时因所需而修建的表土堆场
	工业广场	指矿区废弃前为生产系统和辅助生产系统服务的地面建筑物、构筑物及有关设施的场地

续表

分类方式	类型		描述
废弃地积水程度	非积水塌陷干旱地		指受到煤柱的支撑影响而形成的大面积整体塌陷，具有较大的地面起伏，一般不积水
	塌陷沼泽地		塌陷区土壤形成沼泽，但一般面积不大，该类型塌陷地占比较小
	季节性积水塌陷地		跟随雨水量进行变化，一般塌陷区形成内局部塌陷，其所在的地面比周围要低，雨季时容易出现积水变成水塘，旱季时则因无水而形成非积水塌陷干旱地
	常年浅积水塌陷地		其沉深度较浅，一般具有 0.5～3.0m 深的下沉，并形成 0.5～2.5m 深的积水
	常年深积水塌陷地		指常年积水塌陷地下沉深度达 3m 以上，积水水量更加充足的塌陷地
矿区地形分类	平原	分布	我国的东部、中部地区，为湿润、半湿润气候条件
		破坏特征	露天矿：地表水系破坏、地下含水层破坏、形成深凹露天坑和平地堆起的排土场 井工矿：地表下沉盆地、富水地区塌陷坑积水、地表裂缝引起水土流失等
	丘陵山区地下	分布	东部地区广泛分布
		破坏特征	露天矿：水体破坏、形成深凹露天的坑和排土场等 井工矿：山体滑坡、台阶状塌陷、山体裂缝、水土流失加剧等
	荒漠化废弃矿井	分布	我国的西北部干旱和半干旱地区
		破坏特征	水体破坏、水土流失加剧、植被覆盖率下降等

废弃矿井狭义生态开发即从生态修复角度出发，以生态修复为目标导向，对废弃矿井/矿区的环境进行修复与生态重构，实现环境治理，为废弃矿井及周边区域、城市的经济开发提供生态环境保障。广义的废弃矿井生态开发是在完成废弃矿井及周边区域的环境治理和生态修复后，通过具体的经济开发模式对废弃矿井各类资源进行充分利用，构建一种高效和谐的复合生态系统，实现当地资源型经济转型及社会与生态和谐发展的开发方式。

广义的废弃矿井生态开发可根据具体资源、开发模式、开发阶段、开发时间和开发核心导向等进行分类(表 7-2)。按照废弃矿井生态开发阶段可以将其分成"点—线—面"三个不同阶段，分别为初级阶段、中级阶段和生态开发高级阶段。按照废弃矿井的生态开发周期可以分为 2 类：短期的生态开发和中长期的生态开发。按照废弃矿井生态开发的核心导向分成 3 类：包括生态型开发、政策型开发和区域经济型开发。生态型开发是以生态恢复和生态文明建设为主导思想的生态开发，以促进国家的生态文明建设，推动矿山企业的绿色发展为目标，进行废弃地的治理与开发过程。政策型开发是主要以国家政策导向为基础的生态开发，紧密结合国家战略发展规划，建设其生态开发项目。区域经济型开发是以区域经济发展为导向的生态开发，以区域经济发展为驱动力，结合区域规划对废弃矿井进行生态开发，此类生态开发能够为区域经济发展营造良好的经济效益和社会效益。

表 7-2　广义废弃矿井生态开发分类

分类方式	类型
具体资源	剩余矿产资源、伴生矿产及固体废弃物资源、地下空间资源、水资源、土地资源、旅游资源、可再生能源
开发模式	矿山公园模式、工业园区模式、生态农业模式、地质灾害防治模式等
开发阶段	初级阶段、中级阶段、高级阶段
开发时间	中长期的生态开发、短期的生态开发
开发核心导向	生态型开发、政策型开发、区域经济型开发

2. 我国废弃矿井生态开发需求

矿业作为国民经济的基础产业，为经济社会发展提供了资源保障。中国是全球最大的能源生产和消费国，尤其是煤炭生产和消费长期位于世界第一，也是全球主要的金属与类金属生产商和消费国之一。我国矿产资源种类多样，赋存量丰富，以矿产资源开发为代表的资源型产业为经济社会发展做出了突出贡献。矿产资源禀赋高的区域往往围绕其具有优势的矿产资源构建产业，形成以矿业为主导产业，以矿产资源开发利用为主，带动支持地区经济和社会发展，形成"因矿建厂""因矿建市""因矿建城"等现象。

经过近百年的工业开发，我国矿区大规模步入废弃期。粗放式开发模式一个严重的后果是生态环境受到破坏及资源开发的不可持续。根据《全国资源型城市可持续发展规划(2013-2020 年)》，我国共有 248 座矿产资源型城市。但由于我国矿产资源高强度、大规模的开采，矿区进入大规模废弃时期，越来越多的矿产资源型城市进入矿产资源开发后期、晚期或末期阶段，资源枯竭问题日益严重。我国于 2008 年、2009 年及 2011 年先后确定了三批矿产资源枯竭型城市共 69 座。东北三省是矿产资源枯竭型城市最多的区域，共有 20 座，占比 29.0%；此外，内蒙古地区有 3 座矿产资源枯竭型城市。随着我国供给侧结构性改革，退出产能政策加快了煤炭退出速度，这将进一步提高矿产资源枯竭型城市的数量。矿产资源枯竭形势的严峻及我国淘汰落后和过剩产能政策的实施，加快了我国矿井关闭速度，使得我国出现大量废弃矿井。以煤炭资源为例，"十一五"到"十三五"期间，我国共计关闭煤矿数量约 2.3 万处。

矿井退出关闭后，仍可能赋存大量可被开发利用的资源，如土地、矿井水、煤矸石、非常规油气、剩余矿产资源等。据 2016 年数据估算，我国废弃矿井中存有非常规油气约 5000 亿 m^3，废弃矿井地下空间资源约 112320 万 m^3，煤矸石产生量 1.2 亿 t，矿井水产生量 16.61 亿 m^3。退出关闭的矿井中存在大量的可利用资源，且资源体量巨大，具有极高的开发潜力，直接废弃不加以利用不仅造成资源浪费，而且可能诱发后续的安全、环境及社会、经济等问题。

矿山环境问题因为矿产资源的不同，其废弃矿山的治理需求也不相同。煤矿废弃地的环境问题为采空区、塌陷区、煤矸石堆等，其治理关键是对采空区的治理和对煤矸石堆的处理；有色金属矿山如铜矿、铅锌矿，其治理除了矿坑的治理，还要对废弃渣堆进行化学处理，防治废渣堆等通过雨水的淋漓作用污染附近的土壤和地下水；废弃采石场则主要进行滑坡、泥石流等地质灾害的防治以及植被的恢复。同时，矿区土地复垦可以使开采矿产资源造成的占用和损毁土地得以重新利用，同时加快矿山生态环境的恢复。由于长期的矿产建设和开采活动，形成了大量的矿区历史遗留环境治理问题，尽管近年来大力开展治理工作，但总体上我国矿区生态环境治理存在严重的滞后性，生态治理与恢复仍将是突出的重点任务。根据我国煤炭工业发展规划，矿区环境重点治理内容包括：我国内蒙古、宁夏、新疆煤田存在自燃问题；晋陕蒙宁、新甘青规划区井下火区、水土保持等重大问题；内蒙古东部矿区的草原生态保护问题；京津冀、东北、华东、中南规划区煤矸石综合利用和采煤沉陷区治理问题；西南规划区水污染防治、高硫煤问题；晋城、平朔、神东、准格尔、伊敏河、南桐等备选矿区的生态保护问题；此外，阜新、铜川、徐州、萍乡、淄博、邯郸等衰老矿区的工业污染欠账问题严重。总体上，我国面临大量的煤矿退出资源问题与生态治理需求。

近年来，我国矿区环境保护与生态修复意识不断提高，矿山相关法律制度不断完善，将生态文明理念融入矿产全生命周期建设，从被动治理转向污染防治与生态恢复并重，通过加大矿山地质环境治理投入，积极推进环境恢复治理，矿区环境生态保护与治理的力度不断加强。为了推进矿山地质环境治理工作，我国治理资金不断增加。随着我国矿山环境恢复治理工作的不断推进，我国矿山环境恢复治理成效显著。矿山公园作为我国矿山地质环境治理的方式之一,已成为我国地质环境的亮点与重点。尽管近年来我国大力开展矿山环境恢复治理工作,但由于长期大规模矿产建设与开采活动,总体上我国矿山生态环境治理仍存在严重的滞后性,矿山生态治理与恢复仍是较为突出的重点任务。

2016 年以来国家实施供给侧结构性改革,不断淘汰落后产能,一大批矿井集中加速关闭退出,面对数量巨大、分布广泛的废弃矿井所带来的丰富多样的资源与生态环境破坏、社会经济发展问题,废弃矿井生态开发不仅是资源开采企业、当地居民面临的问题,更是关系民生与生态文明建设的发展问题。废弃矿井生态开发需要制订宏观的全局规划与发展战略,构建与国家生态文明建设、地区和城市经济协调发展的生态开发宏观建设思路。废弃矿井生态开发范畴不但涉及矿区范围的经济开发问题,更涉及所在区域和城市新兴产业培育和区域经济转型问题,其中资源枯竭型城市转型、城镇化建设是我国当前经济发展和城市发展的重要问题。

3. 国内外废弃矿井生态开发经验梳理

一些国家设立专门的矿区复垦机构,管理矿区修复工作,同时建立适宜本国生态修复的政策法规,用法律法规规范企业的开采行为,包括严格规定开采条件、受采矿影响的区域范围、修复保证金缴纳规定及生态修复计划等,例如美国的矿区土地复垦工作起步较早。1977 年,在西弗吉尼亚州 1939 年的《复垦法》的基础上,美国国会颁布了《露天采矿管理与复垦法》,建立了基于新采矿破坏土地复垦和既往开采遗留破坏土地复垦的露天矿复垦标准。目前该法律经过两次修订,已适用于各类废弃矿地的修复治理。全美矿区土地复垦工作由美国内政部下设的露天采矿与复垦办公室管理,各州资源部负责本州的矿区复垦工作,与矿业局、土地局、环境保护署等部门协同进行管理。在美国,矿产资源开采活动开始前需要向露天采矿与恢复(复垦)办公室或其州分理处申请许可证。《露天采矿管理与复垦法》规定,开采人在开采前,首先依据对矿山自然环境情况的详细调查提交开采计划,开采计划包含要采用的采矿方法和设备、受采矿影响的区域范围。同时,必须提交与采矿同时进行的土地复垦计划,并缴纳复垦保证金。不遵守规定的开采人,管理部门将终止、吊销或撤销其开采许可证。对于《露天采矿管理与复垦法》颁布前的采矿破坏土地恢复治理问题,将在该法律颁布前和法律颁布后分别明确治理责任。根据开采方式和矿山地形条件，该法律颁布后的矿山损毁土地由开采者进行复垦，开采者向美国内政部缴纳复垦保证金，若完成复垦且验收合格，该部分费用返还开采者；该法律颁布前的采矿损毁土地由国家出资进行恢复治理，主要资金来源于国库设立的复垦保证金，包括采矿企业缴纳的费用、滞纳金、罚款、捐款等。美国除有专门的土地复垦法律——《露天采矿管理与复垦法》以外，还有许多相关的法规。各州均有相应的土地复垦法规。在开采许可证制度中，强行要求矿山企业对矿区破坏的土地及环境予以恢复是美国行之有效的办法。对没有合格复垦规划的开采申请，不予发放开采许可证。

德国《规划法》对矿区的土地复垦和生态重建做了特别条款性规定。德国《联邦矿产法》规定采矿企业编制企业规划，对矿区土地复垦和景观生态重建提出具体实施方案并交上级主管部门审批。在获得采矿许可证后，采矿者除了进行勘探、开发和开采以外，也要对矿区重建负责。德国《矿产资源法》规定，矿区景观生态重建与矿产资源的勘查、开采等矿业活动都属于采矿的一部分：将矿业开发损毁的土地按照规划要求重新进行建设，而非单纯地将其恢复到开采前的状态。

澳大利亚的矿山环境管理由环保部门负责，分为中央政府和州两级管理。中央政府在矿产和土地法律中确立土地复垦立法框架，各州根据实际情况制定详细的、可具体操作的实施办法和政策法规。澳大利亚规定，矿产资源开采前，开采者要根据政府的环境保护总体目标提交以土地复垦为主的环境保护方案，明确复垦目标。复垦目标包括：对自然生态系统、水质量等的恢复保障；对土地适宜性、将来土地收益的保障；对土地使用的安全性、可靠性的保障。澳大利亚对开采者征收土地复垦保证金，复垦合格后，会将其全额退还。对复垦工作做得好的开采者，降低保证金缴纳比例，最小缴纳比例为25%；相反，对复垦工作做得较差的开采者，调高其保证金缴纳比例。在矿产资源开采过程中，有资质的社会第三方机构(研究机构或技术咨询机构等)实时监测土地复垦效果，并根据监测结果动态修正环境保护方案中的具体复垦目标，并在年度复垦进展报告或者闭坑复垦报告中说明土地复垦是否达到了确定的参数指标标准。政府根据检测结果决定是否授权矿业公司开展下一步土地复垦工作。

对于矿区废弃地的土地复垦、山地修复、环境污染治理、生物多样性恢复，应结合当地社会人文、气候条件、地形地势、经济状况等确定具体的生态修复方法。美国和英国最早产生了工程绿化技术，除此之外，为防止坡地雨水侵蚀，还发明了植物盆、液压喷播等技术。英国发明了植物种子喷播和喷射乳化沥青技术。国外相关土地复垦方法有 Voronoi 插值法、高聚物土壤改良法、边坡复垦、植被重建、土壤电磁处理法及多种修复技术组合法。矿区废弃地的土壤破坏涉及土壤理化性质改变、有机物含量下降、水土流失、地面塌陷等。考虑矿区废弃地的土壤污染程度、气候温度、修复用途等，要因地适宜地确定土壤重构方法，例如矿区废弃地用于造树还林的生态修复，土壤重构的重点在于恢复其内部有机营养物及降低重金属含量，应重点选择营养物质添加技术、易溶性磷酸盐法施用技术、客土覆盖技术等。此外，还需添加生物及种植植被。生态恢复的目标也不仅仅是植树种草，还要建立一个能够进行自我维护、运行良好的完整生态服务系统。

相较于国外矿业废弃地开发，我国对矿业废弃地的规模开发起步较晚，政策体系尚不完善，国家层面缺乏系统规划和指导。我国废弃矿区再开发利用，重点是以废弃地的毒性处理与污染处理、土壤机制改良、植被恢复、工程安全处理等生态修复工作为主。整体分类看，第一类是运用生态农业+旅游开发模式，例如河北开滦国家矿山公园、山西大同晋华宫矿国家矿山公园、安徽淮北国家矿山公园等采用的就是此类开发模式。目前我国共有几十个国家矿山公园，总体看，该开发模式具有较强的社会效益，但经济效益普遍较差。第二类是接续替代型工业开发模式。矿井关闭后充分利用矿业城市的资源、政策等优势，发展延伸主导矿业产业链条的接续替代型工业，如发展与矿业相关的机械制造、机械维修、机具加工、零部件生产、汽车制造等类型的工业。第三类是新兴产业开发模式。依托资金、技术、人才、信息等优势，发展前景好、就业机会多、适应城市产业结构升级调整趋势的产业模式。这种开发模式体现着城市发展方向，最终实现城市功能和生态环境相协调的现代绿色工业。安徽淮南矿区、湖北黄石矿区等就属于此类开发模式。基于矿区资源的综合经济开发利用深度不足，一般止步于生态修复阶段，也还没有形成类似于法国洛林地区、德国鲁尔区这种通过区域或城市实现生态开发的典型案例。退矿复垦是我国废弃矿山生态开发常见的模式之一，其主要通过改善土壤质量和修复地表塌陷，使废弃矿区土地能够满足农业生产的要求。除了传统的生态修复与土地复垦、发展生态农业和建设矿山地质公园以外，近年来出现了针对废弃矿山地下空间、矿井水、煤层气、太阳能利用、固体废弃物的回收利用等的多种新型的生态开发案例。

我国主要废弃矿井生态开发典型模式包括矿山公园模式、工业园区模式、生态农业模式、地质灾害防治模式等。

(1)矿山公园模式是废弃矿井生态开发常见的一种方式，指在废弃矿井遗址上建立可供游人参观并集休闲、教育娱乐于一体的综合性矿山公园。这种模式通常与当地旅游资源相结合，打造出一个城市的旅游品牌，改善城市面貌。

(2)工业园区模式是指利用废弃矿井的土地，结合当地区域的建设规划，建设工业产业园区，形成产业聚集区，拓展城市发展空间，促进城市的产业转型。

(3)生态农业模式是指将废弃矿井生态开发与农业发展相结合，建立农业生态园区，以形成种植、养殖、农产品加工等多元化的农业生产格局为目标。

(4)地质灾害防治模式，废弃矿井一般伴随着一定程度的地质灾害，在废弃矿井的生态治理过程中，结合城市的地质灾害防治，能够有效地提高建设城市安全保障能力，降低城市的风险灾害。

如今，矿山的生态修复工作正在我国各个地方有序而广泛地开展。在收获不错的效果的同时，我国也积极探寻新的矿山修复模式，借鉴国内外代表性的修复工程，使矿山修复的工程由简单而纯粹的植被恢复向新兴产业靠近转变。依据城市的规划建设，在城市的郊区边缘，选择适宜的矿山废弃地，采取因地制宜的方式建设矿山遗址公园、生态示范公园、游园等多种类型的景观，不仅可以使矿山废弃地得以重新利用，同时也为城市的建设增添一处靓丽的风景线，赋予城市更多的文化内涵。

第二节 研 究 结 论

一、废弃矿山工业遗产开发战略研究结论

1. 中国废弃矿山工业遗产旅游资源迥异于其他国家

旅游资源是旅游开发的内在因素，是旅游存在和发展的基础，决定着旅游产品开发类型、旅游产业分布特点和区域产业结构特征。废弃矿山中的工

业遗产是最有价值的旅游资源。中国工业化是在半殖民地半封建社会的历史背景下进行的,废弃矿山所蕴含的矿业遗产也迥异于其他国家,具有独特性。

(1)在建筑形式上,呈现出古今交融、东西合璧的艺术特征。

废弃矿山建筑往往以巨大尺度和恢弘气势形式表现,呈现出工业化时代的机器美学特征。一些废弃矿山在时间跨度上,经历了清代、民国和新中国三个时期,开采矿井等设备及建筑物具有鲜明的时代性和典型的产业风貌特征。这些呈现不同时代风格的建筑,也影响了废弃矿山所在地形成肌理,从而使整个地区具有别具一格的视角特征与品质。有些废弃矿山经历了外国侵略者的掠夺,因而很多建筑留下了西方殖民时期和日军侵略时期的历史痕迹。整体而言,建筑形式呈现出古今交融、东西合璧的艺术特征。

(2)在历史呈现上,见证了殖民者侵略史和中国革命发展史。

废弃矿山工业遗产记录了人文事件,是历史文化信息传递的载体,具有一定的历史价值。从洋务运动,到中华人民共和国成立,再到改革开放、经济转型,废弃矿山大都经历了从诞生、曲折发展、创造辉煌到走向衰落的过程。这一过程浓缩了一个矿山所在地乃至中国被殖民侵略的历史、中国革命发展史与新中国建设的历史。从反抗侵略者斗争到革命胜利,乃至新中国建设,不同年代的工业遗产保存了相应时期的历史文化演变序列,成为不可磨灭的历史印记。

(3)在精神财富上,构筑了艰苦奋斗的工匠精神。

废弃矿山见证了一座矿山或者一座城市发展的历程,寄托了时代的精神与情感。矿业活动创造了巨大的物质财富的同时,也创造了取之不尽的精神财富。这些是成为社会认同感和归属感的根本,是近现代工业历史和文化的标志物,也是矿业城市文化精神的重要体现。它所承载的时代精神、企业文化和矿山工人的优秀品质是构成所处时代的重要标志。中国废弃矿山的"奋斗"精神构筑了中国矿业遗产独特的品格。我国在矿业发展中,涌现了一系列如王进喜、雷锋等模范人物事迹,形成了具有广泛影响力的"大庆精神""铁人精神""雷锋精神""鞍钢精神"等精神财富,共同构筑了中国特色的工业精神——自力更生、艰苦奋斗、无私奉献、爱国敬业。矿业遗址的"奋斗"精神是中国工业文脉中最直接、最根本的特征。"特别能战斗精神"已经成为开滦煤矿工人标志性代名词。

(4)在社会文化特征上,创造了计划时期"企业办社会"独有的工业文化。

废弃矿山是中国特定时代的工业化的产物。在相当长一段时间内，以计划为导向，国家统管企业，企业也承担起政府的一些社会福利职能，如开设幼儿园、学校、医院、电影院等，导致大多企业越来越形成了一个高度自我封闭运转的社会系统，也创造出一种独特的工业文化。与此同时，一些"因矿而兴"的城市，因矿业开采活动极大地影响着城市肌理与空间形态，使其厂房、设备、建筑、服饰、音乐、绘画、戏曲、民俗等带上了时代性和地域性的符号，从而形成了矿业城市特有的厚重。

工业化的符号及其引发的精神、思想与情感等多重属性在废弃矿山空间中叠加，使中国矿业遗迹迥异于其他国家，而具有独特性和稀缺性。旅游开发在很大程度上依赖于旅游资源，中国矿业遗迹的独特性和稀缺性决定了废弃地利用工业遗产在旅游开发上占据了绝对优势，是更容易具有吸引力的旅游产品。

2. 废弃矿山工业遗产旅游资源空间分布呈现集聚性

本部分以废弃煤矿为例，通过对中国近代煤炭开采史的梳理，探究中国工业遗产旅游资源空间分布。

中国是最早发现、开采和利用煤炭的国家之一，也是目前最大的煤炭生产国和消费国，全国34个省（自治区、直辖市）（港澳台除外），1400多个县市储藏煤炭资源。从技术发展历程上看，中国的煤炭生产总体上经历了手工、爆破、机械开采等技术阶段，同时由于疆域幅员辽阔，煤炭赋存条件多样，开采技术条件各异，形成了丰富多样的采煤工艺与回采巷道布置，这些信息对于展示煤炭技术的发展历史具有极高的科普价值，也为"后煤矿"时代的废弃矿山工业遗产旅游开发提供了先决条件。

煤炭工业的发展与矿区的空间格局伴生于我国近现代工业的发展历程。1840年鸦片战争打开了封闭已久的国门，西方先进的工业技术和科学理念逐渐传入中国，伴随着外国列强的资本输入和资源掠夺，中国开始了真正意义上的近现代煤炭工业发展，这个过程主要经历了四个阶段。

第一阶段：中国近代煤炭工业的产生和初步发展时期（1840～1895年）。

这一时期的工业发展的驱动力总体上表现为外来资本。1840～1895年是中国近代工业的发端，这个阶段众多领域实现了从无到有的零的突破。兴办工业的主力是来自英国、美国、德国和俄国等资本主义国家的经济殖民势力及其买办。1875～1894 年出现了第一个兴办煤矿的高潮，先后开办了 16 座新式煤矿，这一时期主要的煤炭工业城市包括：磁州、广济、基隆、池州、开平、荆门、峰县、富川、临城、徐州、金州、贵池、北京、淄川、大冶、江夏。

第二阶段：列强对中国矿权的掠夺和民族矿业的兴起(1895～1949 年)

中日甲午战争以后，伴随着《马关条约》的签订，西方各国对中国煤矿进行了激烈的争夺。这一时期，英国攫取了在山西、河南、四川、安徽、北京、河北开滦等地煤矿开采权；法国攫取了广东、广西、云南、贵州等地煤矿的开采权；德国攫取了山东、井陉等地煤炭开采权；日本攫取了东北抚顺、本溪湖、烟台、安徽宣城等地煤炭开采权；美国攫取了吉林田宝山等煤矿的开采权；俄国攫取了中东铁路及支线等地煤矿的开采权。1895～1913 年，外资在华开办的煤矿总计 32 家。

第三阶段：新中国煤炭工业初步发展时期(1949～1976 年)

中华人民共和国成立前后，人民政府相继接收了东北地区的鹤岗、鸡西、通化、蛟河、老头沟、西安、阜新、北票、抚顺、烟台、本溪湖，华北和中南地区的六河沟、焦作、宜洛、潞安、阳泉、大同、峰峰、井陉、正丰、门头沟，华东地区的淄川、坊了、博东、悦升、博大、贾汪、大通等煤矿，华南、西南、西北地区。中华人民共和国成立后，又收回了萍乡、资兴、湘江、中湘、祁零、南桐、天府、威远、明良、一平浪、同官等煤矿。从 1953 年开始，在苏联的经济和技术援助下，围绕发展国民经济的第一个五年计划建设实施了 156 项重点工程(实际建成 150 项)，奠定了我国工业化的初步基础。156 项工程主要为中国急需的国防、能源、原材料和机械教工等大型重工业项目。

第四阶段：社会主义现代煤炭工业大发展时期(1976 年至今)

这一时期工业发展的驱动力主要来自我国市场经济的自身活力，建设了众多举世瞩目的大型工程，如三峡工程、南水北调工程、西气东输工程、青藏铁路。随着近年来我国经济结构从商品生产经济转向服务型经济，以及各产业的生产率的变化，大多数劳动力转向制造业；同时，随着国民收入的增加，对服务业的需求越来越大；相应地，劳动力又将向服务业方面转移。我国也逐步进入以服务业为主导的"后工业化"时期，产业格局进行"退二进三"调整，煤炭产业由于在原工业结构中所占的比重较大，也成为产业调整与转型的主要对象，面临着新时代赋予的机遇与挑战。这一时期主要的煤炭工业城市有抚顺、阜新、铁岭、徐州、枣庄、鸡西、鹤岗、双鸭山、七台河、辽源、淮南、淮北、大同、阳泉、长治、晋城、赤峰、通辽、平顶山、鹤壁、焦作、新乡、萍乡、铜川、石嘴山、攀枝花、六盘水等。

3. 不同省域废弃矿山工业遗产旅游开发条件存在较大的差异性

由于旅游公共服务、旅游市场、旅游产业发展水平、区位经济及支持政策等条件存在差异，各地区工业遗产旅游开发潜力呈现出非平衡性。

(1)在旅游公共服务支撑方面，我国区域工业遗产旅游开发潜力呈现出东部较强、东北部中等、中部和西部地区较弱的空间分布格局。

在旅游公共服务支撑方面，工业遗产旅游开发条件位居前10位的省(自治区、直辖市)有：东部的北京、上海、浙江、广东、天津、江苏、福建、山东，东北部的辽宁、西部的内蒙古。通过计算2016年我国四大经济区工业遗产旅游开发支撑条件——旅游公共服务支撑的平均值发现：东部最强、东北部次之、中部为第三、西部最弱。我国东部地区经济发达，基础设施较发达，旅游公共服务体系较完善，在工业遗产旅游开发方面有较大优势，而东北部、中部和西部地区相对较弱。

(2)在旅游市场支撑方面，我国区域工业遗产旅游开发潜力呈现出东部较强、东北部中等、中部和西部地区较弱的空间分布格局。

在旅游市场支撑方面，工业遗产旅游开发条件位居前10位的省(自治区、直辖市)有：东部的上海、北京、天津、江苏、浙江、广东、福建、山东，东北部的辽宁、西部的内蒙古。通过计算2016年我国四大经济区工业遗产旅游开发支撑条件——旅游市场支撑的平均值发现：东部最强、东北部次之、中部第三、西部最弱。旅游市场需求与区域经济发展水平密切相关，我国四大经济区在旅游市场支撑方面的工业遗产旅游开发潜力与在旅游市场支撑方面有极大的相似性，即东部有较大优势，而东北部、中部和西部地区相对较弱。

(3)在旅游产业支撑方面，我国区域工业遗产旅游开发潜力呈现出东部较强、中部中等、东北部和西部地区较弱的空间分布格局。

在旅游产业支撑方面，工业遗产旅游开发条件位居前10位的省(直辖市)有：东部的广东、浙江、江苏、山东、北京、上海、河北、福建，中部的河南、湖北。通过计算 2016 年我国四大经济区工业遗产旅游开发支撑条件——旅游产业支持的平均值发现：东部最强、中部次之、东北部第三、西部最弱。我国东部地区经济发达，基础设施较发达，旅游公共服务体系较完善，在工业遗产旅游开发方面有较大优势，而东北部、中部和西部地区相对较弱。

(4)在经济区位支撑方面，我国区域工业遗产旅游开发潜力呈现出东部较强、中部中等、东北部和西部地区较弱的空间分布格局。

在区位经济支撑方面，工业遗产旅游开发潜力位居前 10 位的省(直辖市)有：东部的上海、北京、广东、天津、浙江、江苏，中部的湖南、湖北，西部的四川、重庆。通过计算 2016 年我国四大经济区工业遗产旅游开发支撑条件——区位经济支撑的平均值发现：东部最强、中部次之、东北部第三、西部最弱。

(5)在开发政策支撑方面，我国区域工业遗产旅游开发潜力呈现出东北部较强、中部中等、西部和东部地区较弱的空间分布格局。

在开发政策支撑方面，工业遗产旅游开发潜力位居前 10 位的省(直辖市)有：东北部的辽宁、黑龙江、吉林，中部的湖北、湖南、河南、江西、安徽，东部的河北，西部的四川。通过计算 2016 年我国四大经济区工业遗产旅游开发支撑条件——开发政策支撑的平均值发现：东北部最强、中部次之、西部第三、东部最弱。

(6)从总体工业遗产旅游开发外部条件来看，我国四大经济区工业遗产旅游开发潜力呈现出东部最强、东北部次之、中部第三和西部最弱的空间分布格局。

从总体开发外部条件上看，工业遗产旅游开发潜力位居前 10 位的省(直辖市)有：东部的广东、北京、上海、江苏、浙江、山东、河北，东北部的辽宁，中部的湖北、湖南等。通过计算 2016 年我国四大经济区工业遗产旅游开发综合潜力的平均值发现：东部最强、东北部次之、中部第三、西部最弱。

二、废弃矿井生态开发研究结论

1. 战略思路

生态安全问题攸关人民福祉。"生态安全"通常具有两重含义：一是指生态系统自身是否安全，即其自身结构是否受到破坏、功能是否健全；二是指生态系统对于人类是否安全，即生态系统所提供的服务是否能满足人类生存发展的需要。由于长期矿业活动，特别是矿产资源的不合理开发利用，会对矿区及其周围生态环境造成严重的污染和破坏，土地沉陷、耕地破坏、煤矸石的堆放与自燃、水资源破坏等问题突出。矿区生态安全是指一个矿区及其周围生态系统生存和发展所需的生态环境处于不受或少受破坏与威胁的状态。在建设美丽新中国的大背景下，矿山及废弃矿井的环境治理与生态开发必须坚持生态文明建设的基本方针，形成绿色发展模式，而推进"绿色矿山"建设是践行绿色发展的重要方式，不仅需要构建清洁低碳、安全高效的矿产资源的生产体系，还要对生产或废弃矿区所造成的污染、矿山地质灾害、生态破坏失衡等最大限度地开展恢复治理或转化创新，通过促进矿山企业的绿色发展来满足人们对良好生态环境的期望。

废弃矿井生态开发是在实现生态修复的基础上进行的开发。废弃矿井由于地理分布、资源赋存情况、开发条件差异性大，其生态开发需要针对废弃矿井环境资源特征，坚决贯彻执行"生态优先"的方针，在保障安全、恢复生态、兼顾景观总体要求的基础上，因地制宜、因矿制宜、多措并举，按照"矿区基础条件分析—问题诊断—管理目标确定—适应性管理策略"流程，坚持污染治理、生态修复、景观再造到产业转型的生态开发的层次性与时序性，进行分地区、分类、分级的差异性开发。生态开发的重点在于优先开展环境治理和生态修复，尊重自然规律，坚持以自然恢复为主、人工修复为辅，注重生态修复工作的系统性、整体性和科学有效性，实行整体保护、系统修复、综合治理，遵循协调持续发展的理念，实现废弃矿山生态系统的良性循环。要保护性开发和在开发中保护，以生态保护为主、开发为辅。在全面推进废弃矿井和废弃矿山生态修复工作的基础上，有条件的地区可以考虑实施生态开发与资源利用，将废弃矿井的广义生态开发与新兴产业、资源枯竭型城市转型、城镇化建设的国家和地区发展战略相结合，突出生态文明建设的核心地位。

2. 战略目标

鉴于各地区废弃矿井的总量、退出时间、生态环境本底特征和资源赋存情况的差异性，需要建立中长期生态开发时序规划，时间维度上的开发规划应从新增废弃矿井到历史性形成的废弃矿井，从生态开发潜力高的废弃矿井到生态开发潜力较差的废弃矿井，从易到难进行规划布局，根据生态开发方向选择—生态开发功能区划—生态开发适宜性评价—生态开发技术配置—生态开发规划，明确分级分类差异性生态开发。

基于时间维度的生态开发战略思路与目标如图 7-1 所示。

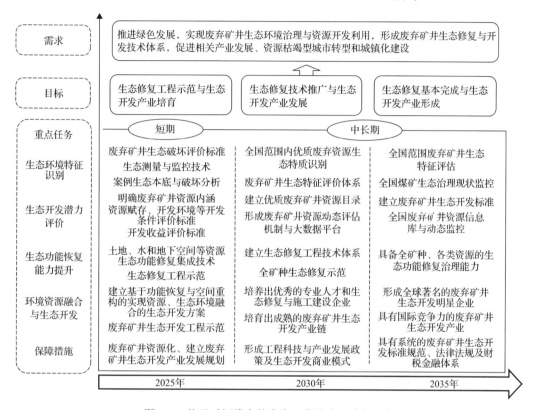

图 7-1　基于时间维度的生态开发战略思路与目标

（1）2025 年目标。

对我国新增和历史不同类型废弃矿井生态环境损害特征摸底，完成新增废弃矿井生态开发条件较好矿区的生态恢复与开发试点工作。选择 5～10个在"十三五"期间新增且适宜开发的典型废弃矿井，进行不同用途和规模的生态开发工程示范，为我国废弃矿井生态开发积累经验，探索出适合我国典型地区生态开发的成功经验和有效模式。

（2）2030 年目标。

对我国不同地区废弃矿井的生态治理需求全面摸底，完成适合各地不同生态特征的废弃矿井生态恢复与开发示范，总结提炼形成分区域指导性的废弃矿井生态恢复标准与开发技术方案；完成全国具备较好生态开发潜力的废弃矿井和"十四五"期间新增废弃矿井的生态开发建设，用 5～7 年时间使废弃矿井中优质的土地资源、空间资源、水资源、剩余能源矿产资源、旅游资源等实现有效利用，建成20～30个废弃矿井/矿山国家级生态开发示范基地，培育出较为成熟的废弃矿井生态开发产业链，以及在国内培养出优秀的专业人才和培育品牌生态开发企业。

(3) 2035年目标。

完成我国2009年"去产能"政策实施以来新增废弃矿井的生态修复与生态恢复工作，基本完成历史形成的废弃矿井开发利用的生态修复治理工作，推动矿区转型发展与城市经济发展和当地居民的生活条件改善相结合，建成80～100个废弃矿井/矿山国家级生态开发示范基地，逐步建成一批新型经济开发区、生态功能区和工业旅游区等，形成一定规模的全国性废弃矿山生态开发产业，探索出废弃矿井和废弃矿山生态开发的"中国模式"。

3. 战略任务

1) 全面识别废弃矿井生态环境本底特征与损害现状

废弃矿井开发面临的最大的问题是生态环境破坏或损害的修复治理，首要任务在于识别新增关闭矿井到历史废弃矿井的生态环境本底特征。识别废弃矿井的生态环境特征的重点在于评估矿区及周边地区的生态环境破坏情况，对矿区生产和废弃过程中所造成的生态环境破坏程度进行等级评定，主要对区域水资源破坏与水污染程度、土地破坏与土壤污染程度、景观破坏程度等环境现状进行评价，评估工矿废弃地(矿区)的自然本底特征、生态环境损害现状(包括对地质结构、土壤、植被等破坏情况的评估)，以及矿区环境治理与修复能力。

鉴于废弃矿井生态环境特征的评估目的，以及为了体现废弃矿井生态开发的"生态先行"思想，需要重点开展矿区生态环境的本底变化、破坏和治理等废弃矿井生态特征评估标准的研究。课题组通过大量查阅文献并结合实际调研和专家咨询，最终将生态特征评价指标确定为矿区生态本底变化程度(负向指标)、生态破坏与损害程度(负向指标)及生态治理现状(正向指标)3个方面，实现对废弃矿井开采前后全过程的生态现状展开动态评估。废弃矿井生态特征评价指标体系如图7-2所示。矿区生态本底变化程度反映矿区开发前与开发后生态环境的变化情况，生态破坏与损害程度反映矿区矿业开采对环境的污染破坏程度，生态治理现状反映矿区生态修复情况。

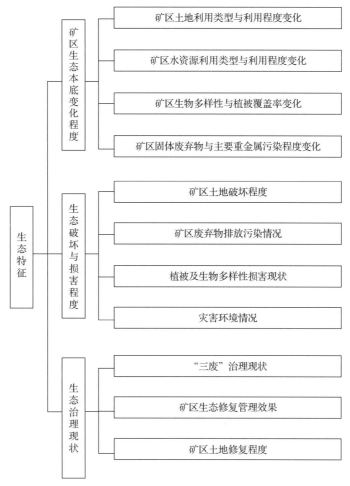

图 7-2 我国废弃矿井生态特征评价指标体系

2)科学评价废弃矿井资源特征与生态开发潜力

确定管理尺度及生态系统边界，分析矿区地形地貌、土地利用状况、植被覆盖情况、水文过程特征、矿产资源与水环境等基本结构和基础条件，以及生态系统所能提供的各种生态功能。明确区域内人与自然的冲突、不同利益群体之间冲突的表现及其程度，并设定管理目标。研判自然、人为因素影响，对生态环境现状、敏感性、脆弱性、服务功能重要性、弹性力、资源承载力、现有开发密度、社会经济发展潜力等进行生态评价，明确矿区存在的问题及典型特征。

构建废弃矿井生态开发潜力评价方法，形成废弃矿井生态修复与开发模式的选择决策标准。我国矿区废弃地理分布、资源赋存情况、开发条件差异性大，需要建立具有针对性的分类分级的开发思路，基础在于建立废弃矿井生态开发潜力评价标准。因而，从生态特征与资源特征两个维度可以建立废弃矿井生态开发潜力评价体系(生态特征评价指标体系见上一节部分，本节重点研究资源特征潜力内容)，即充分考虑废弃矿井的环境现状与未来开发承载力情况，同时科学高效利用废弃矿井剩余的资源，秉承遵循以自然规律为核心的理念("生态先行")，以资源经济、安全、高效开发为目标建立废弃矿井开发潜力评价指标与评价标准。

建立废弃矿井资源目录及基于废弃矿井现状的资源评估国家或行业标准，实现废弃矿井生态开发的基础是废弃矿井资源化，需要对其资源赋存，即废弃矿井各类资源可供开发及利用的程度进行评价。以煤矿为例，煤矿废弃矿山具有多种形态、多类型的资源，根据有关文献梳理，目前可以分为能源类资源及煤系共伴生矿产资源、自然资源及空间资源、矿区附属建筑设备及固体废物资源、旅游资源等。同时，针对不同的资源，其具体的资源赋存评价指标也不同，如水资源的质量是指水质等级，剩余煤炭资源的质量指发热量、含硫量等。资源赋存评价从资源数量、品质和价值等方面对资源的赋存情况进行等级评价，建立废弃矿井资源赋存评价指标体系。废弃矿井资源特征潜力评价是在当前技术和经济社会需求及国家政策下，识别废弃矿井资源现状和生态开发环境。废弃矿井资源特征潜力评价是以广义废弃矿井为评价对象，对研究区域内的矿区资源赋存条件、开发环境和矿区资源开发效益进行评估，进而得到废弃矿井资源潜力等级，为废弃矿山的生态开发方案选择和建设提供科学依据。构建的废弃矿井资源特征潜力评价指标体系详如图 7-3 所示。

将废弃矿井潜力等级分为蓝色等级、紫色等级、灰色等级和黑色等级 4 个等级，越位于前面的等级表示废弃矿井潜力资源条件越好，资源开发潜力程度越大，详见表 7-3。其中，蓝色等级表示废弃矿井资源的综合开发潜力好，是最适宜开发的；紫色等级表示废弃矿井资源的综合开发潜力较好，是比较适宜开发的；灰色等级表示废弃矿井资源的综合开发潜力一般，是一般适宜开发的；黑色等级为资源潜力最低等级，为不适宜开发、开发潜力较差的废弃矿井。

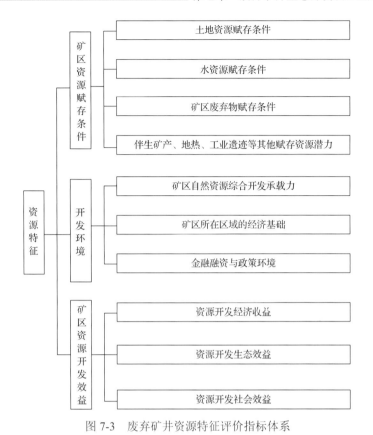

图 7-3　废弃矿井资源特征评价指标体系

表 7-3　矿区资源潜力类型与特征等级

资源潜力特征等级	蓝色等级	紫色等级	灰色等级	黑色等级
资源特征描述	矿区资源赋存条件、开发环境和矿区资源开发效益均为优质条件	矿区资源赋存条件、开发环境和矿区资源开发效益三个条件中只有一个条件为非优质条件	矿区资源赋存条件、开发环境和矿区资源开发效益三个条件中只有一个为优质条件	矿区资源赋存条件、开发环境和矿区资源开发效益三个条件中无优质条件

　　废弃矿井生态开发潜力指废弃矿井生态开发可行性,本书基于废弃矿井的生态特征与资源特征,综合考虑废弃矿井生态环境急迫性与资源开发潜力,将废弃矿井生态开发潜力划分为 4 个等级。在划分等级时,采取生态修复优先的原则,当矿区生态破坏程度大与生态治理效果差,而资源特征处于蓝色等级(均为优质条件)时,简记为"红+蓝"组合,急需生态修复和资源利用,则矿区资源潜力最大,而矿区生态破坏程度小与生态治理效果好,且资源特征处于蓝色等级(均为优质条件)时,简记为"绿+蓝"组合,尽管生态与资源的开发条件均好,根据生态修复优先准则,该组合开发优先级在"红+蓝"组合之后。充分考虑废弃矿井资源特征和生态特征下的开发可行

性，本书共提出 6 种生态特征和资源特征组合的类型，具体排序为"红+蓝"＞"绿+蓝"＞"黄+蓝"＞"绿+紫"＞"黄+蓝"＞"绿+灰"，并将其分成了 3 类不同程度的适宜性开发等级，如图 7-4 所示。

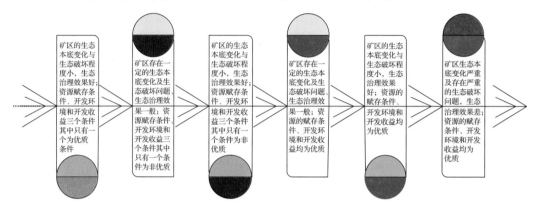

图 7-4 我国矿井/矿区生态特征和资源特征组合

3) 着力提升废弃矿井/矿区梯级生态功能恢复能力

生态开发的目的是恢复生态系统的活力、健康和恢复力，通过实施有效的干预与管理，恢复和维持生态系统的完整性和可持续性。活力表示生态系统功能，可根据新陈代谢或初级生产力等指标测量，矿区生态系统的功能表现为系统内外的物质、能力、信息及人流的输入转换和输出。生态系统结构的复杂性可根据系统组分间相互作用的多样性及数量来评价。恢复力根据系统在胁迫出现时维持系统结构和功能的能力来评价，矿区生态系统恢复力也可称为弹性力，指矿区社会经济活动对生态环境造成的压力超过其资源环境承载力时，生态环境内部各组成部分之间的互补作用使得生态环境在一定的时间段内基本恢复到初始状态的能力。生态系统服务功能反映矿区生态系统满足人类社会需求的程度，如提供矿产资源、保持水土、减少土壤侵蚀和环境污染等方面。矿区植物群落物种较单一，多样性低，结构简单，极易形成先锋植物。会造成景观破坏和生态破坏，进而影响矿区生态系统的结构完整性。

虽然废弃矿山生态系统退化的原因是多方面的(不同矿区类型、采矿方式和采矿深度)，但只要消除自然的或人为的干扰压力，并采取必要的生态措施和适宜的管理方式，废弃矿井退化生态系统就可以被修复。就废弃矿井而言，其景观类型、退化原因和土地利用性质不同，生态修复方法和模式也会有所不同，但从国内外生态修复与重建的实践中可归纳出如下可借鉴的经验和方法：尽可能采用以生态学理论为依据的方法进行修复；在修复过程中进行有效管理，保证生态系统有较长时间的植物生长适应期和生态修复过程；建立生态红线(保护区)制度，减少人为干扰；建立健全法律法规，并加强公众的教育宣传，同时大力支持国内学界和学者开展相关领域的研究，应避免以结果为导向，因为生态修复的过程是持久的，时间尺度也较长。

废弃矿井生态治理简略流程如图 7-5 所示。

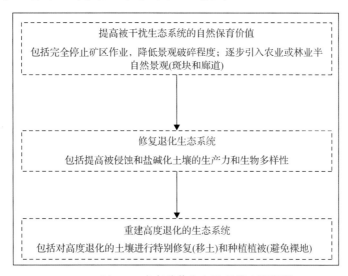

图 7-5　废弃矿井生态治理简略流程图

4) 统筹协调废弃矿井/矿区的生态恢复与空间重构

以土地利用和生态环境分析评价为基础，以服务于矿区生态管理目标的实现，解决区域面临的突出问题，进行生态脆弱性分区、生态功能分区、国土主体功能分区、地表水资源分区、社会经济分区等，开展生态规划设计，实施生态工程建设。废弃矿井生态恢复与开发的目标应包括建立合理的生态系统物种组成(种类丰富度及多度)、结构(植被和土壤的垂直结构)、格局(生态系统成分的水平分布)、异质性(生态系统多样性的维持)、功能(例如水、能量、物质流动等基本生态过程的表现)，例如学习引进国内外先进研究成果和技术经验，应用植被演替理论，结合生物多样性原则、生态位与生物互补原则、物能循环与转化原则、物种相互作用原则、食物链网原则等，评估不同植被配置模式下的生态减排效果，筛选出最优生态减排效果下的植被配置模式。

生态恢复工程的目标主要包括以下四点：①虽然恢复生态学强调对受损生态系统进行恢复，但恢复生态学的首要目标仍是保护自然的生态系统，如在被保护的景观内去除干扰并加强保护;②恢复现有的退化生态系统,尤其是与人类关系密切的生态系统,如恢复废弃矿地等极度退化的生境;③对现有的生态系统进行合理管理、利用与保护,维持其服务功能,避免退化;④保持区域文化的可持续发展。其他目标主要包括实现景观层次的整合性、保持生物多样性、保持良好的生态环境等。恢复的长期目标应是生态系统自身可持续性的恢复,但由于实现该目标的时间尺度较长,而且生态系统是开放系统,最终恢复后的系统状态与原状态可能具有较大的差异。

结合矿区空间分布和矿井空间形态特征,采矿废弃地可持续利用应在保持足够时间的生态修复与保养的基础上,以对环境干扰较小、改造程度较轻的项目为引导,根据区域自然与社会经济特点及发展方向来容纳兼容的人类活动,确定开发利用方式,如旅游观光、科普教育等,并禁止改造剧烈的开发项目。目前国际上废弃矿井生态系统重建主要有几种形式:重建为耕地、林地、旅游休闲用地及牧业用地等。但是,这些开发都需要被限制在一定的尺度与规模下,不能与国家森林建设相冲突。可能包括的开发项目包括旅游、娱乐和休闲设施,林地、公共休闲空间及野生动物保护区,多样化种植业、乡村产业(包括接待设施、林业和花卉业),商业设施和一定的工业,以及一定的住所。而德国矿区景观生态重建从最初的绿化到多功能复垦区域的建立,经历了由简单到综合的过程,为合理规划土地用途、建立新景观提供了机会,进而满足了人们逐步提高的对娱乐休闲场所的需求。景观设计学在废弃地利用中发挥了重要作用,能既满足休闲功能,如作为公园、运动场地、露宿营地、研究和观察自然生态用地的作用,也顾及了美学方面的要求。

采矿地类型多样,应根据实际问题采取措施。通过景观设计学,可以达到重新利用和变废为宝的目标,并且平衡生态退化带来的土地资源不足问题,遏制环境进一步恶化。毒性处理与污染治理——物理、化学、植物方法;基质改良——更换土壤、微生物调节、固氮植物等;水系疏浚——截流沟、排水沟、沉砂池等;植被恢复——自然演替(先锋植物、固氮植物、乡土植物);从荒漠草丛阶段到草灌混杂、灌丛阶段再到稀树灌丛、复合群落阶段;工程技术——纤维毯、喷射播种、生态袋;安全处理——挡土墙、护坡、拦沙坝、维护栏网等。考虑治理、恢复、重构、开发等不同过程,涉及生态重建、地貌重塑、土壤重构、水土保持、生物多样性等内容的废弃矿井/矿山生态开发模式见表7-4。

表 7-4 不同类型的废弃矿井/矿山生态开发模式

序号	生态开发模式
1	环境治理
2	环境治理—生态修复
3	环境治理—生态修复—土地复垦
4	环境治理—生态修复—早期生态系统功能恢复
5	环境治理—生态修复—早期生态系统功能恢复—生态系统功能重建(人工生态系统)—人工生态系统开发
6	环境治理—生态修复—早期生态系统功能恢复—生态系统功能重建(人工生态系统)—人工生态系统保育
7	环境治理—生态修复—早期生态系统功能恢复—生态系统功能重建(人工生态系统)—人工生态系统保育—半自然生态系统保育
8	环境治理—生态修复—早期生态系统功能恢复—生态系统功能重建—人工生态系统保育—半自然生态系统保育—自然生态系统保育

因此,采矿废弃地的生态修复与可持续景观设计涉及生态、工程、美学、经济及社会等多方面的内容,具有很强的现实意义。我国的采矿废弃地、垃圾堆场及工业废弃地等退化景观规模巨大,针对有限的土地资源,应力求通过对退化景观的治理与可持续利用来缓解人地矛盾,争取更大的社会经济发展空间。未来退化景观的修复与设计领域将会有广阔的发展前景。然而需要注意的是,废弃矿井的治理必须要以生态学理论为指导,仅依靠工程技术的治理方式,会在长时间尺度和大空间格局上带来巨大的潜在威胁,并且不符合可持续发展的长远战略。生态学家和工程专家需要通力合作,学术界、工程界和政府部门应该加强互动,才能够更合理和全面地解决废弃矿山再植被化的迫切需求。

5)促进废弃矿山环境资源整合与区域生态开发联动

我国废弃矿井复杂多样,生态开发需要针对废弃矿井环境资源特征寻求适宜的方法。废弃矿井生态开发与一般开发项目不同,包括修复方案和建设方案两个部分,且修复方案的治理效果将会对整个开发方案的可行性产生较大影响。同时,在对生态开发方案进行可行性评价时,需要考虑经济性、生态环境效益,还要充分考虑生态开发方案对社会和地区所带来的综合效益。不仅要建立宏观战略思路,进行分级分类差异性生态开发,形成科学的开发技术方案,还要注重区域功能整合与空间重构,以提升废弃矿井资源潜力,实现资源最大化利用,以及社会、经济和环境影响正效益最大、负效益最小,确保技术经济的可行性。需结合所在城市、矿区条件,科学评价废弃矿井/

矿区生态开发潜力,设计不同开发深度、产业类型、开发规模的分级分类生态开发方案。

废弃矿井生态开发是在实现生态修复的基础上进行经济开发,经济开发是生态开发的重点,废弃矿井生态开发思路要符合国家产业发展方向,而且不能脱离所在地区的经济及城市发展情况,同时要避免重复投资、错误投资与资源浪费或利用不充分。在国家产业发展战略规划及地区经济与城市发展的基础上建立宏观的生态开发思路,以顺应当前国家关于新兴产业培育、资源枯竭型城市转型和城镇化建设的发展战略。此外,废弃矿井由于地理分布、资源赋存情况、开发条件差异性大,需要对其建立具有针对性的分类分级开发思路。结合社会经济系统分析矿区生态胁迫情况,并结合直接驱动力(包括气候变化、栖息地改变、物种入侵、过度利用、污染等)和间接驱动力(包括人口变化、经济行为、技术条件、社会政治、文化因素等,分析存在的问题及其根源,确定生态系统管理的目标),以及矿区生态系统功能分析其生态服务提供情况,如生态系统调节服务、供给服务、支撑服务、文化服务等。

对于满足开发条件的废弃矿山,通过扩建、改建和新建等工程方法将废弃矿山空间与周边废弃地进行空间重构,全面挖掘可利用空间资源,以更好地满足投资项目的实际需要,提升资源开发利用潜力,形成大范围区域或国家范围的整体规划布局,例如对于位于大中型城市内的废弃地的地下空间,在利用时要实现对现有或规划中的城市地下空间进行重构,统一规划开发利用,解决城市空间紧缺问题。此外,生态开发项目方案设计应充分考虑基于全部资源综合利用的区域主体功能定位,根据区域的资源环境承载能力、现有空间的赋存条件和开发潜力,明确功能定位和开发方向,控制开发强度和安全风险,科学、规范地进行开发。根据资源潜力等级设计不同的开发深度、产业结构、开发规模和开发优先级的分级开发方法,详见表7-5。

表 7-5　基于环境资源潜力的分级生态开发模式

项目	优质		一般	不适宜开发
	潜力好	潜力较好	潜力一般	潜力差
开发优先级	优先开发	次优先开发	统筹规划开发	统筹规划开发
位置分布	大中型城市矿区	小型城市矿区	城市远郊矿区	城市远郊矿区
开发深度	高级生态开发:城市化建设、新产业培育	中级生态开发:投资项目建设与商业开发	初级生态开发:生态农业、生态旅游、城镇化建设	生态修复
产业结构	以第二、第三产业为主	以第一、第二产业为主	以第一、第三产业为主	以第一产业为主

第三节　政　策　建　议

一、废弃矿山工业遗产旅游开发战略政策建议

1. 废弃矿山工业遗产旅游开发战略的指导思想与目标

1) 指导思想

把握经济发展新常态，以供给侧结构性改革为主线，秉承"创新、协调、绿色、开放、共享"的发展理念，基于"安全、技术、环境、经济"一体化的煤炭科学开采思想，以国家《煤炭工业发展"十三五"规划》《关于加快建设绿色矿山的实施意见》《煤炭清洁高效利用行动计划(2015-2020 年)》等文件为指导，以《国务院关于促进旅游业改革发展的若干意见》《全国工业旅游发展纲要(2016-2025 年)(征求意见稿)》为重要参考依据，以产业融合与全域旅游为基本思路，采用旅游资源评估、环境更新、生态恢复、景观再造、文化重现等手段，按梯度开发的原则形成废弃矿山的工业遗产旅游景区、工业遗产旅游功能区、跨区域的工业遗产旅游带及"一带一路"工业遗产旅游廊带。通过废弃矿山工业遗产旅游的开发，着力解决我国废弃矿山再利用问题，优化煤炭产业结构和布局，推进清洁高效低碳发展，探索煤炭产业融合发展新机制。通过废弃矿山工业遗产旅游的开发，丰富工业遗产旅游产品的供给，扩大转型时期工业和旅游业的发展空间与内涵，促进城市功能与城市空间优化，最终实现矿业城市经济转型、矿产资源循环利用、人居环境改善、生活质量提高等多重目标(图 7-6)。

2) 战略目标

党的十九大报告明确指出，中国特色社会主义进入新时代，我国社会主要矛盾已经转化为人民日益增长的美好生活需要和不平衡不充分的发展之间的矛盾。随着我国居民收入不断提高，对旅游的消费需求不断增长，旅游已成为人们追求美好生活的重要内容。旅游业的发展也存在不充分不平衡问题，工业旅游特别是工业遗产旅游，一方面滞后于我国旅游产品业态的整体开发水平，另一方面滞后于国内外游客的总体需求水平。文化和旅游部(原国家旅游局)提出了我国旅游业三步走战略：第一步，从粗放型旅游大国发

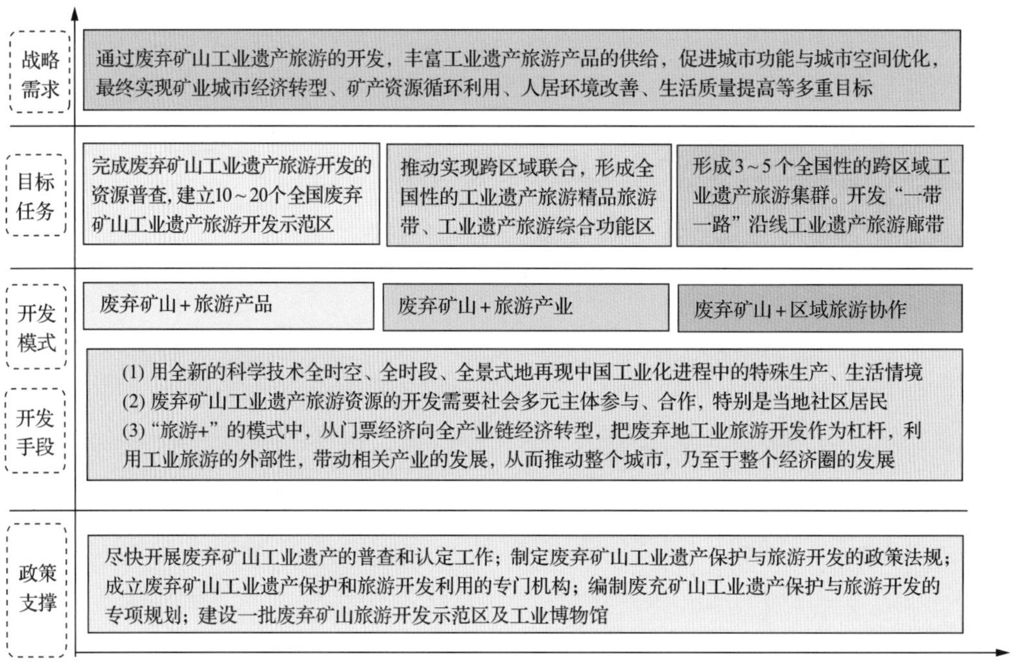

战略需求	通过废弃矿山工业遗产旅游的开发，丰富工业遗产旅游产品的供给，促进城市功能与城市空间优化，最终实现矿业城市经济转型、矿产资源循环利用、人居环境改善、生活质量提高等多重目标		
目标任务	完成废弃矿山工业遗产旅游开发的资源普查，建立10~20个全国废弃矿山工业遗产旅游开发示范区	推动实现跨区域联合，形成全国性的工业遗产旅游精品旅游带、工业遗产旅游综合功能区	形成3~5个全国性的跨区域工业遗产旅游集群。开发"一带一路"沿线工业遗产旅游廊带
开发模式	废弃矿山+旅游产品	废弃矿山+旅游产业	废弃矿山+区域旅游协作
开发手段	(1) 用全新的科学技术全时空、全时段、全景式地再现中国工业化进程中的特殊生产、生活情境 (2) 废弃矿山工业遗产旅游资源的开发需要社会多元主体参与、合作，特别是当地社区居民 (3) "旅游+"的模式中，从门票经济向全产业链经济转型，把废弃地工业旅游开发作为杠杆，利用工业旅游的外部性，带动相关产业的发展，从而推动整个城市，乃至于整个经济圈的发展		
政策支撑	尽快开展废弃矿山工业遗产的普查和认定工作；制定废弃矿山工业遗产保护与旅游开发的政策法规；成立废弃矿山工业遗产保护和旅游开发利用的专门机构；编制废充矿山工业遗产保护与旅游开发的专项规划；建设一批废弃矿山旅游开发示范区及工业博物馆		

图 7-6　战略技术路线

展成为比较集约型旅游大国（2015~2020 年）；第二步，从比较集约型旅游大国发展成为较高集约型旅游大国（2021~2030 年）；第三步，从较高集约型旅游大国发展成为高度集约型的世界旅游强国（2031~2040 年）。废弃矿山工业遗产在中国整个工业遗产中是最具有代表性的旅游资源。在推进我国从粗放型旅游大国到迈入世界旅游强国行列过程中，废弃矿山工业遗产旅游开发必须在阶段划分、阶段目标等方面与国家旅游发展大战略高度契合，成为引领工业遗产旅游发展的生力军。

2015~2020 年，完成全国废弃矿山工业遗产旅游开发的资源普查准备工作，初步绘制全国废弃矿山工业遗产旅游资源分布图，制定全国废弃矿山工业遗产旅游资源评价标准及分级体系。全面启动废弃矿山资源开发利用，依托老工业基地，选择条件较为成熟的废弃矿山，初步打造 10~20 个全国废弃矿山工业遗产旅游开发示范区，承接中国将发展成为比较集约型旅游大国的目标。

2021~2030 年，编制完成全国废弃矿山工业遗产旅游发展规划，确定全国废弃矿山旅游区开发的重点时序，依托废弃矿山资源，对于全国旅游资源型城市进行分级、分类型开发；加快全国废弃矿山工业遗产旅游区的建设；

对于建设较为成熟的废弃矿山工业遗产旅游示范区，推动实现跨区域联合，形成全国性的工业遗产旅游精品旅游带或工业遗产旅游综合功能区，承接中国将发展成为较高集约型旅游大国的目标。

2031～2040 年，建设跨区域特色废弃地工业遗产旅游功能区和多元产业体系，形成 3～5 个全国性的跨区域工业遗产旅游集群。在此基础上，开发"一带一路"沿线工业遗产旅游廊带，联合申报世界工业遗产，推动我国成为具有国际竞争力的废弃矿山工业遗产旅游带上的领头羊，承接中国将发展成为高度集约型的世界旅游强国的目标(图 7-7)。

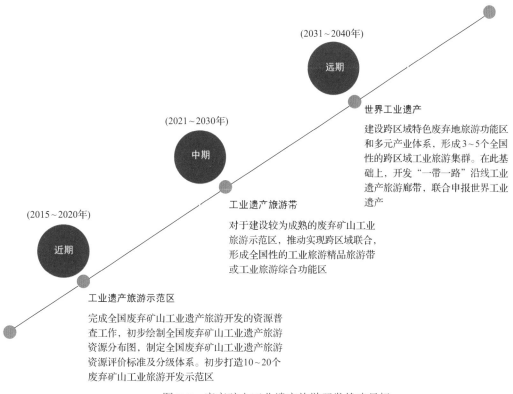

图 7-7　废弃矿山工业遗产旅游开发战略目标

2. 废弃矿山工业遗产开发战略的内在要求

废弃矿山工业遗产旅游开发必须遵循经济可持续发展的内在规律，必须体现在工业遗产旅游开发中废弃矿山所在地对经济、社会和生态的内在要求。

(1)以产业融合为依托，推动废弃矿山旅游产品创新。

抓住我国经济新常态下经济转型升级、过剩产能化解的发展机遇，以创新、协调、绿色、开放、共享为发展理念，从旅游产业与工业产业融合开发的角度，挖掘废弃矿山的实体资源及蕴含在其中的工业文化资源，创新以废弃矿山为资源本底的泛旅游产业开发，创新旅游产业新业态，推动新旧业态聚集创新，实现产业间相互渗透、资源交融。推动废弃矿山的再利用和再开发，以转型升级为主线，推动废弃矿山向形态更高级、分工更优化、结构更合理的阶段演化。

(2)以生态文明建设为指导，加强废弃矿山生态环境保护。

适应我国资源约束趋紧，环境污染严重，人民群众对清新空气、清澈水质、清洁环境等生态产品的需求迫切，以生态文明理念和可持续发展理论为指导，引领废弃矿山工业遗产旅游发展，将生态环境约束转变为矿业绿色持续发展的推动力。以老工业基地改造为抓手，走新型工业化道路，利用发展工业遗产旅游开发的契机，完善地区生态环境，增加城市文化特征，对城市自然资源和人文资源进行循环再利用。

(3)以全域旅游化为抓手，促进资源型城市产业转型升级。

废弃矿山旅游开发不仅是旅游+工业的"产业融合"战略，更是旅游+工业城市的"产城融合"战略。要从废弃矿山所在的资源型城市开发的高度，以工业遗产保护与资源再生为主线，全面实施旅游+工业城市的全域化战略，形成完整的工业遗产旅游产品体系和产业推进模式。把废弃矿山所在的整个区域按照一个旅游景区系统打造，实现旅游产业的全景化和全覆盖，整合废弃矿山所在地的人力、财力、物力等资源，开发工业遗产旅游产品，来促进资源型城市产业转型升级。

(4)以科学规划为重点，推动全国废弃矿山旅游协调发展。

从国家宏观层面总体来把控开发的进度与时序，确定全国废弃矿山旅游发展的优先发展示范区域、重点发展区域、一般发展区域和禁止开发区域，形成结构优化、布局合理的全国废弃矿山工业遗产旅游发展格局。

坚持优化布局与结构升级相结合，推动全国废弃矿山旅游协调发展。主要依托我国能源发展的主体功能区、全国主要资源枯竭型城市、大型煤炭基地和大型骨干企业集团的废弃矿山资源等，对废弃矿山旅游目的地进行重点开发。

（5）以工业文化传播为引领，加强矿业旅游产品品牌建设。

坚持工业遗产保护和适度性开发相结合的原则，在保持矿业遗产完整性和原真性的基础上，立足于区位条件、资源禀赋、产业积淀和地域特征，结合历史价值、技术价值、社会意义、科研价值等，以工业文化传播为引领，适度地对工业废弃地的空间、功能进行改造，活化废弃矿山工业遗产。

与旅游业融合的废弃矿山旅游开发，如矿山公园、井下探秘游、矿山遗迹等新产品、新业态，是加强矿业文化品牌建设、打造具有鲜明矿业特色文化活动品牌和扩大矿业文化的社会影响力的重要实现形式。通过对废弃矿山旅游资源的重新利用和适宜开发，对工业城市、工厂废弃建筑物和工业发展历史重新进行梳理、改造与开发，强调对工业遗迹和当地历史文化传统的保护与尊重。

（6）以保护与适度性开发为原则，丰富旅游产品体系建设。

坚持工业遗产保护和适度性开发相结合的原则。工业遗产资源是工业转型城市实现依靠旅游产业复兴城市的关键，是城市发展工业遗产旅游的依托。工业遗产本身具有巨大的历史文化价值，同时也是重要的旅游吸引物，所以在开发和管理工业遗产旅游资源时，要注重保护其本身的价值，在保持其原始风貌的同时合理开发，尤其是在运营时，尽量控制减少人为破坏和污染，达到旅游资源可持续使用和发展的目的。

在保持矿业遗产完整性和原真性的基础上，立足于资源禀赋、开发外部环境，探索多功能、跨行业的旅游创新模式：废弃矿山+旅游产品、废弃矿山+旅游产业、废弃矿山+区域旅游协作。通过废弃矿山旅游开发，把废弃矿山丰富的旅游资源变成高浓缩的工业文化遗产观览视窗、高颜值工业发展历程的景观群落、高品位的工业文化体验场所、高效益的创意经济中心。

3. "废弃矿山+旅游产品" 创新模式

构建废弃矿山+旅游产品模式，是从旅游产品功能出发，迎合"休闲旅游时代"的需求。废弃矿山旅游开发要立足于区位条件、资源禀赋、产业积淀和地域特征，整合矿业遗产、周边自然生态、民俗文化、美丽乡村等旅游资源，拓展废弃矿山休闲空间，形成多功能、跨行业的旅游创新模式。在按照矿业遗产价值分类的基础上，结合国内外开发的工业产品，按照服务对象、功能、产品属性、依托资源等方面，可以进一步细化废弃矿山工业旅游开发模式，见表7-6。

表7-6　废弃矿山+旅游产品开发模式

模式	服务对象	功能	产品属性	依托资源	案例
以矿业景观为主要吸引物的矿山公园	游客为主	遗产保护、教育、休闲	私有品	矿业遗产	弗米利恩湖-苏丹地下矿井州立公园
以休闲功能为主导的旅游综合体	游客为主，居民为辅	休闲	私有品	地理区位	波兰维利奇卡盐矿旅游综合体
以教育、生活体验为中心的博物馆	主客共享	遗产保护、教育、文化交流	公共品、准公共品	矿业遗产	英国比米什(Beamish)露天博物馆、中国煤炭博物馆
整治填造地上景观形成的休闲游憩园区	居民为主，游客为辅	休闲、游憩	公共品、私有品	地理区位	江苏徐州潘安湖国家湿地公园
以创意产业为核心的文化创意园区	游客为主，居民为辅	文化交流、休闲、游憩	私有品	地理区位	德国鲁尔区旅游开发
基于共享空间营造的生态社区	居民为主，游客为辅	休闲、游憩	准公共品	矿业遗产、地理区位	四川嘉阳国家矿山公园
结合非工业旅游资源的旅游区	游客为主，居民为辅	休闲、游憩	私有品	自然资源、人文资源	山西大同晋华宫国家矿山公园
基于艺术创造的大地艺术体验区	游客为主，居民为辅	休闲、游憩	私有品	地理区位	美国西雅图煤气厂公司

资料来源：作者根据资料整理绘制。

4. 废弃矿山工业遗产旅游开发的实施保障

以中央"五位一体"总体布局为指导，在国家供给侧改革深化、资源型城市产业转型及"美丽中国"建设的背景下，从组织架构、规划标准、机制体制、治理结构4个方面构建废弃矿山工业遗产旅游开发的保障机制，并对接、利用及创新投融资、土地利用等相关政策。

(1)废弃矿山工业遗产旅游开发的保障机制。

①推动制度创新，构建国家层面的废弃煤矿工业遗产保护和旅游开发组织架构。

从废弃煤矿再利用角度看，废弃煤矿工业遗产旅游开发涉及矿山与地区政府的关系、矿山所在资源型城市的城市更新战略及资源枯竭型城市的产业转型战略等多层次关系，需要协调矿山企业与地方政府、矿山企业与中央政府管理部门及矿山企业与周边社区居民等多主体之间的关系。

从工业遗产旅游角度看，旅游业本身就是一个综合性产业，产业关联性极强，同时又强烈依托废弃矿山所在地的基础设施、人居环境、当地文化等，需要解决多产业、多部门之间的利益关系。

从全国工业遗产旅游区域开发角度看，废弃煤矿旅游开发将不仅是废弃矿山的开发，更是所在地资源型城市的更新改造，未来还将走向工业遗产旅游区域协同发展的开发模式。例如，"一五"期间废弃煤矿工业遗产旅游带，陆上、海上丝绸之路废弃煤矿工业遗产旅游带等的开发，都需要跨地区、跨部门的协调与配合。

我国目前尚无国家层面的废弃矿山工业遗产旅游开发的统一领导机构。为了全盘统筹废弃矿山工业遗产旅游开发工作，迫切需要建立相应的组织机构，特别是建立国家、地方不同层级的废弃煤矿工业遗产旅游开发领导小组，以解决废弃煤矿旅游开发中的制度设计、法规条例、实施机制、政策保障等重大问题。

国家层面的废弃矿山工业遗产旅游开发领导小组应由国家发展和改革委员会、自然资源部、文化和旅游部、住房和城乡建设部、农业部、科学技术部、工业和信息化部、商务部等部门联动响应，共同研究制定相关政策，提供制度和资金支持，协调废弃矿山工业遗产旅游开发中的重大问题，以实现总体协调、统筹兼顾的目标。

②做好资源普查，制定废弃煤矿工业遗产评价标准和旅游开发规划。

开展我国煤矿工业遗产资源普查工作，特别要掌握废弃煤炭工业遗产资源状况、空间分布、利用状况及工业遗产旅游开发的外部环境。

在废弃煤矿工业遗产资源普查的基础上，结合世界遗产评定标准《保护世界文化和自然遗产公约》、中国的《旅游资源分类、调查与评价》（GB/T 18972-2017）及《工业遗产保护和利用导则》等，制定我国废弃煤矿工业遗产评定标准体系，评价废弃煤矿的工业遗产价值，并建立我国废弃煤矿工业遗产名录和分级保护机制。

制定废弃煤矿工业遗产旅游开发的总体规划，并有序衔接国家产业发展规划、土地利用总体规划等，明确我国废弃煤矿工业遗产旅游开发的总体时序及开发格局。出台我国废弃煤矿工业遗产旅游示范区标准，筛选、建设一批工业遗产价值突出、旅游开发条件好、特色鲜明的废弃矿山工业遗产旅游示范区，形成持续的示范点带动效应，推动废弃煤矿工业遗产旅游开发的顺利进行。

目前仅以交通为纽带，串联老工矿区，来明确矿业遗产旅游区域开发的重点。未来可从工艺流程的关联性，经济、社会的内在联系及历史发展历程方面，确定旅游开发空间格局与战略。此外，矿业遗产旅游开发还受到开发条件的制约，未来可在全面评估区域旅游开发条件的基础上，进一步细化开发的时序与战略。

未来随着更多门类的矿山退出生产，可以将区域内不同门类、不同规模、不同区位的矿业遗产旅游景点作为空间节点，依托矿山资源特征或矿业文化，将它们有机地串联在一起，形成在功能上相互补充、相互连接的区域工业遗产旅游网络与域面，推进区域工业遗产旅游一体化开发模式的构筑和运行。

③完善政策法规，发挥市场作用，引导扶持工业遗产旅游开发。

出台指导废弃矿山工业遗产旅游开发的政策法规，引导废弃煤矿工业遗产旅游开发有序进行。规范和整合现有的土地、旅游开发、金融和财政政策，形成专门指导废弃矿山旅游开发的政策规范，让废弃矿山工业遗产旅游开发有章可循。

从体量上看，我国既有的大型废弃矿山大多为国有矿山，但由于旅游开发对于基础设施与公共服务设施具有大量依赖的属性，废弃矿山发展工业遗产旅游不能仅靠国家投资，而是要坚持使市场在资源配置中起决定性作用。尤其是要借鉴政府和社会资本合作（public-private partnership，PPP）等开发模式，积极引导社会资本参与建设，形成多元主体参与的合作开发机制。

根据《国务院关于进一步加快发展旅游业的意见》、《国务院关于鼓励和引导民间投资健康发展的若干意见》及《关于鼓励和引导民间资本投资旅游业的实施意见》等文件，抓住旅游业具有开放性、包容性、竞争性等特征的鲜明属性，充分发挥市场配置资源的基础性作用，鼓励各类社会资本公平参与旅游业发展，鼓励各种所有制企业依法投资旅游产业，推进市场化进程。

充分发挥政府在废弃矿山工业遗产旅游开发中的引导、扶持与公共服务作用。在废弃煤矿相对集中的资源枯竭型城市及周边地区设立专门的部门和专职人员，其职能是在资源调查、规划编制、企业筛选、资源整合、质量促进、教育培训、信息咨询、日常管理等方面进行规范和服务，给具有发展意愿的企业提供专业化指导，积极支持开发企业通过市场营销手段加大工业遗产旅游推广力度。

④构建"官、产、民、学、媒"共建的参与式治理结构。

旅游开发是区域内多利益主体博弈及共建的过程，因此，废弃矿山旅游开发也应以"官、产、民、学、媒"共建的社区参与模式，构建废弃矿山工业遗产旅游开发的新型治理结构。

一是积极鼓励和支持废弃矿山企业与高校、科研机构等建立产学研用协同创新网络，以产业融合和旅游+的思路，推动废弃矿山工业遗产旅游的科学开发与有序开发。

二是支持旅游行业协会、煤炭行业协会等非政府组织行使其职能，推动行业协会在标准制定、商业模式推介、文化挖掘、资源保护、品牌营销等方面发挥职能，形成多元化主体介入的旅游开发组织。

三是建立废弃矿山工业遗产旅游开发的人才培养机制，鼓励利用社会培训资源开展工业遗产旅游人力资源培训工作，为废弃矿山工业遗产旅游开发储备不同层级的人力资源。

⑤建立多元主体参与开发机制。

基于旅游开发的废弃地再利用不仅是对资源的重新利用，更是提供一种公共文化服务。从这种认识出发，废弃地再利用关注的是"人"的问题，因此，激发更多利益相关者参与应该成为废弃地再利用的出发点。指导工业遗产保护的多个国际文件都提到鼓励多方参与、非营利组织参与和当地居民参与。如果废弃地再生仅是政府和企业单方面的行为，其结果往往是广大社区居民只是被动地接受服务，或被排除在参与者之外，而开发的旅游项目也会因社区居民的缺失而失去生机与活力。

因此，在对废弃地进行工业遗产旅游开发时，应考虑政府、非营利组织、矿山及公众等多方主体的参与，既要保证能从社会效益、工业遗产保护、科普教育、居民休闲的方面开发契合多方主体诉求的景点，也能得到包括资金、人才、场所等必要的支持。

⑥建设一批废弃矿山旅游开发示范区及工业博物馆。

坚持工业遗产保护和适度性开发相结合的原则，活化废弃矿山工业遗产，拓展休闲、游憩等功能，推进"废弃矿山+旅游"融合发展，培育"废弃矿山+旅游"新产品、新业态、新模式，创新旅游产品体系。

积极推广河北唐山开滦国家矿山公园、江西萍乡安源国家矿山公园、四川嘉阳国家矿山公园的先进经验，筛选一批工业遗产价值突出、旅游开发条件好、特色鲜明的废弃矿山建设旅游开发示范区，探索废弃矿山旅游开发、建设、管理、服务等系列工作的经验。特别是建设一批内容丰富、形式新颖的工业博物馆，形成不同形态、不同类型、不同尺度的工业博物馆体系。

(2)废弃矿山工业遗产旅游开发的政策建议。

积极对接国家产业结构转型升级、资源枯竭型城市产业转型、国家特色小镇建设、扶贫攻坚、城乡社区治理等范畴的政策体系，并嵌入产业、资金、人才、组织、平台、土地、基础设施、公共服务等方向的政策工具中去，综合纳入多领域政策环境、分享多样化的政策红利。在此基础上，根据实际情况和切实需要，对已有政策没有涵盖到的地方争取政策倾斜和用新政策来补充完善。

①依托现有政策平台，推进废弃矿山工业遗产旅游开发。

a. 借力资源型城市转型支持政策。

资源型城市面临的最主要的问题是资源枯竭和产业转型升级。废弃矿山集中的地方通常是已经出现资源枯竭的老工业城市，而进行旅游开发利用是产业转型升级的有效途径。

《全国资源型城市可持续发展规划(2013-2020年)》指出推进工业历史悠久的城市发展特色工业旅游。大力推进废弃土地复垦和生态恢复，支持开展历史遗留工矿废弃地复垦利用试点。因此，利用废弃矿山开展旅游完全可以纳入这一规划的配套政策体系中，实现另一方向的政策支持。

2016年《发展改革委关于支持老工业城市和资源型城市产业转型升级的实施意见》中，也明确提出鼓励改造利用老厂区、老厂房、老设施及露天矿坑等，建设特色旅游景点，发展工业旅游。所以，利用好资源型城市转型的政策平台可能为利用废弃矿山进行旅游开发提供更多、更广泛有效的政策支持。

b. 充分利用工业遗产旅游相关政策。

2001年，国家旅游局正式启动工农业旅游项目，到2004年，国家旅游局正式命名306家全国工农业旅游示范点，其中工业旅游示范点103家。这些示范点成为我国发展工业旅游的样板，促进了工业旅游健康有序地发展。2004~2007年，先后又有4批345家工业企业成为全国工业旅游示范点，据统计，其中与矿业密切相关的工业旅游示范点有28家，占全国工业旅游示范点的 8%，其中又以能源矿产型旅游（如煤、石油）为主，约占 43%。

工业旅游示范点和国家矿山公园的建设已经为废弃矿山工业遗产旅游奠定了良好的基础，要继续运用好这个平台，形成废弃矿山工业遗产旅游示范点的带动效应。同时，近些年来国家密集出台了一系列工业旅游相关的政策。2016 年，《工业和信息化部　财政部关于推进工业文化发展的指导意见》中提出以推进实施《中国制造 2025》为主线，大力弘扬中国工业精神，夯实工业文化发展基础，不断壮大工业文化产业，培育有中国特色的工业文化。2017 年，国家旅游局组织编制完成了《国家工业旅游示范基地规范与评价》（LB/T 067-2017）行业标准。2018 年，工业和信息化部印发《国家工业遗产管理暂行办法》。这些政策为废弃矿山工业遗产旅游开发提供了重要的支撑。在废弃矿山旅游开发过程中，要充分利用工业旅游相关政策，形成政策合力。

c. 对接国家特色小镇建设政策。

特色小镇建设目前已进入快速推进阶段。围绕特色小镇建设，国务院及各相关部委已出台多项配套政策，包括用地计划倾斜政策，并建立了相应的收益形成和返还机制。配套政策明确要为特色小镇的建设增加公共服务新供给、完善配套公共设施，政策性金融支持通道已经开通，用以提升特色小镇以公共服务水平和承载能力提高为目的的基础设施和公共服务设施建设。配套政策还鼓励特色小镇建设有条件的参照不低于 3A 级景区的标准规划建设特色旅游景区。

2016 年，住房和城乡建设部、国家发展和改革委员会、财政部三部委联合发布《关于开展特色小镇培育工作的通知》，提出到 2020 年，培育 1000个左右各具特色、富有活力的休闲旅游、商贸物流、现代制造、教育科技、传统文化、美丽宜居等特色小镇，引领带动全国小城镇建设。矿业小镇也是在支持的范围内。2016 年 11 月 1 日，《国务院关于深入推进实施新一轮东北振兴战略加快推动东北地区经济企稳向好若干重要举措的意见》，提到支持资源枯竭、产业衰退地区转型；建设一批特色宜居小镇。

利用废弃矿山发展旅游可借力特色小镇、特色旅游小镇建设的相关政策，要借助上述配套的用地倾斜政策、争取配套公共设施的完善、利用好统筹调配信贷规模，保障融资需求。开辟办贷绿色通道，对相关项目优先受理、优先审批，在符合贷款条件的情况下，优先给予贷款支持。建立贷款项目库

等相应的政策性金融工具,大力进行废弃矿山旅游特色小镇的建设,利用这一政策平台还要注意着重把握以下几个方面:

在废弃矿山资源分类的基础上,分类施策。挑选废弃矿山旅游资源禀赋比较好的地方,重点突破,建立废弃矿山旅游特色小镇试点,试点建设中重点探索其发展模式,突出特色。

结合国家特色小镇建设工程(旅游小镇),将其嵌入"五位一体"的国家发展战略中。废弃矿山的旅游利用也要选择文化基础较好的地方,结合生态建设,重点考虑旅游发展的可持续性。

利用废弃矿山建设特色旅游小镇要加强旅游规划,规划要延及如何包装、如何外宣。

发挥当地矿山或社区的主动性和自觉性,确保当地居民和矿工积极参与特色小镇建设。一方面,要通过培训、教育、引导的方式保障当地居民参与。另一方面,要在废弃矿山经济转型发展中为分流矿工创造新的就业空间,解决分流矿工再就业问题。

d. 融入国家扶贫政策及总体规划。

旅游扶贫是实施国家扶贫的一种方式。2016 年 11 月国务院颁布的《"十三五"脱贫攻坚规划》,在其产业发展脱贫范畴中,专门设定"旅游扶贫"的内容。提出通过发展乡村旅游、休闲农业、特色文化旅游等实现旅游扶贫。

中国人民银行等七部门联合印发了《关于金融助推脱贫攻坚的实施意见》。文件指出,各金融机构要立足贫困地区资源禀赋、产业特色,积极支持能吸收贫困人口就业、带动贫困人口增收的绿色生态种植业、经济林产业、林下经济、森林草原旅游、休闲农业、传统手工业、乡村旅游、农村电商等特色产业发展。

旅游成为贫困地区脱贫的最重要手段和产业。通过旅游扶贫方式,吸收贫困人口就业,带动休闲农业、休闲林业等关联产业的发展,促进贫困地区增收。

废弃矿山的集中地失业人口多,相应的贫困人口也多。除了依托于资源型城市外,废弃矿山也有相当一部分依托于县级以下的贫困地区,甚至有些是依托于乡村的零散废弃矿,对于这部分有条件的可以因地制宜将其纳入乡村旅游扶贫工程项目中打包建设,具体如下所述:

第一将废弃矿山的旅游开发纳入旅游扶贫工程中的旅游基础建设工程。

该工程支持贫困村周边 10km 范围内具备条件的重点景区的基础设施建设。

第二将废弃矿山的旅游利用打包纳入旅游扶贫工程中的乡村旅游产品建设工程。该工程"十三五"期间将培育 1000 家乡村旅游创客基地及鼓励开发建设各类乡村旅游产品、A 级旅游景区、中国风情小镇、特色景观旅游名镇名村等。

第三将废弃矿山的旅游开发纳入乡村旅游扶贫培训宣传工程。可以对转型从事旅游产业服务的矿工进行经营管理和服务技能等方面的分类培训；还可以借助乡村旅游扶贫工程的营销渠道，对废弃矿山旅游线路、旅游产品进行宣传推介。

②废弃矿山工业遗产旅游开发的重点政策创新。

在利用好国家现有政策的基础上，我国废弃矿山工业遗产旅游开发需要在投融资政策及土地政策方面进行制度创新。鼓励各地在推进实施《中国制造 2025》过程中，统筹加强工业文化建设。鼓励各地设立专项资金支持工业文化发展。

a. 投融资政策。

废弃矿山工业遗产旅游开发投入大，亟待加强产业政策与财税等政策的协同，迫切需要健全完善政府支持引导、全社会参与的多元化投融资机制，探索采取多元主体参与的资金投入体系，建立政府和社会资本合作模式，完善工业遗产旅游开发综合服务平台，打造工业遗址博物馆、工业旅游景区等，促进工业遗产保护与利用等。

要出台相关政策鼓励各类资本设立废弃矿山工业遗产旅游发展基金；加大国家和地方专项建设基金对废弃矿山工业遗产旅游示范区的支持力度；鼓励利用特许经营、投资补助、政府购买服务等方式，加快废弃矿山工业遗产旅游开发中的生态恢复、地质灾害治理、旅游配套设施与旅游服务水平的建设，解决废弃矿山工业遗产旅游开发中的瓶颈问题。

出台相关金融政策支持废弃矿山工业遗产旅游区及其所在资源型城市的发展，利用股权投资基金、企业债、中期票据、短期融资券和项目收益票据等融资工具，进行多渠道融资，支持废弃矿山工业遗产旅游项目。

b. 土地政策。

在国家土地政策管制日益趋紧的形势下，旅游开发如何突破土地用地政策的限制、如何盘活利用多种类型的土地资源，成为旅游项目开发的关键问题。而废弃矿山由于矿山关停留下了大量地上、地下土地空间,如果能够通过相关政策激活废弃矿山用地,将其转化为合法且合理的旅游用地,将成为废弃矿山工业遗产旅游开发的重大利好。

2012 年,国家旅游局颁布《关于鼓励和引导民间资本投资旅游业的实施意见》指出,支持民间资本依照有关法律法规,利用荒地、荒坡、荒滩、垃圾场、废弃矿山、边远海岛和可以开发利用的石漠化土地等开发旅游项目。2015 年 8 月国务院《关于进一步促进旅游投资和消费的若干意见》,提出要新增建设用地指标优先安排给中西部地区,支持中西部地区利用荒山、荒坡、荒滩、垃圾场、废弃矿山、石漠化土地开发旅游项目。2015 年 12 月,《国土资源部、住房和城乡建设部、国家旅游局关于支持旅游业发展用地政策的意见》,支持使用未利用地、废弃地、边远海岛等土地建设旅游项目。在符合生态环境保护要求和相关规划的前提下,对使用荒山、荒地、荒滩及石漠化、边远海岛土地建设的旅游项目,优先安排新增建设用地计划指标。对复垦利用垃圾场、废弃矿山等历史遗留损毁土地建设的旅游项目,各地可按照"谁投资、谁受益"的原则,制定支持政策,吸引社会投资,鼓励土地权利人自行复垦。

因此,要抓住旅游用地政策改革的机遇,充分利用国家旅游用地相关政策,并进一步争取废弃矿山工业遗产旅游用地政策的制度创新。

二、具体政策建议

废弃矿井是相互依存、相互影响的大系统,生态开发是一个系统工程,需要全方位、全地域、全过程开展。实现废弃矿井生态开发是解决当前及未来一段时期,我国废弃矿井及矿区大量退出这一现实问题的重要举措。我国废弃矿井和废弃矿山生态开发总体起步晚,且以土地复垦、植被修复及景观恢复常规手段为主,矿区层面系统性的生态开发尚缺乏顶层设计,与之相关的产业政策、技术经济评价方法和可供选择的生态开发模式尚处于探索阶段,亟待形成废弃矿井和废弃矿山生态开发系统性的解决方案与对策。

研究提出,需尽快研究出台针对我国废弃矿井和废弃矿井生态开发的顶层设计,采用宏观发展与分级分类的开发思路,因地制宜地提出我国废弃矿井生态开发方法与开发模式,建议加强土地复垦与生态修复相关专门性法律的立法工作，构建指导性方法和生态开发方案，加强科技支撑，明确生态开发标准与技术体系，加快开展废弃矿井生态开发工程示范，建设废弃矿井生态开发示范基地，进而总结可复制的成功经验，进行全国推广，最终促进矿区生态环境改善和资源充分有效利用，有条件的矿区内生出废弃矿井经济复苏与生活复原的驱动机制，形成"新经济、新业态、新模式"，助推资源枯竭型城市经济转型升级和人居环境的改善。

1. 建立健全废弃矿山生态开发法律法规，实现生态开发监管与产业政策的全过程覆盖

强化规划引领，统筹工作全局。建立健全专职管理机构，使其领导矿业废弃地土地管理与生态开发。通过制定规划，确定全国生态修复工作的战略目标、空间布局、重大工程、政策措施，兼顾地上地下、协调时间空间，理顺体制机制，形成纵向统一、横向联动、条块结合的工作格局。制定专门的《土地复垦与生态修复法》，统领废弃矿山生态开发相关法律规制，修订完善《土地复垦条例》和《土地复垦技术标准》。着力编制全国重要废弃矿山生态治理重大工程规划，着手编制各层级生态修复总体规划和专题规划。我国有关矿区生态修复的法律法规比较分散，在环境保护基本法中，《中华人民共和国环境保护法》虽然提出了完善生态修复制度，但对于生态修复的相关规定，实际可操作性不佳；地方性法规中存在关于生态修复的规定及配套措施，但法律效力不高。现阶段我国土地复垦技术标准建设相对落后，且国家技术标准存在共通性、整体控制的特点。要针对地区特点，因地制宜地制定更加详尽、具体的企业土地复垦质量管理标准，促进矿区土地复垦质量的提高。

明确各类矿井主管部门(如自然资源部、能源局、生态环境部等)，设立独立的职能机构，建立垂直领导的矿山生态监管体系。从矿井全生命周期规划新矿井的建设与开发，为后期矿井的废弃与生态开发创造条件。出台支持关闭/废弃煤矿资源开发利用的支持政策和管理办法，简化审批程序，在核准指标配置和备案手续政策上对废弃矿井生态开发项目倾斜。矿区土地复垦与生态开发需要建立一个统一且独立的机构，协调矿产资源开发和矿区土地复垦、生态环境保护过程中各分管机构的利益。严把土地复垦质量关，使得矿业企业土地复垦向规范化、标准化的方向发展，进而从整体上推动矿区土

地复垦义务的落实，促进矿区生态恢复与重建。建立动态监管制度与生态修复验收评估机制，建立生态修复工作监测监管平台，完善遥感监测与随机抽查相结合的监管机制，充分运用卫星遥感、无人机航拍、地面监测和地理信息系统等技术手段，构建省(市、县)动态监测体系，实现精准监管，保证生态修复工作实现预期目标。重视生态恢复与开发的公众参与。

构建科学合理的矿业用地制度，完善矿山复垦的监管制度。明确从采矿企业取得采矿权到闭坑的各个环节管理部门。引导社会主体积极参与生态修复活动，保证生态修复的质量，规范责任主体的生态修复行为，促使生态修复及时、有效地进行；提供法律制度保障。推进绿色矿山建设，明确矿区生态修复的责任主体，导致矿区出现环境问题有多种原因，包括早期粗放的矿山开采活动，缺乏环保意识指导，责任人难以确认。矿区生态修复责任应划分为历史遗留责任和新建在采责任，应当分别确定责任人，将修复责任落到实处。对于无法确定矿山责任人的历史遗留责任由国家承担。因为法律规定矿产资源归国家所有，在矿产资源开发活动中，国家曾依据矿产开采企业的条件对其发放了采矿许可证，对于由此产生的矿区环境污染和生态破坏遗留问题，国家有理由承担修复责任，对于新建矿山和在采矿山的修复责任，应由采矿企业承担主要责任，国家承担补充责任。企业作为矿山开采的利益获得者，其履行的义务应当与享有的权利相对应。企业的修复责任贯穿于矿产资源开采全过程中。若出现了企业无法独立完成的生态修复工作，或在矿产资源开采过程中出现了重大环境问题，政府应当介入其中，承担生态修复的补充责任。生态修复工作的综合性和持续性决定了其需要由生态修复专管部门进行管理，以保证生态修复的效果。

当前矿区生态修复主要集中在污染严重的区域和重点污染场地，对大气、水和土壤进行修复，目的是解决突出的环境问题，以达到政府环境质量考核目标和满足土地利用用途。然而，矿区生态修复的目标单一，往往只是针对某种环境要素进行专项修复，而忽视了生态系统的整体性，这可能使得某种环境要素得到了改善，却让整体生态系统遭到了更大的破坏。在环保指标与经济发展要求的压力下，注意避免采取不合理的修复方式，单纯注重快速的人工修复，忽视生态系统的自净能力，以求短期内快速获得成效。发达国家的矿区土地复垦方法和复垦方向更侧重于生态环境的恢复。鉴于我国人多地少、人均耕地资源紧缺的特殊国情，目前复垦的土地较注重农业用途。

2011 年 2 月出台的《土地复垦条例》也规定复垦的土地优先用于农业,这与我国人多地少的国情有关,同时也反映了对矿区生态环境恢复要求过低的现实。废弃矿山的再开发利用应当基于土壤的不同污染程度进行,并应当考虑土壤修复。

2. 部署全国范围的废弃矿山环境资源普查与生态地质勘查,制定严格的废弃矿山生态开发环境标准与技术规范

加强生态地质等基础地质调查,及时掌握废弃矿井/矿山生态环境现状及其动态变化。对区域内废弃矿井/矿山的生态环境损害现状进行评估,并建立档案。抓住国土调查与空间规划契机,运用空-天-地立体调查监测技术成果,采取定性与定量相结合的方法,开展废弃矿井资源的全国性普查,重点调查"十一五"时期以来"去产能"煤矿及关闭煤矿的可开发利用资源,以获取可开发利用资源的分布、数量等基本数据信息,建立废弃矿井名录及资源信息清单。废弃矿山资源与空间涉及地下空间(井下巷道、通风系统、提升设施)、废弃矿井资源(煤、地热、矿井水、油气、铀等矿产资源)、地面可再生能源、地面空间。加强废弃矿区历史安全生产数据、环境数据、资产数据的收集与统计工作,同时开展废弃矿井与周边废弃地、城市区域的功能及废弃矿井空间评价,形成集资源潜力评估及功能整合联动、空间重构于一体的废弃矿井生态开发资源潜力管理系统,内容包括基础数据、矿区地形地貌、土壤植被、土地利用/覆盖变化、水文特征、生态环境演变及现状、社会经济现状等方面数据的收集。针对已废弃、计划退出关闭矿区(矿井),逐步搭建全国范围内的废弃矿井资源信息监控信息系统,基于信息化、网络化实现矿井申报和管理部门审查相结合的废弃矿井资源大数据共享,以及国内外最新生态开发技术及企业的数据信息库的采集,建立信息集成与数据实时共享的废弃矿井生态开发信息管理平台。

矿产资源开采所破坏的土地存在多样性和特殊性,应跳出一味追求复垦为耕地并期待粮食生产的目标,对矿区复垦土地用途灵活化评估。根据开采矿种和开采使用方法的特性,提高对生态环境恢复的要求,复垦土地可作为城市用地储备或在其上因地制宜地建设矿山地质公园等。此外,生态恢复与开发还要严格遵循生态规律,切合矿区实际,根据承载能力、净化能力、抗干扰能力和资源利用限度等,适度开展生态开发。坚决贯彻生态优先的方针,

遵循可持续发展的理念，实现矿区生态系统的良性循环，保障和维护区域生态安全。建立废弃矿山生态开发成套技术规程。

制定生态开发模式选择与效果评价标准体系，识别优势资源，因地制宜地选择生态开发方向与产业转型模式，定期评价转型效果，适时调整生态开发路径。针对矿山损害特征制定生态修复实施方案，根据"一矿一策"建立台账，明确责任主体、治理任务、资金来源、治理时限等。建议制定与全国废弃矿山生态开发相关的专项规划，有序衔接国家产业发展规划、空间规划和土地利用总体规划等，确定我国废弃矿井生态开发的总体时序、空间布局及总体开发规划，并建立废弃矿井生态开发方案的技术标准与规范准则，从基础研究、科技支撑、标准平台建设、关键技术方面提供政策支持。矿产资源开发对生态环境的影响可以分为污染类和非污染类，宜采用不同的开发方式来应对不同的生态环境影响方式。制定矿井空间的重构、地下空间油气储存库及分布式抽水蓄能电站等地下空间利用规划方案，进行水资源、剩余煤炭、非常规天然气等资源精准开发，以及生态修复与接续产业培育、工业旅游开发等方面的研究工作。根据安全、技术、环境、经济、资源条件，实现废弃地分级分类开发方案审批管理。制定废弃矿井/矿山地面生态恢复与功能重建标准与规范，涵盖闭坑回填、土地整治与再利用、土壤修复、土地复垦、环境污染治理、露天植被恢复、河道水系整治、湿地功能构建、景观设计等多个层面。布局废弃矿井/矿山生态开发示范基地，将国家规划与矿区转型对接。将生态修复成本纳入采矿生产成本和预算中；建立国家（行业）矿山生态建设评价标准体系。

3. 加强废弃矿山生态修复与开发的基础研究与科技支撑，设立若干全国性废弃矿山生态开发示范工程

我国矿区生态修复已经在技术上取得了很大进步，但推广应用还存在很多瓶颈，其关键是急需完善相关政策，加大政策的执行度，而矿区生态修复监管技术与方法的完善至关重要。为此，应该学习国外的经验，结合我国国情，加强监管机制与方法的研究，保障先进修复技术的落地和推广。应持续加强矿区生态修复相关基础研究投入和相关学科建设。将以往的土地复垦与生态环境治理提升到重构生态系统及其可持续利用上来，创新和发展适合我国国情的矿区土地复垦与生态环境重构技术体系与科学方法。矿区生态修复

是一个涉及生态学、生态毒理学、环境科学、地理学、土壤学、灾害学等多个学科的复杂过程，无论是基础理论研究，还是实践工作都存在着较大的不足。需高度重视矿区土地复垦与生态恢复、地下空间生态学等相关学科的建设，加强生态损害过程、生态修复与空间重构机理、生态系统健康诊断与特征识别等基础研究。建议国家自然科学基金委员会等部门加大支持矿区地表生态修复、土地复垦、地下空间与地下空间生态学、地下水文学等基础研究。围绕工矿废弃地开发，组建国家重点实验室、国家科技研发中心、产业技术创新战略联盟等科技创新平台，促进"产学研用"的紧密结合。加强与国外的经验交流与技术合作，国外土地复垦与生态修复历史较长，理念和技术措施较为先进，通过交流合作，培养人才，强化理论研究，更新和完善相应技术方法。加强对矿业生态工程与技术经济管理等相关方向的复合型人才的培养，将工矿废弃地(特别是废弃矿井)生态开发重大科学研究和关键技术攻关纳入国家重大科技计划中。此外，重视科技成果的应用，开展废弃矿井/矿区生态开发技术示范、推广与应用，支持体制机制、标准、政策等方面的专项研究。

具体而言，加强生态修复技术研究与工程示范，重点研发资源开采与生态环境保护相协调的边采边复技术、高质量耕地复垦技术(提高耕地恢复率的复垦技术、表土保护与构建技术、夹层式土壤剖面构造技术和复垦土地地力提升技术)、减少耕地破坏的开采沉陷控制技术、无污染充填复垦技术，等等。对于东部高潜水位采煤沉陷地，从流域视角因地制宜地、多目标地对其进行综合治理，增强土地利用的多样性，加大景观生态的研究和重建力度。西部生态脆弱矿区需加强脆弱生态条件下减少扰动的工程治理、快速植被恢复、仿自然地貌修复等技术的研究，同时结合该区域生态损毁存在自修复、自然修复的特点，加强人工与自然修复的综合治理。对于关闭矿山的生态修复研究的重点是废弃地和地下空间的利用、污染治理、植被恢复、地貌重塑等。加强地下空间生态学基础理论、地表生态修复方法的研究，并强化生态修复与开发技术研发与工程示范。参考国内外的相关成功案例，提出适宜本地区工矿废弃地的生态功能重建方法，实现工矿废弃地无害化处置。明确工矿废弃地生态开发的技术支撑，开展适应性工矿废弃地生态开发技术评估。对土地复垦、植被修复、景观恢复、井下填充、空间整治等多种生态开发技术进行梳理，因地制宜地评估适合本矿区类型的生态开发技术可行性。从环境、经济、社会等效益角度，建立工矿废弃地生态开发的技术经济评价体系，构建生态开发模式。

开展典型工矿废弃地生态开发示范工程建设，在矿产资源集中开发区实施矿山生态修复与综合治理工程，分别对露天矿坑、地下矿井空间、地表沉陷土地、剩余煤炭资源、非常规天然气和水资源开展资源开发利用示范工程，选取具有优质资源的废弃矿区，由国家立项支持，为全国类似矿区提供经验。考虑自然地理环境、露天煤矿和井工煤矿、东中西区域的差异，开展典型地区试点工作。有条件的地域，应充分结合资源枯竭型城市转型相关政策，落实不同废弃矿山生态开发工作。坚持尊重自然、顺应自然、保护自然的原则，优先结合自然资源部 2019 年开展的长江经济带（长江干流和主要支流两岸各 10km 范围内）等地生态问题严重的废弃露天矿山生态修复工程示范，进一步总结经验。开展生态环境损害现状评估，充分考虑区域特点和条件，把保障生态安全放在首要位置，突出生态功能优先，避免造成新的生态损害，根据生态损害特征进行系统性、整体性的生态修复、治理与保护，将废弃矿井/矿山/矿区生态修复纳入"山水林田湖草"生态保护修复整体工作中。

4. 完善废弃矿山生态开发财税金融支持机制，创新典型地区废弃矿山生态开发商业模式

明确废弃矿山产权，创新商业开发模式，探索地下空间并利用新方法与新途径，探索成熟商业化解决方案，建立市场化机制。结合和借鉴现有生态补偿机制、生态资产核查与评估等制度工具，同时鼓励企业加大投入，多渠道筹集资金。完善矿区土地复垦与生态修复资金体系。我国矿产资源开发过程中征收的矿山地质环境恢复治理保证金是保障矿区土地复垦的主要手段之一，但该制度还存在一些问题：缴纳标准和比例低、保证金使用不灵活、企业缴纳抵触等。《土地复垦条例实施办法》中规定土地复垦义务人需要按照土地复垦方案缴纳土地复垦费用，并设立专门账户，专款专用。但对于矿区土地复垦资金如何有效使用、如何管理、如何适应矿产资源开采特点等未做详细规定。我国矿产资源开发活动多，矿区土地复垦任务复杂，应针对矿区的土地复垦建立专门的资金体系，以避免资金不足制约矿区土地复垦。完善矿区生态修复资金制度，保障修复资金的充足，提高生态修复效率。将土

地复垦与生态修复作为矿区生产的一部分,提前将需使用的资金纳入生产成本和预算安排中来。建立生态修复基金,鼓励社会或个人参与矿区生态修复投资,从财政拨款中获得启动资金,从社会中吸收各类机构、团体的投资,获取银行专项贷款,接受国际组织援助,接受国内企业、社会公众的捐款,形成有力的资金支撑机制。

在现有的税费政策和保证金基础上,建立矿区生态修复专项补偿金。在争取加大财政投入的同时,通过运用自然资源和国土空间激励性政策,为社会力量投入生态修复增加动力、激发活力、释放潜力,从根本上破解资金瓶颈难题。加大开放性金融的资金支持,推动用社会资本合作(PPP)模式解决废弃矿井生态开发资金问题,同时配套出台废弃矿井生态开发上下游产业的财政补贴、减免税、专项基金等多种扶持政策。完善矿区生态补偿机制。多种渠道筹集矿区生态补偿资金,在继续加大中央财政纵向转移支付力度的同时,充分发挥市场的作用,建立政府领衔、多层次、多渠道的生态补偿资金筹措机制,探索多元化生态补偿资金归集方式。制定科学的矿区生态补偿标准,建立矿区生态补偿法律责任机制。通过搭建协商平台,完善支持政策,推动矿产资源开发地区、受益地区与生态保护地区之间横向生态补偿的深入开展。矿区生态环境损失评价及环境补偿最低标准的确立是生态环境损失及环境补偿的基础。矿区生态环境修复治理成本包括生态破坏治理费用、环境污染治理费用,以及居民生产、生活损失补偿费用等具体内容。

建立矿区生态资产账户,和矿区自然资源资产负债表的编制有机结合,对矿区生态减排能力及未来生态减排潜力进行评估,定量评价其对节能减排的贡献及其产生的经济价值,并有针对性地提出矿区生态减排能力建设与持续推进措施。生态资产包括一切能为人类提供服务和福利的自然资源和生态环境,其服务和福利的形式既包括有形的、实物形态的资源供给,也包括隐形的或不可见的或非实物形态的生态服务。实物形态的生态资产大多可划归所有权,可直接进入商品市场进行交易,从而使其价值得以具体体现(尽管市场中商品的价格并不能反映该生态资产具有的真实价值)。隐形或不可见的生态资产(包括部分以实物形态存在的生态资产)大多是公共的,任何组织或个人难以划归其所有权。森林、灌丛、草地、农田等在提供木材、农作物等有形服务的同时,还能通过同化作用和自身特性吸收、滞纳温室气体和污染物,从而减少温室气体和污染物的排放,提供巨大的隐形经济效益。建立生态资产动态监测平台，建立完整的减排功能性生态资产账户，逐步建立全矿区生态资产收入、损耗统计制度。细化完善生态资产损耗账户、收入账户、转移账户，完善生态资产统计制度，健全生态资产统计体系，加强矿区生态资产流动消费的全过程统计，加强生态资产的经营管理。将减少的碳排放量引入碳交易市场中，创新碳金融模式，获取碳减排收益，将减少的大气污染物排放量引入排污权交易市场中，获取污染物减排效益，从而将这部分收入进一步投入到生态减排建设中，实现生态开发的良性循环。

研究建立废弃地生态开发与产业转型基金，纳入废弃矿山治理基金中，整合废弃矿山治理费、采矿权和探矿权价款、开采许可证申请费、矿山开采违规罚款、土地复垦保证金、矿山恢复保证金等资金机制，同时以政府和社会资本合作(PPP)等多种模式，多渠道筹集社会资金。各省(市)自然资源主管部门在《国务院关于印发矿产资源权益金制度改革方案的通知》(国发〔2017〕29号)等相关政策要求的基础上，积极、主动、协调、推进各级地方财政，将矿业权出让收益统筹用于矿山生态修复等支出；中央财政根据各省(市)修复任务和成效，给予各省(市)一定奖补资金支持。遵守"谁修复、谁受益"原则，构建"政府主导、政策扶持、社会参与、开发式治理、市场化运作"的矿山生态修复新模式，广泛吸引社会资本参与，加强项目资金整合，处理好"造血式"培育和"输血式"扶持的关系。结合生态文明建设与绿色政绩考核、生态资产核查、自然资源资产负债表、生态审计等方式，将资源耗减、环境污染与生态恶化等影响货币化。

第八章

我国露天矿坑资源综合开发利用战略研究

——以抚顺露天矿为例

本章系统总结分析了抚顺市作为煤炭资源枯竭型城市的发展历程、现状、面临挑战和重大变革方向；聚焦城市发展问题，分析提出了新时代、新形势下废弃露天矿再利用与城市转型策略，有效补充煤炭资源型城市绿色转型和可持续发展的相关研究，为政府决策提供一种整体的、基于学科交叉的存量土地再利用新思路。

第一节　现状分析

一、抚顺西露天矿坑及周边总体情况

抚顺市受煤炭开采严重影响的面积共达 66km²，其中井工采煤沉陷区面积 18.41km²，露天开采采煤矿坑面积 19.87km²，排土场占地面积 21.49km²（图 8-1）。

图 8-1　抚顺西露天矿土地破坏情况

1. 抚顺西露天矿

1914 年抚顺西露天矿开建古城子第一露天采场，1917 年开建第二露天采场，1927 年开建杨柏露天采场，1938 年三处露天采场合并为一个露天采场。目前，抚顺西露天矿已经形成东西长 6.6km，南北宽 2.2km，面积 10.87km²，垂深 400～500m 的"亚洲第一大坑"。

据资料记载，1927 年至今，抚顺西露天矿共发生滑坡 90 余次，滑落体积约 5 亿 m^3，破坏面积达 $4.8km^2$。受露天采矿、原胜利矿井工采空区及断裂构造共同影响，抚顺西露天矿北帮部分地区地面变形严重，石油一厂、发电厂、水泥厂等一些大中型企业厂房设备和居民住宅遭到破坏。2005 年 8 月北帮出现两处滑坡；2006 年 6 月南阳路 24 号地区出现滑坡；2010 年石油一厂停产搬迁；2011 年抚顺发电厂停产搬迁；2013 年 4 月新抚区南阳街道南苑社区 29 委 3 组的居民房屋南墙忽然向南倾倒，出现滑落；2014 年出现边坡滑落；2016 年 7 月北帮出现局部大型滑坡，滑坡体面积约 $0.089km^2$，体积约 313.6 万 m^3，危险区面积约 $0.8816km^2$，562 位居民和 14 家企业被迫避险搬迁。目前，西露天矿北帮地质灾害影响区已达 $3.99km^2$。

2. 抚顺东露天矿

抚顺东露天矿东西长 6.0km（老虎台矿 4.0km，龙凤矿 2.0km），南北宽 1.5km，面积 $9.0km^2$，于 1956 年 5 月开始建设，1960 年 1 月 1 日正式生产，主要开采和残采老虎台矿、龙凤矿本层煤的浅部煤层及上部油母页岩（富矿）。由于其南帮边坡岩层为顺层，南侧煤层较浅，软质凝灰岩在走向、倾向上分布不均，多为薄层和透镜体存在，对边坡稳定性有一定影响，加之第四系局部含淤泥质黏土、粉质黏土等厚度 2~10m 不等，力学强度较低，稳定性较差，目前已出现抚顺市锚链厂（虎北社区）、东洲区东露天矿南帮小新屯段（10#、11#、14#楼及抚顺矿区集体企业管理局三公司煤场）、万新街道西山社区 33#、34#楼等地的滑坡隐患。

3. 排土场（舍场）

抚顺露天煤矿剥离生产排弃物堆积的排土场称为"舍场"，主要排土场有三处，占地总面积为 $21.49km^2$，其中西排土场占地面积 $11.44km^2$，东排土场占地面积 $7.4km^2$，汪良排土场占地面积 $2.65km^2$，累计堆积剥离排弃物 13.6 亿 m^3（图 8-2）。

排土场均由煤矸石、剥离物、粉煤灰等废弃物堆存而成，长期堆放形成煤矸石山。煤矸石山由于没有得到及时处理与合理利用，占地面积大；露天堆放的煤矸石，在雨水及地表水的淋滤、溶解和自燃等条件作用下，将一些有害元素溶解、挥发至水体、土壤和大气中，从而造成水体污染、土壤污染、大气污染等；另外，由于堆高过高，煤矸石山存在排土场顶面地表不稳定、边坡滑移等现象。

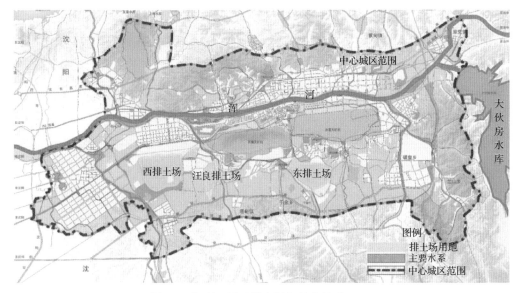

图 8-2　抚顺西露天排土场与城市关系

二、抚顺市区地质灾害主要类型

1. 滑坡

抚顺市区滑坡灾害集中发生在西露天矿采场北帮边坡和东露天矿采场南帮边坡地区，滑坡类型属于滑动面与斜层切层式和构造结构面卸荷复合型，既有大型滑坡体，也有中、小型滑坡体。在采矿活动和断层活化等因素作用下，抚顺市区已经成为滑坡灾害的多发区和重灾区，滑坡灾害正在威胁着城市居民生命财产安全和市区自然生态环境。

(1)西露天矿采场北帮滑坡体。

1927 年，抚顺煤田西露天矿采场首次发生边坡滑坡，这次滑坡使运煤机车脱轨翻车，采场被迫停产。抚顺煤田滑坡台账统计资料记载，1935～1993 年，西露天矿采场边坡共发生 68 次滑坡。1960 年前，滑坡多发生在西露天矿采场南帮，北帮处于相对稳定状态；1960 年后，西露天矿采场北帮开始发生滑坡，南帮转入相对稳定状态。1984 年，抚顺煤田实施扩帮开采计划，三年后(1987 年)西露天矿采场北帮连续 4 次发生大规模边坡滑坡，滑坡体土石方量分别为 114000m³、40000m³、20000m³ 及 34000m³。1993 年 8 月，西露天矿采场北帮边坡又连续数次发生滑坡，给抚顺矿务局造成了重大的经济损失。

西露天矿采场北帮西区发生滑坡灾害频次最多且极不稳定的地段有：十三段站、小背斜区、一段站，滑坡面积已达 0.635km²。西露天矿采场北帮中区发生边坡滑坡灾害的主要不稳定区位于矿区坐标 W650～W300、N650～N850，W100～E500、N850～N1100，E300～E1400、N850～N1100、E1700～E2000、N1000～N1100 处。由于西露天采场北帮东区远离 F_1、F_{1A} 断层带，地质构造条件相对简单，发生滑坡灾害的可能性较小，但仍潜伏着发生边坡岩体滑坡的危险性，其主要不稳定区位于矿区坐标 E2600～E3000 处。

(2) 东露天矿采场南帮滑坡体。

抚顺市属于资源枯竭型城市，受到党和政府的高度重视。2000 年国家计委批准实施东露天矿恢复开采工程项目，扶持抚顺市经济结构调整及工业转型计划。在东露天矿恢复开采工程项目牵动下，油母页岩炼油、油母页岩电站和煤层气开发等项目相继开工建设，传统能源工业逐步朝着新型能源工业转化。然而，随着东露天矿开始实施扩帮开采计划，一度相对稳定的采场南帮很快出现边坡变形及滑移现象。

2003 年 9 月 25 日凌晨，东露天矿采场南帮中区边坡突然发生滑塌，东洲区新屯街东泰社区两间平房、一间地下水沉淀池和一间养鱼池沉入塌陷坑中，塌陷坑垂直深度达 10m。经省、市专家现场检查认定，塌陷坑是东露天采场南帮全线开挖所致。与东洲区塌陷事故几乎同时，2003 年 10 月，位于东露天矿采场南帮南侧 40m 左右的龙凤矿住宅楼西边 1 号楼发生重大险情，至 11 月，采场南帮边坡滑坡造成 1 号楼楼体开裂、位移，楼内住户被迫搬迁，楼体被迫整体拆除。2004 年 6 月初，滑坡体再次出现明显位移，龙凤矿 2 号住宅楼险情加重，西北角两根桩基被拉断，西侧滑坡体上平房移动变形，后缘房屋陷落，2 号楼及危险区内所有平房被迫全部拆除。经初步测算，2003～2004 年东露天矿南帮中段东洲区新屯街东泰社区由滑坡灾害造成的直接经济损失达 2000 万元。

东露天矿采场原始地貌为向北倾斜的山坡，下伏地层为白垩系砂岩、泥岩、玄武岩等；上覆地层为第四系残坡积层，厚度为 0.3～2.5m；地表为人工堆积的废页岩，厚度为 0.5～16.0m。2004 年 6 月，抚顺市国土资源局环境处多次组织专家对滑坡体南侧边缘进行现场勘查。测算滑坡体面积约 30000m²，滑坡体后缘沉陷带宽约 10m，高差约 1.5m。

东露天矿采场南帮滑坡是由挖掘采场坡脚处土体而导致上覆松散层失去承载力造成的。这一事实说明，尽管目前东露天矿开采范围仅仅局限于采场南帮松散层附近，但已经引发了比较严重的滑坡灾害，如若再继续开采采场南帮深部含煤岩系，发生边坡滑坡的危险性必将继续增大。

2. 地面变形

地面变形是由抚顺煤田采空区围岩重力牵引作用引发地面发生形变的一种地质灾害现象，抚顺市地面变形区集中分布在"两坑一陷"周围地区。本书主要以西露天矿北部石油一厂、抚顺发电厂等地面变形区作为重点勘查区。

抚顺石油一厂、抚顺发电厂和抚顺水泥厂始建于伪满洲时期，当时在西露天地区只查明了 F_1 断层，而没有发现 F_{1A} 断层，因此错将三个厂址选在了 F_{1A} 断层带上。厂区选址上的重大失误，给后来抚顺煤田开采留下了"压煤"问题，也给西露天矿采场北部地区的工业建设和居民生活埋下了地质灾害隐患。

经本次地质灾害现场勘查确认，F_1、F_{1A} 等断层局部错断了西露天矿北帮岩体，石油一厂西部岩体出现了倾倒、滑移、变形迹象，东部岩体出现了变形、滑移、沉陷趋势，西露天矿扩帮开采和原胜利矿井工采空区使采场北帮岩体产生了递进式倾倒-滑移运动，沿西露天矿采场北部地区已经形成了面积达 $1.5 km^2$ 的地面变形区，抚顺发电厂和抚顺水泥厂地面已经发生了明显的位移变形迹象。地面变形灾害已经迫使抚顺石油一厂部分厂房被迫搬迁，并且依旧威胁着两大厂区的建筑物及人员生命安全。

据地面变形观测资料分析，1959 年以前西露天采场北界距北部厂区较远，厂区地面未发生明显变形现象。1959～1984 年各厂区地面变形也较小，地基位置基本保持稳定。但 1984 年以后，西露天矿实施扩帮开采计划，导致采场北帮边界与北部厂区距离越来越近，各厂区地表水平位移量和垂直位移量均呈增大趋势，水平位移矢量均指向西露天矿采场方向。

1) 石油一厂地面变形特征

根据厂区地面变形观测资料，在厂区铁路以北地区，地面年均水平位移量和垂直位移量逐年减小，但水平位移和垂直位移累计总量逐年增大。在厂区铁路以南地段，地面年均水平位移量和垂直位移量由北向南逐年增加。以2000 年的变形量和沉降量为基准，厂区西部变化量和沉降量逐年减小，厂区东部变化量和沉降量逐年增加，厂区总体位移趋势呈东偏南方向。

(1)西部厂区地面变形特征。

1998 年西露天矿西区开采深度加大，采场北帮边坡地面变形影响范围向北部地区扩展，与回填土区相对应的石油一厂西部厂区地面发生沉陷变形，其特点如下：

①1999 年以前，即回填前期，西部厂区地面变形量由北向南逐渐增大，两端点变形量相差悬殊。

②1999~2000 年，即回填初期，受应变滞后效应影响，西部厂区地面变形量达到最大值。

③2001 年以后，随着回填区面积扩大，临空面面积减小，西部厂区地面下沉量同步减小。

(2)东部厂区地面变形特征。

2000 年以前，东部厂区地面表现为整体均匀变形，由北向南变形量相差甚小。2000 年以后，西露天矿加大了东部采区的剥采量，与其对应的东部厂区地面下沉量增大了 10%~50%，地面出现不均匀沉降现象。

(3)中部厂区地面变形特征。

中部厂区地面变形受西露天矿采掘、F_{1A} 断裂带和大气降水量综合因素影响。

1996 年，抚顺地区年降水量较大，中部厂区变形量明显增大。1997 年以后，抚顺地区年降水量明显减少，中部厂区变形量随之减小。2000 年后，西露天矿剥采工程东移，石油一厂逐渐出现了以中部厂区(消防楼至工会楼)为中心、向南呈喇叭状展布的地面沉降带，现已发展成为石油一厂位移变形量最大、变形增速最快的地段。

2)抚顺发电厂地面变形特征

抚顺发电厂西与石油一厂接壤，南临西露天矿，对应西露天矿东采区。与抚顺石油一厂相比，抚顺发电厂地面整体位移变形量较小。据中国科学院地质研究所《抚顺发电厂一、二期技术改造项目工程地质可行性研究报告》，1990 年，西露天矿采场北帮边缘兴平路年下沉量 10mm；1995 年，由于该路段与采场北帮过渡带产生平行张裂隙而引发采场北帮边坡滑坡；1998 年，厂区最南端变形点下沉量达 9.84mm，1#机主厂房年最大下沉量达 7mm；

2004 年 4 月，1#机主厂房年最大下沉量达 20.42mm，累计下沉量达 77.55mm，厂区最大下沉量达 42.11mm，累计最大下沉量达 167.93mm。

根据最近 10 年地表水平监测结果，厂区内 F_{1A} 断层持续拉开，地表位移量持续增大，地面建筑物破坏程度持续增强。1996 年投入使用的主办公楼墙体已经产生墙裂缝，墙裂缝宽度达 13mm；1996 年投入使用的 1#机主厂房南北向墙体产生了几十条墙裂缝，裂缝宽度达 1～10mm；2001 年 10 月厂区地面开始出现地裂缝，裂缝宽度达 10mm；2002 年投入使用的 2#机主厂房墙体产生了数条墙裂缝，墙裂缝宽度达 1～5mm；厂区累计位移变形量已达 144.92mm。

3. 地面沉陷

1) 地面沉陷区范围

经过近百年地下井工开采作业，抚顺市区西起迎宾路、东至塔湾、北抵浑河、南到东露天采场范围内，已经形成了分布面积广泛的地下采空区，并形成了大范围的近似椭圆形的地面沉陷区。根据抚顺煤田采矿资料，老虎台采空区平面投影面积为 5.04km²，沉陷区面积为 8.77km²；龙凤矿采空区平面投影面积为 4.73km²，沉陷区面积为 8.12km²；市区采空区平面投影总面积为 9.77km²，总沉陷面积为 16.89km²。

2) 地面沉陷区特征

(1) 抚顺市区地面沉陷区波及范围广泛，累计沉降量较大，经济损失沉重。近期调查结果证明，地面沉陷区最大沉降值已超过 10m，平均沉降值大于 1m。地面沉降造成大量淤积地表水，大面积农田受淹弃耕，直接经济损失已经超过 30 亿元。现在地面沉陷区内尚有居民 19736 户，人口 62751 人，学校 9 所，医院 1 所，公益性单位 19 个，重点服务性业户 28 户，工业企业 142 个，各类建筑物 2470000m²，农田 1.3 万亩，仍然处于地面沉陷威胁之中。

(2) 地面沉陷区内非稳定区域呈逐年扩大趋势。中华人民共和国成立后，抚顺煤田陆续开发了老虎台矿、龙凤矿、胜利矿、东露天矿、西露天矿和深部井等。龙凤矿、胜利矿和深部井已经闭坑，但老虎台矿和西露天矿还在继续生产，东露天矿也于 2000 年恢复开采。老虎台矿属于厚层煤分层开采，开采深度逐年增加，深部煤层产状逐年变缓，采场充填空间逐年变小，地表位移时间逐年延长，岩体应变滞后效应逐年增强，地面沉陷区内非稳定区域逐年扩大。

4. 地裂缝

地裂缝是采场边坡滑移或地面沉陷过程中直达地表的线状开裂。它既可能是地质构造活动在地表形成的破裂痕迹，也可能是现代工程活动在地表形成的破裂痕迹，还可能是地质营力和人类工程活动共同作用在地表形成的破裂痕迹。

抚顺市区地裂缝主要分布于煤田沉陷区内，是井工开采和露天开采扰动上覆岩石土体后地面发生不均匀形变的产物。地裂缝-沉陷带与地面沉陷的根本区别在于前者表现为非均匀性沉降特征，而后者表现为均匀性沉降特征。一般来说，地裂缝-沉陷带下沉幅度明显大于其两侧地面，是对市区地面影响范围最广、破坏性最强的地段。从抚顺市区地裂缝-沉陷带空间分布位置分析，地面沉陷区边缘通常是地面差异性沉降幅度最大的地段，也是大型地裂缝-沉陷带集中分布的地段。而在地面沉陷速率比较均匀的地区，地裂缝-沉陷带规模及发育程度普遍较低。地裂缝破坏性局限于其分布范围内，对远离地裂缝的地面建筑物不构成明显的辐射作用。在横向上，主要地裂缝破坏性最强，向其两侧破坏性逐渐减弱，但上盘破坏性大于下盘；在垂向上，地裂缝向深部破坏性递减，向上部对地面建筑物和地表建筑工程破坏性较大。在地裂缝发育区，单一的直线型地裂缝破坏宽度相对较小，而斜列式或汇而不交的地裂缝破坏宽度较大。地裂缝发育过程往往从初始的单一地裂缝沿走向向两端扩展，从建筑物基础下部沉降沿垂向向上部拓展，最后发展成为危及其经由地段建筑物及其他建筑设施的地裂缝。按照地裂缝出现的地理位置和破坏程度，从煤田西部至东部可以划分出五条地裂缝。

(1)石油一厂—发电厂地裂缝。

石油一厂—发电厂地裂缝位于西露天矿采场北帮上部 F_{1A} 断层带上，属于斜列式地裂缝破坏带。该地裂缝东起抚顺发电厂，向西穿过抚顺石油一厂（西部石油一厂厂区内）至厂区西端，长约 1650m，两端延长不清，宽 40～80m，是一条西宽东窄的地面沉陷带。根据野外现场观察，当西露天矿超强度采矿或出现强降雨时，该地裂缝所经由的地面时常发生比较强烈的地面沉陷变形，并对地面建筑设施构成严重破坏。例如，抚顺石油一厂东西部干馏设备俱遭损坏，抚顺发电厂 13 座冷却塔发生塔体变形。

(2)千金小学—原市公安局大楼地裂缝。

千金小学—原市公安局大楼地裂缝位于 F_{1A} 北侧约 140m 处的 F_{41} 断层通过部位(坐标：X 4635996，Y 41573716～X 4636070，Y 41574204)，长约 500m，两端延长不清，属于斜列直线式破坏带。1984 年，受该地裂缝带状沉陷作用影响，千金小学教学楼及东侧住宅楼墙体开裂，住宅楼墙体最大开裂宽度达 12cm，门窗无法开启，住户被迫搬迁，小学教学楼被迫异地重建，解放路设计院 73-1 号楼也被迫拆迁重建。但近几年该地裂缝没有发生明显的活化迹象，说明受西露天矿采矿活动和季节性变化影响较弱。

(3)礼泉路地裂缝。

礼泉路地裂缝位于抚顺市新抚区公园一校—安康街—略阳街一带，走向北东东，属于直线式地裂缝破坏带。该地裂缝长约 1400m，宽约 10m。2000 年 8～9 月，该地裂缝通过地区至略阳街地面发生开裂下沉，一幢楼房从上至下出现多条平行墙裂缝，裂缝长数十厘米至几米，宽 1～10mm。2002 年，略阳街地面又开裂下沉，部分市政住宅楼被迫拆除，抚顺百货大楼住宅楼被迫整体拆除，浑河南路 14-3 号挖掘机厂住宅楼住户和礼泉路 9 号挖掘机厂 A 号住宅楼三单元住户被迫迁出，区内自来水管、煤气管道等发生破裂或断裂。至 2005 年 8 月，略阳街地区仍在发生地面沉陷变形。

(4)原抚顺电瓷厂—榆林小区地裂缝带。

原抚顺电瓷厂—榆林小区地裂缝带位于地面沉陷区北侧，受 F_{39} 断层控制，属于斜列式地裂缝带。该地裂缝从抚顺电瓷厂厂区向东延伸入榆林小区，长约 1340m，宽 5～10m。在该地裂缝带经过的电瓷厂厂房及外墙体产生近于直立的墙体裂缝，裂缝宽 5～20mm。2000 年入住的榆林小区 4#、5#、7# 住宅楼内外墙体出现大批竖向及斜向裂缝。中国地震局工程力学研究所研究认为，墙体产生裂缝不是建筑工程质量问题，而是由通过该区的地下隐断层(F_{39})发生活化所致。目前，该地裂缝带依然处于不稳定状态。

(5)东林五路—抚顺电瓷厂地裂缝。

东林五路—抚顺电瓷厂地裂缝位于采煤沉陷区内，受 F_{1A} 断层控制，属于斜列式地裂缝带。该地裂缝带西起东林一街路段，长 1192m，宽 5～20m。在地裂缝带状沉陷区内，东林街五路地区地面发生下降沉陷，东林四街楼房和电瓷厂厂房建筑物墙体产生裂缝，最大裂缝宽度达 0.12m。

5. 地面塌陷

地面塌陷是在自然因素或人为因素作用下,地表岩石、土体发生断错坍塌的一种地质灾害现象,具有长期性、隐蔽性和突发性的特点,通常很难对其发生的具体时间和具体地点做出准确预测。由地面塌陷形成的地质灾害常见的有塌陷坑、塌陷洞、塌陷槽等。抚顺市区地面塌陷主要与地下采煤、地下管网、人防工程或其他大型地下工程活动相关。

(1)1958 年春,现实验小学西侧地面发生地面塌陷,两间半平房陷入地下,造成五死一伤的人员伤亡事故。

(2)2000 年 1 月 3 日,榆林苗圃青年路以南 100m 处地面发生塌陷,在十几分钟内形成长 80m、宽 40m、深 20m 的塌陷坑,八户民房和两个民办小厂陷入其内,31 间房屋倒塌,108 户居民被迫搬迁,一条主要交通干线(青年路)被迫中断,直接经济损失达 100 余万元。

(3)2003 年 7 月 29 日凌晨,东洲区搭连二街新苑社区发生塌陷,塌陷坑长 23m,宽 18m,最深时达 23.5m,回填土石方达 2199m³。由于发现及时并采取了整治措施,此次塌陷事故没有造成人员伤亡和财产损失。物探浅震和高密度测量显示,新苑社区东部和东洲区实验小学一带深部地质条件与塌陷坑所在区相同,存在突发地面塌陷的危险。

(4)2004 年 6 月 28 日,煤都路搭连电车站地面发生塌陷。塌陷坑长 2.2m,宽 1.8m,深 3.0m。塌陷起因与搭连二街新苑社区相同,也是由于发现及时而没有造成人员伤亡和财产损失。

6. 矿震

矿震是人类采矿活动改变岩石地质体结构、引发局部地应力集中释放的一种地质现象。抚顺煤田煤层厚,煤层气含量高,开采规模大,矿震震源浅、频率高、强度大。从 1933 年发生第一次矿震开始,抚顺煤田矿震频次逐年增多,矿震震级逐年升高。20 世纪 70 年代,矿震频次为 300～500 次/a,最大震级为 2.5 级。2001 年煤田矿震频次增至 7000 余次/a,发生 3.0 级以上矿震 13 次,最大震级达 3.6 级;2002 年发生 3.0 级以上矿震 21 次,最大震级达 3.7 级;2003～2005 年,矿震频次和震级略有下降,最大震级为 3.4 级。据煤田矿震统计资料,截至当前,由矿震造成的累计死亡人数已达 12

人，轻伤 33 人，重伤 1 人，直接经济损失达 757 万元。早期矿震波及范围局限于煤田部分地区，而现在范围已经扩展到抚顺全区，整个市区均处于高频度矿震环境中，可以说，煤田矿震已经成为威胁抚顺市区的主要地质灾害之一。从地质灾害勘查工作中了解到，煤田矿震已经导致抚顺市某些地区地面建筑物结构遭到破坏，如矿震导致抚顺火车站前和榆林地区几处建筑物墙体开裂，引起当地居民住户极度惊惧和恐慌。

据地震科研部门预测，随着抚顺煤田采掘纵向深度增加，矿震震级将不断提高，未来矿震震级可达 4.2 级，地震烈度可达Ⅶ度以上。抚顺市区居民稠密，石油、化工企业设施规模庞大，企事业单位分布集中，如果发生高震级矿震势必会造成重大人员伤害和经济损失。

三、分区治理

抚顺西露天矿矿山地质灾害区域之大（影响区面积达 74km^2）、与中心城区距离之近、对城市建成区破坏之重在全国乃至全世界范围内均属罕见。

抚顺西露天矿矿坑没有采煤作业，仅作为东露天矿的内排土场（图 8-3），如果不进行开发利用，在非内排区域存在较大的滑坡风险。内排压帮是对边坡的永久性加固，对露天矿边坡问题起到标本兼治的作用。建议西部作为内排压帮区，减小边坡滑坡等地质灾害风险，增加城市固废处理空间；东部实施分布式发电、油气储存等空间利用；中部变形集中区，做整治治理，实际性利用风险较高。整体建设为集工业、商业、仓储、创意文化、休闲娱乐、生态恢复为一体的新型露天矿坑、采煤沉陷综合治理示范区，成为资源型城市可持续发展示范市转型发展的核心产业承载地（图 8-4）。

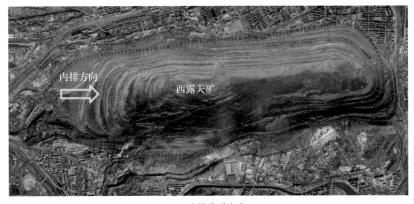

(a) 内排推进方向

(b) 内排作业

图 8-3　抚顺西露天矿内排情况

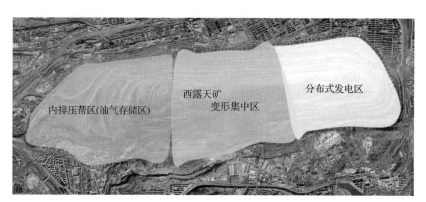

图 8-4　抚顺西露天矿功能分区

第二节　研 究 结 论

一、抚顺再工业化发展研究

1. 抚顺再工业化发展规划

1)产业接续阶段(2018～2020 年)

(1)油页岩加工项目。

油页岩加工项目规划面积 150hm^2,利用先进技术工艺,科学规划引导,综合利用油页岩开发和加工过程中产生的大量废渣，形成开采、炼油、尾气利用、灰渣发电及加工建材于一体的循环产业链，最终实现节能减排与绿色环保的油页岩加工产业。疏解由于露天矿减产带来的职工失业潮，在城市转型发展阶段为抚顺市政府提供合适的政府财政收入来源。油页岩加工项目区位见图 8-5。

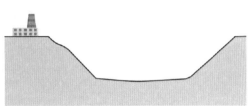

图 8-5　油页岩加工项目区位

（2）油气储存加工项目。

油气储存加工项目规划面积 1500hm^2，石油和天然气储备是保障国家能源安全的重要措施，油气储存设施是连接石油工业生产、运输及销售等环节的纽带，建设地下储备库有利于保护油气资源，可以大量节省土地资源和建设成本，是确保天然气安全平稳供气的最有效途径。油气储存加工项目区位见图 8-6。

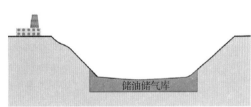

图 8-6　油气储存加工项目区位

（3）新能源和抽水储能项目。

新能源和抽水储能项目规划面积 6200hm^2，新能源产业将会成为世界各国培育新经济增长点的一个重要突破口。发展新能源经济不仅可以开辟新的能源供应途径，有效增加新能源供应量，还可以有效降低环境污染，有利于实施生态立省战略，建设环境友好型社会。

习近平指出，解决城市缺水问题，必须顺应自然①。优先考虑利用自然力量排水，建设自然存积、自然渗透、自然净化的"海绵城市"。

将新能源和抽水蓄能相结合，互相促进，构成一个有机的整体。抽水蓄能电站建设一方面是新能源发展所必需的基础设施，突破了新能源发展的瓶颈；另一方面也为城市带来广阔的湖区和水系，有利于改善抚顺市生态环境，创造宜居、宜业的新抚顺。新能源项目区位见图8-7。

图8-7　新能源项目区位

2)转型发展阶段(2020～2025年)

(1)通用交通建设规划。

依据经典的产业布局理论,运输条件是产业区位选择和产业布局调整的重要影响因素,运输条件的改变往往直接导致产业布局的形成与改变。在交通运输较为落后的阶段,高额的运输成本限制了城市间外部贸易的发展,工业活动在城市间难以形成专业化分工,大多数工厂在其选址时会把城市经济作为首要条件,落后的交通条件将经济的多样化限制在城市范围内。

随着交通的发展,区位约束不断减小,长距离的商品运输成为可能,围绕着中心城市的腹地市场开始增长,中等城市和小城市开始出现,工业生产可在不同城市间实现专业化分工,这促进了聚集经济效应的充分发挥,推动了城市向外分散型发展,更多城市将会出现。此外,便利的交通还能够促进沿线地区人口的快速流动,加快地区经济的对外联系,从而带动沿线周围的

---

① 习近平:避免使城市变成一块密不透气的"水泥板".(2018-02-27)[2020-02-20]. http://theory.cyol.com/content/2018-02/27/content-16975243.htm.

旅游、餐饮、房地产等第三产业的迅速发展，推动沿线经济的产业结构升级。1985～2006 年，中国交通运输投资每增加 1%，将会带动 GDP 增长 0.28%，其中，交通运输投资的直接贡献为 0.22%，由其外部性的存在而导致的经济增长为 0.06%。也就是说，如果考虑交通运输的正外部性，交通运输投资对我国经济增长的贡献率为年均 13.8%。总体而言，1985～2006 年交通运输投资带动 GDP 每年增加 248 亿元，其中 196 亿元来自投资的直接贡献，另外 52 亿元为交通运输的正外部效益。同时，交通基础设施对我国的就业率也有着显著的正向影响，能够有效地促进就业。

目前抚顺市主要道路交通体系集中在浑河以北，由于长期的煤炭开采，浑河以南道路交通网络密集程度远远不能满足城市发展的要求，在抚顺市进入转型发展阶段后，应加强露天矿周围交通建设，在东露天矿规划通用机场项目，并进一步完善抚顺市露天矿周围公路、铁路等交通布局，对于抚顺市的开放发展具有重要意义，对于吸引投资、人才、技术，带动抚顺市向外向型经济、旅游服务业发展具有积极作用，为抚顺市的区位交通增加优势，见图 8-8。

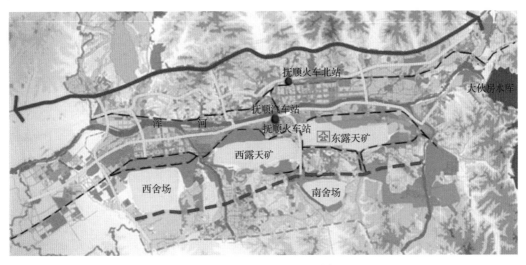

图 8-8　通用交通建设规划

（2）工业旅游发展规划。

国际工业遗产保护主要有三个重要的文件。2003 年的《下塔吉尔宪章》，对工业遗产进行了定义，指出了工业遗产的价值及认定、记录和研究的意义，并就立法保护、维修保护、教育培训、宣传展示等提出原则、规范和方法等指导性意见。2011 年的《都柏林原则》强调了工业遗产价值的多样性：有的工业遗产以其在生产流程和技术、地域上或历史上的独特性而著称，有的工业遗产以其在全球产业迁演中的贡献而闻名，有的工业遗产是由不同工艺技术和历史阶段错综组成的复杂系统，其不同组成部分之间存在相互依赖的关系。《都柏林原则》不仅强调物质遗产，更强调非物质遗产，成为世界各国主要遵循的原则，从操作层面概括了工业遗产保护的基本做法。2012 年，国际工业遗产保护委员会(TICCIH)在台北开了第十五次会员大会，通过了工业遗产的《台北宣言》，认同亚洲工业遗产有别于其他地区，因此在定义上必须要有所扩充，也应该包括工业革命前后的工业遗产。亚洲的工业遗产强烈表现出人与土地的关系，在保护的观念上应该突出文化的特殊性。此外，亚洲的工业遗产大部分与殖民势力及文化输入有关，这些文化遗产都应予以保护。抚顺露天矿工业遗产承载了我国东北地区殖民势力与文化输入，代表了亚洲人民反抗侵略和创造美好生活的历史记忆。

通过对抚顺露天矿工业遗迹的利用与开发，以工业旅游的方式使抚顺市这座资源型城市焕发新的活力。借助工业旅游助力传统工业转型和新能源产业多元化发展，形成抚顺市独特的新能源旅游与工业旅游结合的"新"与"旧"的旅游产业格局，塑造抚顺市新形象，对于推动城市转型升级具有积极作用，见图 8-9。

图 8-9　工业旅游发展规划

(3)配套产业规划。

依托沈阳省会城市的资源优势和抚顺的新能源产业条件，借助煤炭产业优势，综合太阳能、风能等新能源相关产业发展，联动现代化矿山工业的旅游发展，突出黑色到绿色、污染型到环保型新能源基地的转变，以新能源企业商务办公为主要功能，打造集设计研发、商务交易、应用和会展于一体的新能源总部基地，主要任务是根据新能源产业发展创新需求，招智引技，组织实施共性、关键性和前瞻性技术研发；建立面向企业的技术服务体系、开放研究平台和实验室，为企业尤其是中小企业提供开放研发平台，以及实验设备共享、技术信息、技术咨询等服务，协助开展科研活动，提升技术水平；积极参与项目孵化，引导新产品、新技术实现产业化；培育产业技术创新人才；开展国内外科技交流与合作。其发展目标是建设成为国内领先的新能源产业研发基地和产业创新基地，助力我国新能源产业实现跨越式发展，成为推动抚顺市新能源产业和沈抚区域经济有限增长的新引擎，打造国家清洁能源中高端产业转移示范窗口。

在工业产业、新能源产业、旅游产业的基础上，设置商业、服务业等基础配套，有利于满足消费需求，完善区域功能。最终形成集办公、能源加工与储存、旅游观光、商务休闲、餐饮娱乐等多功能为一体的新抚顺露天矿，带动周围商圈与抚顺市经济发展，见图 8-10。

图 8-10　配套产业规划

3）同城发展阶段（2025～2030 年）

（1）产业对接。

立足沈抚连接带发展，积极融入沈阳面向国家中心城市的功能提升。

以新城为核心载体，积极承接沈阳的科技创新、文化创意和生态服务功能的带动，加大对沈阳装备制造产业的转移接力度，进一步承接印刷、食品、木材家具等都市工业转移。依托辽中环高速公路，积极分担沈阳面向吉林的区域交通枢纽与物流中心功能。发挥大伙房水库和东部山区的生态特色资源优势，打造面向沈阳的休闲后花园和生态农产品基地。重点培育一批经济效益较高、能有效推动抚顺产业结构调整和城市转型、融入沈阳国家中心城市建设的新兴产业，重点发展智能机器人、工程机械装备、煤矿安全装备、石化电力装备、汽车零配件、节能环保设备、印刷包装等产业集群，见图8-11。

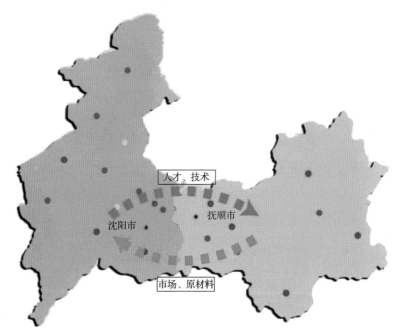

图8-11　沈抚产业对接

(2)服务对接。

中部沿浑河积极对接沈阳的"银带"公共服务功能发展轴，重点布局城市公共服务和生产功能，串联沈抚新城、老城中心和石化新城等各片区中心，打造沈抚联动的大浑河综合服务带。

南部向西对接沈阳空港区，重点引入高技术制造及科技创新产业资源。整合沈抚新城工业区、望花开发区、胜利开发区、石化新城等沿线主要园区，形成产业联动的区域走廊。

北部面向沈阳北部的北陵公园文化功能集聚区，与棋盘山、泗水科技城等形成联动，发挥山区自然景观优势，构筑以休闲旅游、特色文化为主要功能的休闲生态功能带，见图8-12。

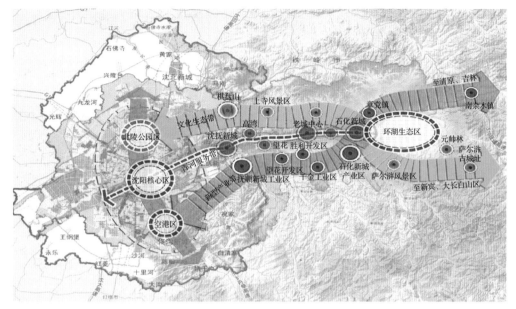

图 8-12　沈抚服务对接

发展抚顺站周边商业中心、抚顺北站周边商业商贸中心、城东新区公共服务中心。抚顺站周边重点发展传统商业和商贸，抚顺北站周边重点发展新兴商业和商贸，城东新区公共服务中心在现有的行政办公和文化服务基础上，进一步培育生产服务功能。

（3）城市对接。

加速融入沈阳，推动西部与沈阳同城化，东部分担沈阳的区域性功能，中部与沈阳的中心服务功能形成差异分工。充分发挥抚顺向西衔接东北核心消费市场、向东辐射大长白山特色资源腹地的区位潜力，积极推进通道建设，打造沈阳经济区辐射辽吉省际和大长白山地区的桥头堡。积极打造北部休闲生态带、中部公共服务功能发展带和南部新型产业带，促进沈抚融合、区域延伸，见图8-13。

2. 再工业化发展评价

（1）优点。

抚顺再工业化发展规划在积极拓展外部煤炭资源的同时，立足本市资源、区位、产业条件，未雨绸缪，深刻认识到土地资源的重要性，土地作为

图 8-13　沈抚城市对接

企业生存的根本，不仅是一项企业资产，更是上市公司重要的融资工具。在西露天矿矿区煤炭资源枯竭之际，抚顺市与抚顺矿业集团应采取多种途径来积极盘活矿区土地，开展土地的再利用适宜性评价，科学、合理地谋划新型产业，为抚顺市产业转型创造先机。在产业结构方面，结合区域环境因素及发展规划，实施由目前重型化、高碳化的传统产业结构向创新型、低碳型、多元化的新型产业体系接续，这一过程既考虑到环境治理和经济效益的提高，又考虑到接续产业的接续性和可行性，加大科技创新，积极推进科技成果产业化发展。同时针对人才不断流失问题，实施人才保障战略，改善工作环境，改变传统随矿而建的职工社区形象，积极创建融于城市的新型社区模式，完善配套设施及服务，作为吸引和保障人才的举措。

（2）不足。

再工业化规划对于工业生产印象考虑不足，没有就工业遗产做出更详细的规划；对于当前抚顺市经济社会发展相对落后的现状考虑不足，对于当前抚顺市可以发展的产业还需要做详细规划。

当前项目区域环境较差，基础设施建设薄弱，再工业化发展规划需要在这两者之间做出协调，因此没有将生态修复作为规划的第一要务，这种妥协可能会对未来产业发展带来影响。

抚顺是历史文化名城，长期的历史发展过程中产生了很多历史文化资源，但再工业化对历史人文资源的保护相对薄弱，应在未来做进一步延伸。

二、抚顺露天矿后工业化发展研究

通过分析目前已有的《采沉治理综合产业发展区规划》《莲花湖国际金融小镇概念性规划》《榆林生态湿地公园规划》《西露天矿国家地质公园概念性规划》等一系列抚顺露天矿及影响范围区后工业化转型的相关规划或战略文件,从后工业化角度这一发展思路对抚顺露天矿及其影响范围内场地的发展战略与空间利用提出相关建议(图8-14)。

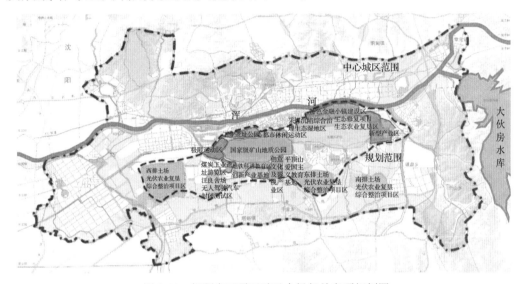

图 8-14 抚顺东西露天矿及舍场相关专项规划图

1. 抚顺市露天矿及影响范围区后工业化产业转型战略分析

1)采沉治理综合产业发展区

以采煤沉陷及影响区为基础,以地质灾害危险性评价为前提,坚持"因地制宜、积极利用"的原则,建设集商业、仓储、创意文化、休闲娱乐、生态恢复为一体的采沉治理综合产业发展区,成为资源枯竭型城市可持续发展示范市转型发展的核心产业承载地,见图8-15。

2)莲花湖国际金融小镇

莲花湖国际金融小镇采用"园区经济"的模式,建设以金融产业的集聚为先导,既服务当地经济发展,又面向区域和全国的、国内独一无二的以产业基金"批发"为主要业务的"生产制造"基地。

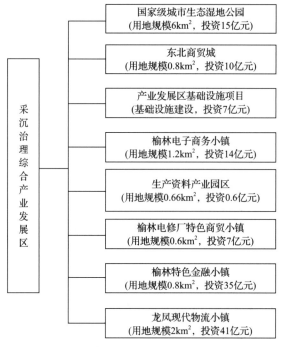

图 8-15　采沉治理综合产业发展区规划

以金融集聚为核心、以生态修复为背景、以产业转型为使命、以创新引领为目标，最终将人们印象中的工矿区改造为全国金融产业集聚区、"产学研"一体化金融创新工场、老工业基地综合治理及"飞地经济"合作示范区、3A级景区及全域旅游示范区，见图 8-16。

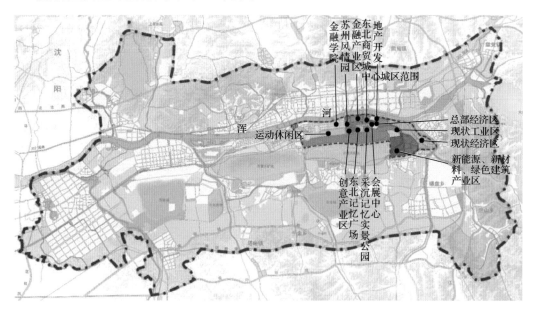

图 8-16　莲花湖国际金融小镇功能分区图

3）榆林生态湿地公园规划

榆林生态湿地公园是以山水资源为生态基底，以东北工业文明和本地历史人文资源为文化特色，具有一定国际知名度和国内示范作用，集生态保护、科普教育、游憩休闲等多种服务功能于一体的综合性的城市湿地公园，见图 8-17。

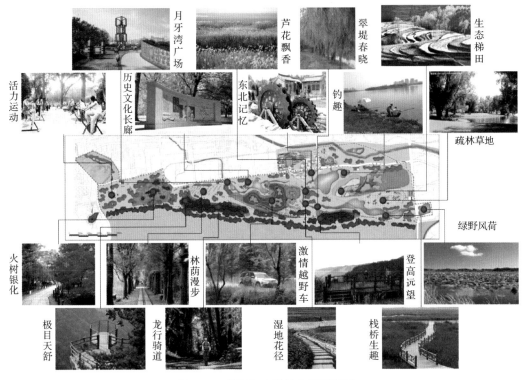

图 8-17　榆林生态湿地公园平面图

4）采沉创意文化产业园区

利用示范区内近 8m^2 的现状旧厂房建设国内一流水平的示范区规划展示馆、大型商务会展中心、大型电子商务和电商线下体验中心、创意文化产业聚集区、现代商贸服务中心。

5）采沉记忆实景公园规划

对沉陷区以"修旧如旧"的方式进行改造，打造出具有历史意义的人文景观，通过展廊、雕塑小品等方式将抚顺市近现代采煤发展过程和景观相结合，打造出人文历史和植物景观完美融合的、具有鲜明地方特征的景观遗址公园，形成独具地方特色的文化旅游产业。

实景公园分为四大功能区：以服务功能为主、以现代雕塑和景观表现手法营造的主入口景观区；以保留采煤沉陷形成的水面及其中废弃的房屋，形成以采沉实景展示为主的采沉记忆实景区；在园区的游览路线中通过景观结合展板、雕塑等展示方式，介绍抚顺市近现代采煤发展过程的采沉历史长廊区；以及介绍采煤沉陷区形成原因的采沉科普区，见图8-18。

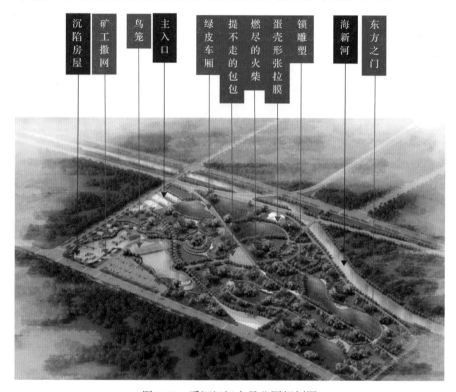

图 8-18　采沉记忆实景公园规划图

6) 青年路南建筑博览园规划

规划区位于浑河南岸，西侧是居民生活区及南站商业中心，东侧是东洲区的核心区域，南侧是东露天矿及东洲区政府。地理位置较优越，是抚顺市民休闲、娱乐、健身的绝佳去处。

建筑博览园面积约为 26.7hm^2，位于青年路南侧。建筑博览园是轻型绿色环保建筑的展示示范基地，也是青少年科普学习的参观场所，该项目采用休闲、娱乐、展示一体化的综合发展模式，见图8-19。

7) 青年路南生态湿地规划

规划区位于浑河南岸，西侧是居民生活区及南站商业中心，东侧是东洲区的核心区域，南侧是东露天矿及东洲区政府。

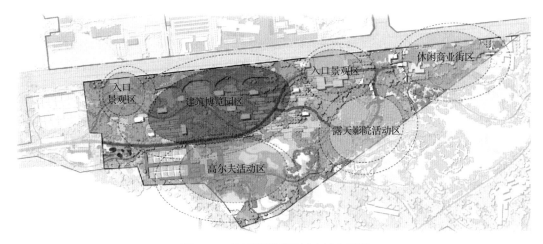

图 8-19　建筑博览园规划功能分区图

生态湿地公园面积约为 26.6hm^2，位于青年路南侧，邻近国际建筑博览园。生态湿地公园充分利用现状水体，在进行全面生态处理的基础上，恢复并丰富当地生物生态链，建立抚顺市城区生态涵养区，并为市民提供亲近大自然、了解大自然的放松休闲新去处，见图 8-20。

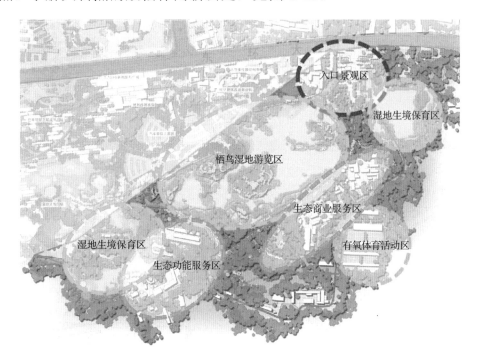

图 8-20　青年路南生态湿地公园功能分区图

8）采沉生态绿道规划

规划区位于露天煤矿产区，非稳定沉陷区域，过度地开采使生态环境遭到了严重的破坏，留下一片碎石与大面积深坑群，生态环境恶劣。规划尊重现有景观，避免大面积地挖山叠水、破坏原本已经很脆弱的废弃地生态环境。

将已经存在的景观特质挖掘出来，形成有鲜明地方特征的景观，同时改善周边地区的生态效益，带动周边环境产业的发展，在尊重的原则下对原有工业设施进行更新和再利用，凸显出景观与城市历史的关系，形成独特的绿道景观，见图8-21。

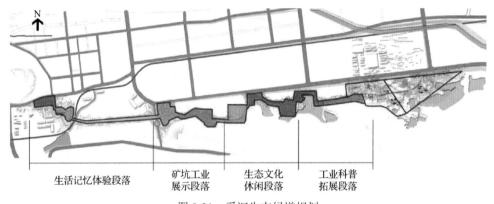

图8-21　采沉生态绿道规划

9）西露天矿国家地质公园概念性规划

以国家级矿山地质公园建设为核心，将西露天矿建设为抚顺市矿山地质灾害治理及产业转型的示范区域，以及抚顺市工业文明旅游的重要节点。

形成"一基地、九片区"的规划结构。其中，一基地为花田农庄森林农果加工基地；九片区为越野竞赛区、滑雪滑草娱乐区、林下拓展运动区、林荫康养苑、体育运动区、芳香养生园、森林木屋区、林下民宿区、露营区，见图8-22。

2. 抚顺市露天矿及影响范围区后工业化空间转型战略分析

(1)西露天矿国家地质公园概念性规划。

优势条件：

①充分调动了西露天矿周围的资源要素，形成了丰富的产业形态。

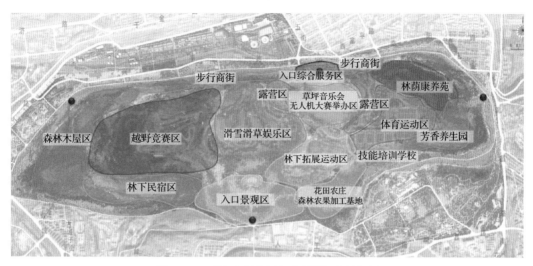

图 8-22 西露天矿国家地质公园概念性规划

②因地制宜，各项规划都考虑了地块的资源条件。

③顺应煤矿转型发展趋势，有较好的发展前景。

④北侧的工业遗产公园规划考虑了地块和城市的拼接和城市肌理延续的问题，使工业遗产资源得到保护，通过合理的改造，这些工业设施重新被激活（图 8-23）。

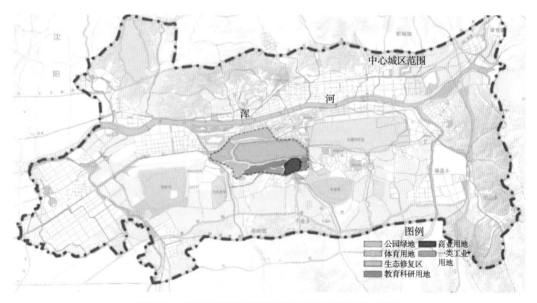

图 8-23 改造后西露天矿国家地质公园概念性规划图

不足之处：

①矿坑回填的可行性和必要性不充分。

②与城市现有结构结合不够理想，交通可达性不佳。

③没有形成独有的特色，在竞争中缺乏优势。

(2)莲花湖国际金融小镇概念性规划。

优势条件：

①充分结合当地现有产业，产业基础较好。

②符合最新的发展潮流，发展思维前卫。

③充分挖掘城市历史文化特色，留住了城市记忆。

④"产学研"一体的发展思维，引入了创新人才，有较强的发展潜力（图 8-24）。

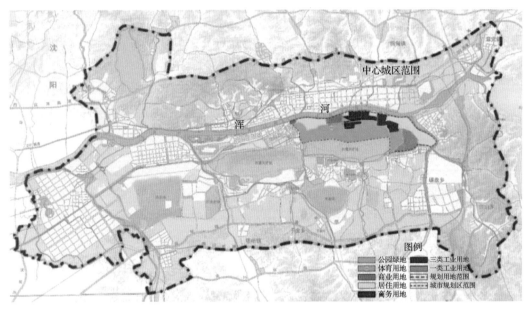

图 8-24   莲花湖国际金融小镇概念性规划图

不足之处：

①当地金融基础较差。

②产业发展模式较为理想化，能否成功亟待验证。

(3)抚顺西露天矿综合治理规划。

通过对抚顺露天矿及其周边地区环境的综合分析,结合国家层面的战略需求，对抚顺西露天矿的其中一种战略使用构想做出如下建议：

①充分利用国土资源，将资源输出转换为战略储备：充分利用好抚顺西露天矿的地下空间，从国家层面，将西露天矿作为储备战略物资的一个重要

场所，将其作为我国重要的第二个国家战略石油储备基地，防范石油供给危险，确保国家能源安全（图 8-25）。

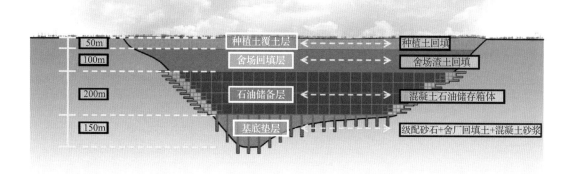

图 8-25　抚顺西露天矿石油储备库剖面图

②激活国家能源产能，过剩产能再利用，建立全新炼化产业新体系：将舍场进行回填，修复历史上开采形成的城市伤疤，与此同时解决城市舍场的占地污染问题。

③综合推进城乡开发建设，综合治理，改善环境，改善民生：围绕森林公园展开养生休闲产业，工厂产能置换，创意创新艺术新兴产业介入，解决工人再就业问题。

④从根本进行生态修复，抚平大地上的"伤痕"：通过对露天矿坑的填埋处理建造城市级别的森林公园，从根本上改善重工业城市的环境面貌。

⑤塑造具有鲜明特色的城市文化、大众娱乐文化、生态环境文化，恢复往日的欢声笑语——利用森林公园的中央区域，打造主题活动乐园。

在这种发展战略之下，有如下较为显著的优势条件：将国家营口地区的石油管道储运输油资源再利用起来，建立全新的炼化产业新体系；与城市建设用地资源置换相整合，将周围四大舍场的土回填进西露天矿，回填后的四大舍场可以作为可利用城市用地，同时还解决了舍场带来的一系列污染问题；推动了周边的养生与城市艺术产业，依托中央森林公园环境效应，营造城市养生休闲产业，转换现状工业用地产能，融入工业艺术休闲氛围开发，打造城市泛休闲民生生活；解决工人再就业问题，极大地增加了矿工的再就业项目；将体育活动、音乐文化休闲、越野车主题乐园、滑雪滑草主题乐园、森林拓展乐园等一系列高品质活动融入市民生活之中，塑造了鲜明的城市文化。

3. 后工业化研究的优缺点评价

(1)优点。

①充分调动了西露天矿周围的资源要素，形成了丰富的产业形态；

②因地制宜，各项规划都考虑了地块的资源条件；

③顺应煤矿转型发展趋势，有较好的发展前景；

④北侧的工业遗产公园规划考虑了地块和城市的拼接及城市肌理延续的问题，使工业遗产资源得到保护，进行合理的改造使得这些工业设施重新被激活；

⑤充分结合当地现有产业，产业基础较好；

⑥符合最新的发展潮流，发展思维前卫；

⑦充分挖掘城市历史文化特色，留住了城市记忆；

⑧"产学研"一体的发展思维，引入了创新人才，有较强的发展潜力。

(2)缺点。

①相对于再工业化道路，此模式在抚顺市目前的基础较差，本地目前的旅游等资源尚未形成完整的体系，且发展水平较低，对外吸引力不足；

②产业发展模式较为理想化，能否成功亟待验证；

③矿业企业仍然处于正常的开采活动中，如何平衡开采活动与旅游等其他活动，需要非常多的论证。

第三节　政　策　建　议

截至 2017 年底，全国共计 439 座露天煤矿。其中，已经闭坑的露天煤矿 10 余座，面临闭坑的露天煤矿 30 余座，主要分布在东北、新疆和陕西等地。20 世纪五六十年代开采的露天煤矿多为倾斜、急倾斜深凹露天矿，开采后留下巨大的矿坑和排土场，在闭坑前后均进行了治理，多数以土地复垦为主，其中少数逐步形成了"因煤而建"的资源枯竭型城市。国内学者基于壁垒效应研究发现，煤炭城市转型过程中进入壁垒强度与退出壁垒强度呈负相关。国有大型煤炭企业退出煤炭开采行业需面对土地流转、员工分流、设备处理等问题，退出壁垒对企业乃至城市转型的阻碍作用明显，转型所需成本较大，治理难度较大，而紧邻区域经济中心且具备开发利用潜力的露天矿坑治理和利用方式作为世界级难题，是制约资源枯竭型城市转型发展的关键所在，尚有一些重大瓶颈问题亟待解决。

一、资源枯竭型城市成立转型工作领导小组，统一领导协调城市转型路径

经过一个多世纪高强度开采，资源枯竭型城市现保有煤炭资源普遍较差，开采深度大，多种灾害并存，治理难度大。同时，有些城市"因煤而建、因煤而兴"，在国家确定的 2020 年窗口期内，面临煤炭枯竭的转型城市应最大限度地争取国家对资源枯竭型城市的相关扶持政策，实现在煤炭开采上的有序退出，避免中心城区出现新的开采破坏，使老工业基地早日走上以"生态发展、绿色发展"为主线的可持续发展之路。抚顺市是"资源枯竭型城市+老工业基地"的典型代表，尽快对此类矿区转型发展，特别是露天矿坑综合利用开展专门的研究十分必要，且迫在眉睫。

长期以煤为主的经济发展模式造成资源枯竭型城市其他产业发展滞后，失去煤炭主业后，城市中其他产业难以接纳大量下岗工人，造成城市失业率升高，影响政府财政收入，不利于城市转型。因此，资源型城市的综合治理及转型离不开煤炭开采企业的转型，矿业集团长期从事煤炭开采工作，劳动力专用性强，发展与煤炭跨度过大的产业不利于其未来发展，城市应将与煤炭产业相关度较高的油页岩、煤层气、煤机制造等领域定为近期重点支持产业，保证矿业集团顺利转型，便于其员工及其家属转产就业，保证居民基本生活品质不下降。

建议由国家发展和改革委员会、国家能源局和自然资源部牵头成立部际协调领导小组，尽快对全国露天煤矿进行摸底调查，研究制定全国露天煤矿废弃矿坑利用规划，根据露天矿坑所处的区位、产业基础、开采与排弃方式、服务时间，本着变"被动治理"为"主动利用"的原则研究露天矿坑综合利用新模式，为废弃露天煤矿的治理及综合利用把舵定向。统筹研究废弃露天煤矿治理及综合利用的相关政策，促进露天煤矿有序退出和科学利用。

二、根据条件设立国家资源型城市可持续发展转型创新试验区

露天矿开采面积大，对城市破坏影响严重，是制约许多资源枯竭型城市在 2020 年窗口期内完成转型任务的关键因素。单个露天矿开采所引发的地

质灾害频发、排土场占地总面积多达上百平方千米,大量土地未被有效利用,探索缺少建设用地区域与闭坑露天矿土地置换模式,制定相关支持配套政策与措施,促进矿山地质灾害区的综合治理与开发利用,建议统筹研究露天矿坑综合利用与资源枯竭型城市转型的路径方法,设立国家级露天煤矿资源枯竭型城市可持续发展转型创新试验区,适时设立资源型城市转型发展国家级科研平台和废弃露天矿综合利用规划与设计研究平台,设立废弃矿坑综合开发利用和资源枯竭城市转型发展国家重大研发专项。通过政策创新、体制机制创新和路径创新,大胆先试先行,促进露天煤矿资源枯竭型城市早日走上以"生态发展、绿色发展、和谐发展"为主线的可持续发展之路。

资源型城市转型发展,最重要的是体制机制的创新。要按照"绿水青山就是金山银山"的发展理念,打破以往资源枯竭型城市单纯依靠国家"输血式"扶持的局面,依靠体制机制创新,标本兼治,全面激发经济发展内生动力。国家也十分重视资源型城市的创新问题,国家发展和改革委员会在2017年1月发布的《国家发展改革委关于加强分类引导培育资源型城市转型发展新动能的指导意见》中明确提出"选择具备条件的城市(地区)创建转型创新试验区和可持续发展示范市"。

抚顺深受矿山地质灾害之苦,资源过度开发对城市经济、生态环境和社会稳定造成了极为严重的负面影响,在全国具有典型意义。同时,抚顺区位优势明显,发展潜力较大,在接续产业发展、棚户区改造等方面积累了大量实践经验,具备了开展创新试验的有利条件。因此,在抚顺市应建设国家级资源型城市可持续发展转型创新试验区(或资源型城市转型发展特区),加大改革力度。

以抚顺市"一区、两坑、五场"(一个采煤沉陷区、两个露天煤矿、五个排土场)74km^{2}的采煤影响区为核心,联动高新技术产业开发区、胜利经济开发区和望花经济开发区,在总计面积约180km^{2}的范围内,享受国家自贸区、国家经济开发区的相关政策,积极探索矿城共融、以建促治、产业推动的转型发展模式,在体制机制、资源产权、城市治理、土地政策、财政政策、金融政策、产业扶持政策等方面进行大胆改革尝试、创新突破,解决矿山地质灾害区的安居、就业、土地生态恢复和接续产业问题,实现发展破题。

三、全国露天矿坑分区分时规划利用，单个露天矿坑分区综合利用

尽快研究制定全国露天矿矿坑利用规划。根据露天矿坑所处的地理位置、排弃方式及服务时间，研究露天矿矿坑利用新模式。根据区域经济发展情况，优先考虑东北老工业基地露天矿坑综合利用和城市转型，作为首批露天矿坑综合利用和城市转型试点示范。

针对单个露天矿而言，建议采用分区利用。以抚顺露天矿为例，西露天矿矿坑没有采煤作业，仅作为东露天矿的内排土场。如果不进行开发利用，在非内排区域存在较大的滑坡风险。西部作为内排压帮区，减小边坡滑坡等地质灾害风险，增加城市固废处理空间。东北实施分布式发电、油气储存等空间利用。中部变形集中区，做整治治理，实际性利用风险较高。建设集工业、商业、仓储、创意文化、休闲娱乐、生态恢复为一体的新型露天矿坑、采煤沉陷综合治理示范区，成为资源型城市可持续发展示范市转型发展的核心产业承载地。

四、开展能源开发、储备、调配等资源利用规划的可行性技术方案研究

建议充分利用废弃露天煤矿巨大的空间资源优势，重点考虑建设石油储备库或天然气调峰库、抽水蓄能电站和光伏发电等能源方面的重大项目，同时布局与之配套的上下游产业，并研究制定配套的体制机制和相关政策，加快资源型城市再工业化进程，实现新旧动能转换，促进资源型城市转型为新型能源城市。结合国家能源战略布局，将部分项目建设成为国家战略项目，一方面挖掘废弃露天煤矿的利用价值，变露天矿治理的"成本中心"为接续产业发展的"效益中心"；另一方面保障国家的国防安全、能源安全和产业安全。选择典型露天矿坑资源型城市先行先试，通过一批专项示范工程，带动资源型城市转型为新型能源城市。

抚顺作为老工业基地，油页岩资源丰富，且加工产业链完善，目前石化产业仍是抚顺市最重要的支柱产业。但随着大庆油田的减产、抚顺周边地区炼油产能的扩大，抚顺石化公司将面临供给困难。煤炭已近枯竭，石化产业出现断崖式下滑，城市的生存将面临严峻挑战。因此，建议政府帮助协调国家重大生产力布局，特别是战略性新兴产业布局重点向抚顺倾斜，引进具有牵动性的重大项目，推动抚顺市转型升级。由于抚顺是具有老工业基地和资

源型城市双重属性的城市,本书提出的在抚顺建设战略性石油储备设施或抽水蓄能电站的方案,不仅可以大量节省土地资源和建设成本,还可以提升我国的战略能源安全,必将起到以点带面的作用,助推东北振兴及资源型城市转型的国家战略。

五、开展抚顺西露天矿资源开发利用规划研究

1. 土地政策

由于我国现行土地储备和"招拍挂"制度赋予了国家垄断土地供应的特殊权利,国家在企业土地退出利益分配博弈中一直占据优势地位,导致土地收益分配缺失公平和效率。另外,目前矿区土地大部分属于划拨或授权经营用地,其权能配置的局限性阻碍了煤炭企业自身盘活利用土地、就地转型和内生发展。

不同于破产企业清算和老工业土地退城入园,资源枯竭型煤炭企业在依托于原有的产业优势和国家政策积极进行主业异地转移的同时,仍然面临产业就地转型、下岗职工安置、生态环境治理的社会责任。矿区土地的功能性退出将收回企业在该城市最后的主业资本。而企业搬迁或主业转移将为政府遗留较多社会问题,严重影响社会稳定与企业发展。同时,我国国有大型矿山企业隶属省级部门垂直领导,一般自成一体,长期的独立运营形成"城中之城"现象。所谓"城中之城"指的就是企业和地方政府各行其是、各自为政的状态,大企业与小政府的格局带来诸多矛盾,权属上的复杂关系及封闭独立的地理位置给存量土地的再开发带来诸多障碍。因此,矿业用地退出过程中,煤炭企业与地方政府的矛盾日益尖锐。

针对抚顺露天矿的现状:①建议政府对已授权矿业集团经营的土地,允许其作为法人资产,在本企业内转让、作价出资、出租、抵押。②对改变土地用途的,应列入当地政府土地储备计划,公开上市出让,净收益由当地政府和矿业集团按比例分享。③改制和国有产权转让时将划拨土地使用权按评估价的一部分作为需缴纳的土地出让金转入应付款科目,其余部分与企业其他净资产一并公开挂牌转让,由改制后的企业办理土地出让手续,取得国有出让土地使用权。

2. 人员安置

我国煤炭企业员工数量远远高于世界先进水平，煤矿关停，市场劳动力需求迅速下降，在各个工资水平上劳动力需求减少。同时，煤矿关停造成煤炭企业裁员，大量劳动力被推向劳动力市场，在各个工资水平上劳动力供给提高，理论上，劳动力价格下降。事实上，关停煤矿的职工不可能接受工资下降的结果，在外出劳务较为方便的情况下工人会选择离开城市寻求相同工资水平的工作，为保障必要的劳动力供给，避免城市劳动力流失，煤炭企业仍要保持原有工资水平，避免劳动力市场不能达到均衡，产生劳动力过度供给，劳动力需求量下降，市场调节失灵。

根据分析，在劳动力供给弹性较低的情况下，资源型城市转型带来的煤炭企业工资下降不会造成城市劳动力大量流失，城市劳动力供给不会受到较大影响，则有利于资源型城市顺利转型。在劳动力需求弹性较低的情况下，煤炭产业转型造成的产业工人下岗不会造成城市劳动力流失，下岗工人方便在城市中找到新的工作，城市劳动力总体需求不会受到较大影响，则有利于资源型城市顺利转型。因此，对于像抚顺这样的资源型城市来说，煤炭产业工人再就业能力及城市中其他产业的接续能力是影响资源型城市劳动力供需弹性的关键。而我国煤炭产业工人学历普遍较低，劳动技能单一，煤炭企业减产造成工人失业后煤炭产业工人难以找到新的工作岗位，给城市带来巨大的转型产业压力。

地区应出台相关政策：①鼓励产业相关人员积极学习，鼓励抚顺矿业集团对煤炭工人提前进行关联职业的职业培训；②抚顺可作为试点城市，减弱一些职业的准入门槛，拓展产业工人的工作能力，降低城市内劳动力供给弹性，使煤炭产业工人方便再就业，减轻企业、城市转型压力；③同时，抚顺市政府应设立相应的财政基金，使用失业保险等社保基金，用于煤矿下岗职工的最低生活保障，以及提供公益性岗位安置下岗职工。

3. 财政和金融扶持

抚顺市作为资源枯竭型城市，矿山地质灾害治理及转型产业发展需要大量资金注入，应多措并举，解决资金问题。

(1)推动地方政府与政策性银行合作创建资源型城市转型金融创新试验区。

抚顺市与国家开发银行等政策性银行应合作建设国家资源型城市转型发展金融创新试验区，并制定全面合作的一揽子计划，分类分期对不同类型的项目提供不同政策的金融支持，为城市转型发展注入活力。

(2) 调整省属以上企业财税分配关系。

对资源型城市的财税分配关系进行调整是解决资源型城市可持续发展的关键政策。辽宁省政府应调整省属以上企业的财税分配关系，将省属税收部分返还地方，用于支持城市转型、采煤影响区综合治理、接续产业发展和职工社保资金缺口问题。下步抚顺市应按照"一城一策"的原则，积极争取国家能在一定期限、一定范围内扩大税收的地方留存比例，解决资源型城市税收与税源背离的现象，保障资源型城市健康发展。

(3) 强化煤炭开采企业的主体责任。

严格按照"谁破坏、谁治理"的原则，要求煤炭开采企业履行治理责任，制定将生态恢复和治理费用计入生产成本的方法和标准，交由抚顺市政府统一协调使用。

(4) 设置煤炭企业改革发展引导基金。

辽宁省可设立专项基金支持煤炭企业并购重组，培育新兴产业，推动实施重大项目。基金可采用母子基金运作模式，其中，除省级财政分年安排出资外，可定向募集社会资金。

(5) 合理调配增加煤炭企业国家资本金。

财政已拨付省属煤炭企业的安全生产、基建技改、技术创新等方面的资金，根据目前的使用情况，经批准，可以转增为省属煤炭企业的国家资本金。今后，财政安排的非公益性项目资金可采取增加国家资本金的方式予以拨付，优先鼓励支持新兴产业、新动能项目。

第九章

总体政策建议

第一节　我国煤矿安全的总体政策建议

1. 加大煤矿安全生产科技人才培养力度

加快中青年煤矿安全生产科技人才培养，完善人才培养工作机制，加强煤矿安全生产科技成果交流和人才知识更新，培养一批既掌握安全基础理论又懂安全管理，还能现场操作的知识型+技能型复合型安全科技人才，为煤矿安全发展提供智力保障。建立吸引人才从事煤矿生产工作的长效机制，完善白领化人才培养体系。支持煤矿工人从业资格认定工作，配套给予足额资格津贴。

对于从事煤矿一线生产的工人，加大提升煤矿从业人员的知识水平，三年内显著改善全国煤矿从业人员文化层次结构，大专及以上学历达到 30%以上，初中及以下文化程度降到40%以下。同时，加强规范劳动用工管理，培养一大批与煤炭工业发展相适应的技术能手、工匠大师、领军人才，大幅提高从业人员的安全意识和技能水平，努力建设一支高素质从业人员队伍，为实现煤矿安全形势根本好转提供保障。

进一步完善薪酬激励制度，加大工资收入向特殊人才、井下一线和艰苦岗位倾斜力度。在生活上，主动帮助解决落户、教育、住房、医疗等难题，倾听员工在安全生产、职业健康、体面劳动等方面的诉求，满足员工对美好生活的向往。在名誉上，加大对技术能手、工匠大师、劳动模范等优秀员工的推介和宣传力度，扩大影响力、提高知名度，让高素质人才"名利双收"。

2. 加强煤矿安全科技攻关

从源头上深化研究地质和地下空间承载力，发布符合安全要求的井下开拓布局规范。研究矿井结构和强度承载力，制订煤矿不发生事故的设计和建设标准。研究多灾种耦合和灾害链发生、发展、转化的机理，探索从本质上减少煤矿灾害发生的颠覆性理论和技术。将煤炭安全生产工程科技攻关项目列入国家重大科技研发计划，加大煤矿安全科技投入。支持建设煤矿精准智能开采国家级试验平台。充分发挥产、学、研、用等多方面积极性，推进煤矿安全科技创新联盟建设，推进煤矿安全生产技术示范工程建设。

以深部矿井重大危险源探测、多元灾害防控、矿井智能化开采、安全生产信息化为重点，攻克关键技术，加快科技成果转化，提升自主研发水平和创新能力。

3. 加快推进精准智能开采示范工程

推进煤矿"井-地-空"全方位一体化综合探测、重大灾害智能感知与预警预报、重大灾害智能化防控等核心技术攻关；基于透明空间地球物理和多物理场耦合，基于全息透明矿井，以人工智能、物联网、大数据云计算等作支撑，将不同地质条件的多元致灾因素统筹考虑，推进精准智能开采示范工程建设，创立精准智能无人(少人)化开采与灾害防控一体化的煤炭开采新模式。给予示范工程建设一定的财政补贴和税收优惠。

4. 构建完善的职业健康保障体系

煤矿职业病发病有很长的延后期，进一步遏制职业健康恶化的趋势，必须尽早采取措施，构建完善的职业健康保障体系。一是加大对静电感应测粉尘浓度传感器等新型粉尘浓度传感器的研发和推广应用的支持力度，推行在线检测，从根本上改变以人工抽检为主的检验检测方式。二是结合发达国家(如美国、德国等)经验，建立一个统一的全国煤矿粉尘第三方在线检验检测中心，对呼吸尘危害实时监管预警。三是按照下井工作 25 年不患尘肺病的标准，制订井下作业环境粉尘浓度限值、工作人员接尘时间和强度限值、个体防护规范，并严格实施。四是类似于煤矿安全责任体系，将职业健康纳入企业、地方政府等考核体系。

5. 完善煤矿安全责任体系

一是要加大对各级政府的安全生产绩效考核力度，严格执行"一票否决"制度。二是进一步明确所有涉及煤矿安全部门的职责并严格考核。三是进一步完善有关法律法规，对拒不执行停产指令或明知存在重大安全隐患仍然违章指挥的事故责任人，要以危险方法危害公共安全罪追究刑事责任；对尚未造成事故的，在现有的行政处罚基础上，协调司法机关完善对责任人实施拘留乃至追究刑事责任的司法规定。

第二节　我国关闭/废弃矿井资源综合利用的总体政策建议

一、关闭/废弃矿井残留煤炭资源地下气化政策建议

我国关闭/废弃矿井残留煤炭资源地下气化虽然完成了一些现场工业性试验，但生产规模小，生产时间短，未能实现规模化、长期连续稳定的产业化生产，因此要加强重大科技问题的研究，同时需要国家和地方政府对该技术产业化进行一定的扶持，因此，建议如下。

1. 法规政策

(1)制定完备的关闭/废弃矿井煤炭地下气化项目立项机制，明确已关闭或即将关闭的矿井进行煤炭地下气化启用的条件、审批程序，使废弃矿井地下气化项目启用有法可依。

(2)制定关闭/废弃矿井上报机制，要求各煤矿生产主体上报关闭煤炭资源分布情况、开采状况、水文地质条件等，并保留完整的文字资料。建立我国关闭/废弃矿井煤炭资源存量与增量数据库。

2. 产业政策

(1)成立国家级的关闭/废弃矿井煤炭地下气化行动小组，统筹国内关闭/废弃矿井退出及地下煤气化技术的应用，制定发展策略和发展规划，为国家提供政策建议，制定中长期关闭/废弃矿井煤炭地下气化技术开发及产业化计划。

(2)对我国关闭/废弃矿井适用于煤炭地下气化的资源进行全面评估，通过国家对资源进行整合，规划几处典型的适用于煤炭地下气化的资源，采用政府投资与企业投资的合作模式，建设煤炭地下气化多联产产业示范区。

(3)推动煤炭地下气化成为国家新兴战略产业，对参与煤炭地下气化及利用的企业进行税收、补贴等财税政策，扶植产业发展。

3. 科技政策

在国家重点研发计划中设立专项基金,成立国家级煤炭地下气化实验中心和工程研究中心，产、学、研相结合，进行产业化关键技术的研发与攻关，

快速取得技术突破。选择不同地区、不同地质条件、不同煤种、不同煤层厚度开展试验和生产，形成具有我国自主知识产权的关闭/废弃矿井地下气化技术。

二、关闭/废弃矿井煤层气利用政策建议

1. 法规政策

(1)建议对关闭/废弃矿井及其蕴藏的煤层气资源矿权给予明确的法律依据，减少企业工作中面临的法律和经济风险。

(2)建议明确要求矿井关闭前煤矿生产主体单位须进行井内气体检测(包含浓度、流量、压力、抽采方式等)等工作。

(3)建议加快完善关闭/废弃矿井煤层气抽采技术和利用的行业规范，加强对该领域的规范引导，为下一步此类煤层气开发、评价提供技术支撑和依据。

2. 产业政策

(1)建议在全国重点矿区开展关闭/废弃矿井瓦斯资源潜力评估工作，并选取部分地区开展示范开采。鼓励有实力的企业加大关闭煤矿资源回收利用。对于气权覆盖部分，应鼓励矿权人和气权人共同协商进行勘查。对于无气权覆盖的矿权人，应鼓励矿权人进行勘查工作并增设煤层气矿种。对于采矿权退出部分，可由政府出资，有序开展公益性勘查工作。同时加强高瓦斯地区煤矿在非重叠区全面落实采前抽、采中抽、采后抽，充分利用采空区煤层气资源。

(2)建议在项目立项、审批、土地、税收等方面给予政策支持，建议在贷款、税收、财政等方面对关闭/废弃矿井瓦斯资源引资方面加大扶持力度，鼓励开展废弃矿井瓦斯抽采，增加矿区清洁能源供应。

3. 科技政策

(1)组织实施废弃矿井瓦斯相关科技计划(专项、基金等)，深化废弃矿井瓦斯富集规律、渗流机理和开发潜力评估等基础理论研究，探索研究煤层气及多种资源共生机制和协调开发模式，形成适宜于我国不同类型煤层气资

源条件的地面开发技术及装备体系。

(2)开展先导性工程试验，探索关闭/废弃矿井和采空区煤层气地面抽采新技术、新工艺。

三、抽水蓄能电站的政策建议

1. 法规政策

(1)建议在相关土地政策法规范围内出台基于关闭/废弃矿井储能的水、光、气互补分布式能源系统用地支持政策，在办理土地规划调整、建设用地指标报批等方面，放宽限制条件，简化处理流程并提高处理优先级。

(2)鼓励建设以抽水蓄能为核心的水、光、气互补式能源系统项目。

2. 产业政策

(1)出台关闭/废弃矿井抽水蓄能分布式能源系统专项税收减免或者优惠政策，以鼓励更多企业和社会参与投资建设。

(2)综合考虑各地区资源禀赋、市场消纳条件等因素，建议追加关闭/废弃矿井地区新增水、光、气互补分布式能源系统的建设规模指标。

3. 科技政策

(1)尽快选取典型关闭/废弃矿井，建立以关闭/废弃矿井抽水蓄能为核心的水、光、气互补分布式能源系统的国家级科研平台及示范工程，培养一批多学科全面发展的关闭/废弃矿井分布式能源系统专业人才。

(2)开展关闭/废弃矿井抽水蓄能电站的安全保障技术、特殊装备方面的研究，进行关闭废弃矿井抽水蓄能电站的分布式新能源智能电网、景观修复耦合关系等的技术经济可行性分析。

四、关闭/废弃矿井水利用政策建议

1. 法规政策

(1)建议将矿井水及地热资源利用纳入矿区发展的总体规划，统一安排、逐步实施，把提高矿井水的综合利用率作为解决矿区水资源短缺的重要措施。

(2)积极推进矿井水的资源化，在政策的引导下，使企业逐步成为矿井水利用的主体，推动企业矿井水利用产业化发展。

(3)以大幅度提高矿井水利用率为目标，坚持全面规划、合理开发、统筹兼顾、高效利用的方针，以企业为主体，以市场为导向，以技术创新和制度创新为动力。加强政策引导，搞好示范工程。

2. 产业政策

(1)切实加强重要采矿区、重大涌水矿区、重点缺水矿区和国家重点建设矿业基地的矿井水利用工作，确保矿井水利用规划目标的实现。

(2)考虑矿井水分质处理和利用，根据矿井水水质的特点开发不同用途，同时根据不同的用途，采用不同的处理工艺，统筹规划以提高利用率。

(3)发挥政府政策引导调控作用，改善矿井水利用的政策约束、监督机制、政策和市场环境，发挥市场配置资源的作用。

3. 科技政策

(1)注重科技研发与投入，加大技术创新力度，加快技术进步，提高技术装备水平，为矿井水利用产业化、规模化、信息化发展奠定基础。

(2)通过组织科研机构进行专项研究，借助方案的制定分析，做好治理决策的拟定，从而实现矿井水的最大限度利用，并使矿井水的综合利用得到大力推广。

五、关闭/废弃矿井地下空间开发利用政策建议

1. 法规政策

(1)加快形成由国家能源局主导、相关部门参与的多部级协调组织，强化顶层设计和工作指引。由国家能源局尽快研究制定地下空间整体规划、政策法规及指导意见，统筹推进地下空间开发利用。

(2)针对关闭/废弃矿井地下空间资源开发利用项目的申报、审批、实施、监督全过程，出台支持政策和管理办法，简化审批程序。

2. 产业政策

(1)以山西省、河北省为试点，围绕能源、物流(危险化学品)、地下国

防工程、经济与国防动员、地下农业实验区、地下旅游特色区、第四代住宅工程、地下生命科学(HGH)八大应用方向组织实施一批重点示范工程。

(2)对关闭/废弃矿井地下空间资源及土地资源开发利用产业实行财政补贴、减免税、专项基金等多形式的扶持政策。

3. 科技政策

注重科技研发与投入,加大技术创新力度,加快技术进步,提高地下空间利用产业化、规模化、信息化发展。

六、废弃矿山工业遗产旅游开发政策建议

1. 法规政策

(1)根据世界遗产、工业遗址、旅游遗产评价相关标准、《旅游资源分类、调查与评价》等,制定我国矿业旅游资源价值评价的标准体系,出台我国废弃矿山工业遗产旅游示范区标准。

(2)出台指导全国废弃矿山工业遗产旅游开发的政策法规,制定工业遗产旅游示范区创建工作导则,引导全国废弃矿山工业遗产旅游区有序开发和重点开发。在综合现有政策规范、整合工业旅游政策的基础上,在适当的时机对利用废弃矿山开展工业遗产旅游制定专门的政策规范,从形式上形成合力。

(3)遵循工业遗产原真性保护与适应性利用相结合的原则,制定国家层面的废弃矿山工业遗产旅游开发的战略规划,各地区制定废弃矿山工业遗产旅游开发专项规划,并有序衔接当地经济、社会发展规划和城乡建设规划等,确定我国废弃矿山工业遗产旅游开发的总体时序、空间布局及总体开发战略。

2. 产业政策

(1)坚持市场在资源配置中起决定性作用,探索采取政府和社会资本合作(PPP)模式,形成产权者、开发者与政府间的合作机制,培育多元化市场主体,有序开发、综合利用废弃矿山资源,带动提升废弃矿山所在城市的综合服务功能。

(2)充分发挥市场配置资源的基础性作用，鼓励各类社会资本公平参与旅游业发展，鼓励各种所有制企业依法投资旅游产业，推进市场化进程。充分发挥政府在利用废弃矿山进行旅游开发过程中的引导、扶持与公共服务作用。

(3)筛选、建设一批工业遗产价值突出、旅游开发条件好、特色鲜明的废弃矿山工业遗产旅游示范区，试点废弃矿山旅游开发、建设、管理、服务的标准化建设等工作，形成持续的示范点带动效应。鼓励有条件的废弃矿山积极申报工业遗产旅游示范点、工业遗产旅游示范区。

(4)建立"官、产、民、学、媒"共建的社区参与模式，形成废弃矿山工业遗产旅游开发的新型治理结构。积极鼓励和支持关闭矿企与高校、科研机构等建立产、学、研、用协同创新网络，以"产业融合和旅游+"的思路，推动废弃矿山工业遗产旅游的科学有序开发。

(5)支持旅游行业协会、煤炭行业协会等非政府组织的职能发挥，推动行业协会在标准制定、商业模式推介、文化挖掘、资源保护、品牌营销等方面发挥职能，形成多元化主体介入的旅游开发组织。

(6)从城市乃至区域整体发展的角度出发，综合考虑地区经济、人文、社会、环境等因素，结合不同地区旅游资源禀赋和开发条件，构建适合不同地域、不同类型、不同尺度的废弃矿山工业遗产旅游开发格局。

(7)优先开发已经成熟的地区，重点开发经济转型迫切、代表特定时代生产力进步和社会发展的废弃矿山。按次序开发基于废弃矿山资源的工业遗产旅游景区、工业遗产旅游功能区、跨区域的工业遗产旅游带及"一带一路"工业遗产旅游廊带。

(8)坚持工业遗产保护和适度性开发相结合的原则。在工业遗产价值妥善保护的前提下，依托废弃矿山的本底资源，挖掘和体现废弃矿山工业遗产价值，活化工业遗产，传承工业文化基因，拓展求知、休闲、康体、娱乐、购物等新的功能，创新矿业主题公园、文化创意园区、矿业遗址博物馆、矿业文化社区、矿业小镇等旅游产品，丰富旅游产品供给。重点打造一批内容丰富、形式新颖、独具特色的工业遗产博物馆，形成不同形态、不同类型、不同尺度的特色鲜明、富有活力的特色博物馆体系，避免开发中出现"千城一面"同质化问题。

主要参考文献

包维楷, 陈庆恒. 1999. 生态系统退化的过程及其特点. 生态学杂志, (2): 37-43.

包志毅. 2004. 工业废弃地生态恢复中的植被重建技术. 水土保持学报, 18(3): 160-199.

鲍道亮. 2003. 龙永煤田酸性矿井水的形成机理与防治对策. 矿业安全与环保, 30(3): 41-42.

卞正富, 许家林, 雷少刚. 2007. 论矿山生态建设. 煤炭学报, (1): 13-19.

别海燕. 2009. 海域下煤层瓦斯赋存与涌出规律及防治对策研究. 青岛: 山东科技大学.

才林. 2015. 人为干扰下典型石漠化区生态服务功能价值评估分析. 贵阳: 贵州师范大学.

曹江文. 2007. 浅议煤矿矿井废水的处理. 环境科学导刊, 26(S1): 1-3.

曹兴民, 丁坚平, 杨绍萍, 等. 2010. 浅析贵州毕节地区煤矿矿井水的资源化与综合利用. 能源与环境, (2): 89-91.

岑可法, 郑楚光, 骆仲泱, 等. 2014. 先进清洁煤燃烧与气化技术. 北京: 科学出版社.

常江, 陈华, 罗萍嘉. 2007. 四川嘉阳煤矿芭蕉沟工人村落的保护与开发. 中国煤炭, (7): 26-28.

常江. 2013. 资源枯竭型矿区工业废弃地再利用动力机制研究. 中国煤炭, 39(8): 11-14.

常远. 2011. 走近"老矿": 矿业废弃地的再利用. 上海: 同济大学出版社.

陈浩, 张凯. 2010. 肥城大封电厂矿井水除铁工艺选择研究. 洁净煤技术, 16(1): 120-123.

陈仁福. 1992. 我国锰矿的开采现状与发展途径. 中国锰业, (Z1): 77-80.

陈文轩, 康宝伟, 王旭宏, 等. 2018. 国外利用废弃矿井放射性废弃物的处置. 工业建筑, 48(4): 9-12.

陈向国. 2017. 2017年煤炭、钢铁等去产能将迎难而上. 节能与环保, (3): 46-47.

陈晓美, 高铖, 关心惠. 2015. 网络舆情观点提取的LDA主题模型方法. 图书情报工作, 59(21): 21-26.

陈学林. 2013. 河南省废弃矿井的环境效应及评价方法探讨. 中国新技术新产品, (10): 28-29.

程琳琳. 2013. 矿业废弃地再利用空间结构优化的技术体系与方法. 农业工程学报, 29(7): 207-218.

程世卓, 余磊, 陈沈. 2017. 旅游产业视角下的英国工业建筑遗产再生模式研究. 工业建筑, 47(9): 49-53.

初茉, 李华民, 余力, 等. 2001. 煤炭地下气化——回收报废矿井中煤炭资源的有效途径. 中国煤炭, 27(1): 22-23.

崔洪庆, 宁顺顺. 2007. 矿井充水问题及其研究和治理方法——以美国匹兹堡煤田为例. 煤田地质与勘探, (6): 51-53.

崔景学. 1988. 八家子铅锌矿防尘措施效果及经济效益分析. 工业卫生与职业病, (1): 44-46.

崔艳. 2018. 我国煤系共伴生矿产资源分布与开发现状. 洁净煤技术, 24(S1): 27-32.

崔一松. 2012. 区域性旅游开发视角下的鲁尔区工业遗产再开发研究. 哈尔滨: 哈尔滨工业大学.

崔玉川, 曹昉. 2015. 煤矿矿井水处理利用工艺技术与设计. 北京: 化学工业出版社.

代其彬. 2012. 浅谈大淑村矿矿井水治理利用的新思路. 能源环境保护, 26(5): 50-52.

戴湘毅, 刘家明, 唐承财. 2013. 城镇型矿业遗产的分类、特征及利用研究. 资源科学, 35(12): 2359-2367.

邓元媛, 罗萍嘉. 2012. 基于城市空间发展特征的工业废弃地再利用实践研究. 南方建筑, (4): 72-75.

丁福龙, 解洪亮. 2017. 青龙铀矿绿色矿山建设与实践. 铀矿冶, 36(S1): 12-16.

丁国生, 李春, 王皆明, 等. 2015. 中国地下储气库现状及技术发展方向. 天然气工业, 35(17): 107-112.

丁建林. 2008. 利用现有采卤溶腔改建地下储气库技术. 油气储运, 27(12): 42-46.

丁姗. 2009. 中国旅游地产开发研究. 上海: 复旦大学.

董芳, 郑连臣, 刘志斌, 等. 2007. 阜新矿区矿井水水质的改进灰关联分析. 辽宁工程技术大学学报, 26(S2): 234-236.

董洪光, 韩可琦, 王玉浚. 2009. 中国煤矿区发展演变研究. 中国煤炭, 35(3): 21-24, 43.

董慧, 张瑞雪, 吴攀, 等. 2012. 利用硫酸盐还原菌去除矿山废水中污染物试验研究. 水处理技术, 38(5): 31-35.

杜计平. 2009. 采矿学. 徐州: 中国矿业大学出版社.

杜新强, 李砚阁, 冶雪艳. 2008. 地下水库的概念、分类和分级问题研究. 地下空间与工程学报, 4(2): 209-214.

俄罗斯矿井水处理考察组. 1994. 关于对俄罗斯雅尔库塔矿区矿井水处理的考察报告. 煤矿环境保护, 8(6): 2-6.

范华, 韩少华, 周如禄. 2011. 东滩煤矿水资源梯级利用处理工艺与模式研究. 能源环境保护, 25(4): 44-47.

方金益. 1993. 金坛盐矿开采工艺探求. 中国井矿盐, (3): 12-14.

冯宝国. 2009. 煤矿废弃地的治理与生态恢复. 北京: 中国农业出版社.

冯朝朝, 韩志婷, 张志义, 等. 2010. 矿山水污染与酸性矿井水处理. 煤炭技术, 29(5): 12-14.

冯美生. 2007. 废弃煤矿对地下水污染研究. 阜新: 辽宁工程技术大学.

付业勤, 郑向敏. 2012. 国内工业旅游发展研究. 旅游研究, 4(3): 72-78.

高岚岚, 许雁超, 郁平, 等. 2013. 庙沟铁矿大块与根底产生的原因及对策. 矿业工程, 11(1): 28-30.

高亮. 2007. 我国煤矿矿井水处理技术现状及其发展趋势. 煤炭科学技术, 35(9): 1-5.

高文文. 2017. 废弃露天矿坑再利用模式研究及实证. 北京: 中国地质大学.

高永奎. 2012. 浅析西马煤矿煤与瓦斯突出的地质因素. 机械管理开发, (6): 69-70.

葛春启, 莫少将, 黄立冰. 2012. 论广西地质构造运动对本区煤层瓦斯赋存的影响. 企业科技与发展, (13): 209-212.

葛红梅. 2007. 浅谈煤矿透水事故后外排酸性矿井水的治理. 环境科学导刊, 26(6): 64-65.

葛书红. 2015. 煤矿废弃地景观再生规划与设计策略研究. 北京: 北京林业大学.

葛雪婷. 2019. 矿业用地区土地资源生态承载力评估模型研究. 环境科学与管理, 44(6): 179-183.

顾大钊. 2013. 能源"金三角"煤炭现代开采水资源及地表生态保护技术. 中国工程科学, 15(4): 102-107.

顾康康. 2012. 生态承载力的概念及其研究方法. 生态环境学报, 21(2): 389-396.

桂和荣, 姚恩亲, 宋晓梅, 等. 2011. 矿井水资源化技术研究. 徐州: 中国矿业大学出版社.

郭风. 2016. 全球地下储气库的现在与未来. 中国石化报, 9(30): 8.

郭伟民. 2012. 试谈煤矿塌陷区的景观生态恢复与设计——徐州贾汪潘安湖景观生态恢复设计研究. 科技创业家, (19): 219.

郭文彬, 刘志斌, 马传斌, 等. 2016. 呼伦贝尔草原已闭坑露天矿生态恢复研究. 煤炭工程, 48(2): 131-133.

郭雄. 2016. 石碌铁矿炮孔破坏原因及应对措施. 采矿技术, 16(5): 60-62.

郭钰颖, 王广才, 吕智超, 等. 2017. 峰峰矿区废弃矿井充水水源判别. 煤炭技术, 36(4): 162-164.

韩保山. 2003. 废弃矿井煤层气资源开发潜力评价方法研究. 北京: 煤炭科学研究总院.

韩福文, 佟玉权, 张丽. 2010. 东北地区工业遗产旅游价值评价——以大连市近现代工业遗产为例. 城市发展研究, 17(5): 114-119.

韩贵雷, 于同超, 刘殿凤, 等, 2009. 中关铁矿涌水量计算及帷幕注浆治水方案研究. 工程勘察, (S2): 313-318.

郝建群. 2019. 谈矿山环境地质灾害现状及治理保护方法. 资源节约与环保, (2): 14.

何建民. 2016. 旅游发展的理念与模式研究: 兼论全域旅游发展的理念与模式. 旅游学刊, 31(12): 3-5.

何秋德, 陈宁, 罗萍嘉. 2013. 基于压缩空气蓄能技术的煤矿废弃巷道再利用研究. 矿业研究与开发, 33(44): 37-40.

何小芊, 王晓伟. 2014. 中国国家矿山公园空间分布研究. 国土资源科技管理, 31(5): 50-56.

何绪文, 杨静, 邵立南, 等. 2008. 我国矿井水资源化利用存在的问题与解决对策. 煤炭学报, 33(1): 63-66.

贺永德. 2010. 现代煤化工技术手册(第二版). 北京: 化学工业出版社.

胡炳南, 郭文砚. 2018. 我国采煤沉陷区现状、综合治理模式及治理建议. 煤矿开采, 141(2): 6-9.

胡炳南, 颜丙双. 2018. 废弃矿井潜在地质灾害、防控技术及资源利用途径研究. 煤矿开采, 23(3): 1-5.

胡鑫蒙, 蒋秀明, 赵迪斐. 2016. 我国废弃矿井处理及利用现状分析. 煤炭经济研究, 36(12): 33-37.

胡振琪, 卞正富, 成枢, 等. 2008. 土地复垦与生态重建. 徐州: 中国矿业大学出版社.

胡振琪, 付艳华, 荣颖, 等. 2017. 美国怀俄明州煤矿土地复垦监管实践及对中国的启示. 中国土地科学, 31(6): 88-96.

虎维岳, 周建军, 闫兰英. 2010. 废弃矿井水位回弹诱致环境与安全灾害分析. 西安科技大学学报, 30(4): 436-440.

黄炳香, 刘江伟, 李楠, 等. 2017. 矿井闭坑的理论与技术框架. 中国矿业大学学报, (4): 715-729.

黄炳香, 赵兴龙, 张权. 2016. 煤与煤系伴生资源共采的理论与技术框架. 中国矿业大学学报, 45(4): 653-662.

黄定国, 杨小林, 余永强, 等. 2011. CO_2 地质封存技术进展与废弃矿井采空区封存 CO_2. 洁净煤技术, 17(5): 93-96.

黄磊, 郑岩. 2015. 国内外资源型城市旅游业发展研究述评. 资源与产业, 17(5): 14-21.

黄孟云, 刘伟, 施锡林. 2014. 金坛盐矿工程地质特性研究. 土工基础, 28(6): 92-95.

黄平华, 陈建生. 2011. 焦作矿区地下水水化学特征及涌水水源判别的 FDA 模型. 煤田地质与勘探, 39(2): 42-46.

黄廷林, 张刚, 胡建坤, 等. 2010. 造粒流化床工艺在南山煤矿矿井水净化处理工程中的应用. 给水排水, 46(7): 62-66.

黄温钢. 2014. 残留煤地下气化综合评价与稳定生产技术研究. 徐州: 中国矿业大学.

黄元仿, 张世文, 张立平, 等. 2015. 露天煤矿土地复垦生物多样性保护与恢复研究进展. 农业机械学报, 46(8): 72-82.

黄芸玛, 孙根年, 陈蓉. 2011. 陕南汉江走廊旅游开发初始条件分析. 生态经济(学术版), (2): 198-202, 212.

黄震，姜振泉，孙强，等. 2014. 深部巷道底板岩体渗透性高压压水试验研究. 岩土工程学报，36(8)：1535-1543.

贾诚杰. 2017. 浅析采矿贫化及损失率的控制. 铀矿冶，36(S1)：37-41.

贾建国. 2006. 浅论矿山泥石流与公路工程建设. 山西交通科技，178(1)：40-41.

贾悦，王伟. 2019. 基于城市闭坑矿井资源开发问题的探讨. 科学技术创新，(17)：172-174.

江长华. 1990. 长营岭坑口矿石损失贫化管理. 矿山测量，(1)：29-30.

姜富华. 2010. 结合治淮开展两淮矿区采煤沉陷区综合治理探讨. 中国水利，(22)：61-63.

姜淼. 2013. 城市功能重构视角下的工业遗产旅游开发模式及路径研究. 宁夏：宁夏大学.

荆正军，潘恩宝，刘灿. 2017. 恒大煤矿 2132 综采工作面瓦斯抽采设计. 科技创业家，2013，(8)：113.

寇晓蓉，白中科，杜振州. 2017. 国内外矿山土地复垦质量管理对比研究. 中国农业大学学报，22(5)：128-136.

寇雅芳，朱仲元，修海峰，等. 2011. 神东矿区高矿化度矿井水生态利用处理技术. 中国给水排水，27(22)：86-89.

劳善根，胡宏，吴顺志. 1996. 矿井水处理的新途径. 煤矿环境保护，10(5)：26-28.

冷艳菊，赵宏燕. 2011.资源枯竭型城市转型的路径——以阜新市为例. 辽宁工程技术大学学报(社会科学版)，2：169-171.

黎启国，童乔慧，郑伯红. 2017. 工矿遗产的概念及其分类体系研究. 城市规划，41(1)：83-88.

李爱芳，叶俊丰，孙颖. 2011. 国内外工业遗产管理体制的比较研究. 工业建筑，7：25-29.

李宝山，肖明松，周志学，等. 2019. 针对废弃矿井的可再生能源综合开发利用. 太阳能，(5)：13-16.

李福勤，杨静，何绪文，等. 2006. 高铁高锰矿井水水质特征及其净化机制. 煤炭学报，31(6)：727-730.

李纲. 2012. 中国民族工业遗产旅游资源价值评价及开发策略——以山东省枣庄市中兴煤矿公司为例. 江苏商论，(4)：126-129.

李怀展，查剑锋，元亚菲. 2015. 关闭煤矿诱发灾害的研究现状及展望. 煤矿安全，488(5)：201-204.

李慧. 2016. 基于 AHP 的工业遗产旅游资源价值评价指标体系的构建及应用研究. 中南财经政法大学研究生学报，(5)：88-93.

李静，温鹏飞，何振嘉. 2017. 煤矸石的危害性及综合利用的研究进展. 煤矿机械，38(11)：128-130.

李蕾蕾. 2002. 逆工业化与工业遗产旅游开发：德国鲁尔区的实践过程与开发模式. 世界地理研究，(3)：57-65.

李林涛，江永蒙，郭毅定. 1999. 高硫酸盐矿井水综合处理产业化技术研究. 煤田地质与勘探，27(6)：51-53.

李念平. 1996. 利用废弃采空区处理矿井污水. 煤炭加工与综合用，(5)：43-44.

李平. 2014. 矿业：随共和国一起成长——写在共和国成立六十五周年之际. 国土资源，(10)：28-33.

李巧，陈彦林，周兴银，等. 2008. 退化生态系统生态恢复评价与生物多样性. 西北林学院学报，(4)：69-73.

李全生，李瑞峰，张广军，等. 2019. 我国废弃矿井可再生能源开发利用战略. 煤炭经济研究，39(5)：9-14.

李瑞宁，邓勇. 2015. 基于 GIS 的废弃矿井调查与规划信息管理系统开发. 信息安全与技术，6(6)：89-90.

李森林，邓小武. 2010. 基于二参数的 BP 神经网络算法改进与应用. 河北科技大学学报，31(5)：447-450.

李胜连, 张丽颖, 马智胜. 2019. 扶贫对象可行能力影响因素探析——以赣南等原中央苏区为例. 企业经济, (5): 134-139.

李天良, 周安宁, 葛岭梅, 等. 1998. 马蹄沟煤矿矿井水处理. 煤矿环境保护, 12(3): 38-39.

李庭, 顾大钊, 李井峰, 等. 2018. 基于废弃煤矿采空区的矿井水抽水蓄能调峰系统构建. 煤炭科学技术, 46(9): 93-98.

李庭. 2014. 废弃矿井地下水污染风险评价研究. 徐州: 中国矿业大学.

李同升, 张洁. 2006. 国外工业旅游及其研究进展. 世界地理研究, (2): 80-85.

李喜林, 王来贵, 苑辉, 等. 2012. 大面积采动矿区水环境灾害特征及防治措施. 中国地质灾害与防治学报, 23(1): 88-93.

李先杰, 邓文辉, 潘佳林. 2004. 原地爆破浸出铀矿山通风降氡问题初探. 铀矿冶, (4): 192-195.

李真, 丁晟春, 王楠. 2017. 网络舆情观点主题识别研究. 数据分析与知识发现, 1(8): 18-30.

李振文, 蒋伯衡. 1992. 济宁二号立井井筒施工的几个问题. 建井技术, (6): 19-22, 48.

梁登, 李明路, 夏柏如, 等. 2013. 矿业遗迹分类体系的建立. 现代矿业, 29(12): 75-77.

梁登, 李明路, 夏柏如, 等. 2013. 中国矿业遗迹研究综述. 中国矿业, 22(12): 64-67.

梁登, 李明路, 夏柏如, 等. 2014. 矿业遗迹调查、分类与评价方法初探. 水文地质工程地质, 41(3): 142-147, 152.

梁杰, 崔勇, 王张卿, 等. 2013. 煤炭地下气化炉型及工艺. 煤炭科学技术, 41(5): 10-15.

梁杰, 郎庆田, 余力, 等. 2003. 缓倾斜薄煤层地下气化试验研究. 煤炭学报, 28(2): 126-130.

梁杰, 梁栋宇, 梁鲲, 等. 2018. 一种高效煤炭地下气化炉及其构建方法: 中国, ZL201610682180.5.

梁强, 罗永泰. 2011. 天津滨海新区高端旅游业发展战略与路径选择. 城市, (12): 43-48.

廖光辉. 2016. 千米深井软煤层巷道支护技术. 山东工业技术, (17): 41.

廖重斌. 1999. 环境与经济协调发展的定量评判及其分类体系——以珠江三角洲城市群为例. 热带地理, (2): 76-82.

林忠明, 王家臣, 陈忠辉, 等. 2003. 眼前山铁矿采场南帮边坡稳定性的FLAC模拟分析. 中国矿业, (2): 43-46.

林忠生. 2006. 提高福建连城锰矿兰桥矿区高台阶爆破效果的实践. 中国锰业, (2): 45-46.

刘峰. 2017. 我国转型煤矿井下空间资源开发利用新方向探讨. 煤炭学报, 42(9): 2206-2212.

刘抚英, 潘文阁. 2007. 大地艺术及其在工业废弃地更新中的应用. 华中建筑, (8): 71-72.

刘过兵. 2002. 采矿新技术. 北京: 煤炭工业出版社.

刘华生, 胡首权. 1993. 我国应用留矿全面采矿法的现状. 金属矿山, (3): 23-28.

刘纪远, 布和敖斯尔. 2000. 中国土地利用变化现代过程时空特征的研究: 基于卫星遥感数据. 第四纪研究, 20(3): 229-239.

刘杰, 郭建新, 马子荣. 2005. 宁东矿井水综合利用可行性初探. 西北煤炭, 3(1): 42-44.

刘丽. 2012. 矿业废弃地再生策略研究. 北京: 北京林业大学.

刘秋月, 王嵘, 刘涛, 等. 2016. 徐州市潘安湖煤炭塌陷区湿地生态治理. 江苏科技信息, (27): 52-54.

刘三女牙, 彭晓, 刘智, 等. 2017. 面向MOOC课程评论的学习者话题挖掘研究. 电化教育研究, 38(10): 30-36.

刘淑琴, 张尚军, 牛茂斐, 等. 2016. 煤炭地下气化技术及其应用前景. 地学前缘, 23(3): 97-102.

刘双林, 任育杰. 2016. 废弃矿井瓦斯抽采现状分析与探究. 化工管理, (30): 56.

刘爽. 2017. 废弃矿井地下水污染风险评价. 能源与节能, (6): 107-108.

刘文革, 韩甲业, 于雷, 等. 2018. 欧洲废弃矿井资源开发利用现状及对我国的启示. 中国煤炭, 44(6): 138-141, 144.

刘文革, 张康顺, 韩甲业, 等. 2016. 废弃煤矿瓦斯开发利用技术与前景分析. 中国煤层气, 13(6): 3-6.

刘晓春, 朱志彬, 王平. 2005. 五眼桶型掏槽爆破法在五龙金矿的应用. 有色金属(矿山部分), (1): 23-24, 45.

刘晓雷. 2009. 高矿化度矿井水综合处理与利用浅析. 科技情报开发与经济, 19(29): 203-204.

刘心中, 姚德, 董凤芝, 等. 2002. 粉煤灰在废水处理中的应用. 化工矿物与加工, (8): 4-7, 41.

刘一玮. 2014. 高潜水位煤矿区水土资源协调利用研究. 徐州: 中国矿业大学.

刘艺芳, 武强, 赵昕楠. 2013. 内蒙古东胜煤田矿井水水质特征与水环境评价. 洁净煤技术, 19(1): 101-102.

龙坤, 陈庆凯, 周宝刚, 等. 2017. 研山铁矿露天爆破振动监测及分析. 科学技术与工程, 17(24): 178-183.

娄婕好, 于家策, 吴迪. 2014. 矿区废地绿化技术. 新农业, (15): 31-32.

卢殿兴. 2019. 煤化工污染及其治理措施. 化工设计通讯, 45(5): 14-15.

陆大道. 1990. 中国工业布局的理论与实践. 北京: 科学出版社.

路燕泽, 李成合, 许长新, 等. 2013. 一次成井技术在石人沟铁矿的应用. 矿业工程, 11(3): 19-20.

吕飞, 康雯, 罗晶晶. 2016. 文化线路视野下东北地区工业遗产保护与利用. 中国名城, (8): 58-64.

吕素冰, 王文川. 2015. 区域水资源利用效益核算理论与应用. 北京: 中国水利水电出版社.

吕云锋. 2010. 长春市城市空间结构的历史演变研究. 长春师范学院学报, (12): 64.

罗东华, 王敏, 徐有权. 2017. 土壤污染对植物生长的影响研究. 绿色科技, (12): 120-122.

罗萍嘉, 冯姗姗, 常江. 2007. 嘉阳煤矿工业旅游开发规划与废弃矿区的复兴. 煤炭经济研究, (11): 30-32.

罗上庚. 2003. 地下实验室——高放废物地质处置的重要研究设施. 辐射防护, (6): 366-371.

罗上庚. 2013. 德国核废物矿井处置的经验和教训. 放射性废物管理与核设施退役, (170): 4.

罗先伟, 陈庆发, 韦才寿. 2012. 逐层回采地表移动规律及建筑物采动损害评价研究. 广西大学学报(自然科学版), 37(6): 1280-1287.

马立强, 张东升, 屠世浩, 等. 2009. 利用资源衰竭性矿井建设矿业类实习基地. 煤炭高等教育, 27(3): 113-114.

马思捷, 严世东. 2016. 我国休闲农业发展态势、问题与对策研究. 中国农业资源与区划, 37(9): 160-164.

马新华, 丁国生, 何刚, 等. 2018. 中国地下储气库. 北京: 石油工业出版社.

毛旭阁. 2018. 废弃矿山采煤塌陷区土地复垦综合治理模式研究. 中国煤炭, 44(1): 132-136.

煤炭工业技术委员会. 2018. 平朔露天矿区绿色生态环境重构关键技术与工程实践. 北京: 煤炭工业出版社.

孟庆俊, 冯启言, 张淇翔, 等. 2018. 高寒地区露天煤矿生态修复区生物多样性评估. 能源环境保护, 32(3): 44-49.

孟昭廉. 1990. 北皂煤矿褐煤层发火特点及防灭火措施. 煤炭科学技术, (5): 39.

孟召平, 师修昌, 刘珊珊, 等. 2016. 废弃煤矿采空区煤层气资源评价模型及应用. 煤炭学报, 41(3): 537-544.

莫爱, 周耀治, 杨建军. 2014. 矿山废弃地土壤基质改良研究的现状、问题及对策. 地球环境学报, 22(8): 23-27.

倪维斗, 李政. 2011. 基于煤气化的多联产能源系统. 北京: 清华大学出版社.

牛学军, 谭亚辉, 苏艳茹, 等. 2013. 我国铀矿采冶技术发展方向和重点任务. 铀矿冶, 32(1): 22-26.

潘明才. 2002. 德国土地复垦和整理的经验与启示. 国土资源, 1: 50-51.

潘仁飞. 2008. 论可持续发展观下的我国煤矿城市及衰老矿区产业转型. 中国矿业, 17(4): 37-40.

戚鹏, 尚煜. 2015. 废弃矿井的生态环境问题及治理对策. 生态经济, 31(7): 136-139.

祁铭. 2018. 废弃矿井瓦斯钻孔抽采利用技术中存在的问题分析. 产业创新研究, (12): 121-122.

钱佰章. 2008. 节能减排——可持续发展的必由之路. 北京: 科学出版社.

秦容军, 任世华, 陈茜. 2017. 我国关闭(废弃)矿井开发利用途径研究. 煤炭经济研究, 37(7): 31-35.

秦树林, 朱健卫, 朱留生, 等. 2001. 含铁酸性矿井水治理及工程应用. 煤矿环境保护, 15(5): 41-43.

裘鑫林, 周如禄, 张崇良, 等. 2002. 北宿煤矿矿井水净化处理复用技术. 煤矿环境保护, 16(2): 35-37.

曲兆宇. 2011. 辽宁彰武雷家煤矿土地复垦方案研究. 阜新: 辽宁工程技术大学.

全斌. 2010. 土地利用覆盖变化导论. 北京: 中国科学技术出版社.

阙为民, 王海峰, 牛玉清, 等. 2008. 中国铀矿采冶技术发展与展望. 中国工程科学, (3): 44-53.

任辉, 吴国强, 宁树正, 等. 2018. 关闭煤矿的资源开发利用与地质保障. 中国煤炭地质, 30(6): 1-4.

桑逢云, 刘文革, 韩甲业, 等. 2019. 英国废弃煤矿瓦斯开发成功经验及对我国的启示. 中国煤层气, 16(2): 3-5.

邵炜. 2017. 基于CGE模型的水资源税问题研究. 上海: 上海海关学院.

单爱琴, 桑逢云, 孙路路, 等. 2019. 废弃矿井瓦斯资源量评估方法及其应用. 矿业研究与开发, 39(4): 101-104.

沈楠. 2016. 煤炭矿区发展循环经济的探索与实践. 煤炭经济研究, 36(2): 33-36.

石守桥, 魏久传, 尹会永, 等. 2017. 济三煤矿煤层顶板砂岩含水层富水性预测. 煤田地质与勘探, 45(5): 100-104.

石卫, 董永超, 王明秋. 2011. 地下水库建设与水资源可持续利用. 科协论坛, (11): 125-126.

石文东, 李柯, 周征, 等. 2010. 采用中部分段底部间隔装药方法降低大块率. 矿业工程, 8(5): 46-48.

石秀伟. 2013. 矿业废弃地再利用空间优化配置及管理信息系统研究. 北京: 中国矿业大学(北京).

石岩, 王泽山, 王瑞. 2012. 辽宁省红阳煤田煤下伴生铝粘土矿勘查前景及找矿意义. 地下水, 34(1): 158-159, 164.

仕玉冶, 张保祥, 范明元, 等. 2014. 肥城盆地矿井水特征识别与开发利用. 南水北调与水利科技, 12(1): 105-109.

宋爱东, 陈彦亭, 巩瑞杰, 等. 2015. 采矿设计矿岩量自动化计算研究与应用. 现代矿业, 31(2): 171-172, 177.

宋梅. 2019. 矿业废弃地地表空间生态开发及关键技术. 北京: 社会科学文献出版社.

宋飔, 王士君. 2011. 矿业城市空间: 格局、过程、机理. 北京: 科学出版社.

宋颖. 2014. 上海工业遗产保护与再利用的研究. 上海: 复旦大学出版社.

宋兆娥. 2012. 德国后工业景观改造方式与形成机制研究. 哈尔滨: 哈尔滨工业大学: 60-70.

孙红福, 赵峰华, 李文生, 等. 2007. 煤矿酸性矿井水及其沉积物的地球化学性质. 中国矿业大学学报, 36(2): 221-226.

孙婧. 2014. 发达国家矿区土地复垦对我国的借鉴与启示. 中国国土资源经济, 27(7): 42-44.

孙敬文, 王正昌. 2007. 棒磨山铁矿边坡稳定性研究. 矿业快报, (5): 53-55.

孙施文. 2005. 英国城市规划近年来的发展动态. 国外城市规划, (6): 11-15.

孙文洁, 李祥, 林刚, 等. 2019. 废弃矿井水资源化利用现状及展望. 煤炭经济研究, 39(5): 20-24.

孙旭东. 2018. 废弃矿山生态开发方法与案例. 北京: 中国标准出版社.

汤明坤, 邢满棣, 廖菁, 等. 1998. 金竹山矿井酸性水处理研究及设计简介. 煤矿设计, (5): 42-45.

汤新平. 1988. 龙头锰矿地下采矿方法浅析. 中国锰业, (5): 1-6.

唐历敏. 2007. 英国"城市复兴"的理论与实践对我国城市更新的启示. 江苏城市规划, (12): 23-26.

唐玉东. 2014. 浅谈水质中重金属污染与危害. 水利建设, (6): 154.

田山岗, 尚冠雄, 刘崇礼. 2013. 中国煤炭资源有效供给概论. 北京: 地质出版社.

田中兰, 夏柏如, 苟凤. 2007. 采卤老腔改建储气库评价方法. 天然气工业, 27(3): 114-116.

童林旭, 祝文君. 2009. 城市地下空间资源评估与开发利用规划. 北京: 中国建筑工业出版社.

涂兴子, 翟新献, 李化敏. 2002. 厚煤层分层综采技术. 北京: 煤炭工业出版社.

万典. 2018. 遂宁市主城区城市空间形态演变研究. 成都: 成都理工大学.

万继涛, 李元仲, 杨蕊英, 等. 2004. 山东省枣庄市矿山环境地质问题及恢复治理. 地质灾害与环境保护, 15(3): 26-30.

汪霄, 李曼. 2013. 民间资本参与废弃矿山治理与开发的研究. 矿业研究与开发, 33(5): 125-128.

王波, 鹿爱莉, 李仲学, 等. 2015. 矿山闭坑机制认识与思考. 中国矿业, 24(3): 54-59.

王成瑞. 2014. 徐庄煤矿高矿化度矿井水处理工艺及工程实践. 能源环境保护, 28(2): 36-37.

王春荣, 何绪文. 2014. 煤矿区三废治理技术及循环经济. 北京: 化学工业出版社.

王海庆, 陈玲. 2011. 山东省济宁市煤矿矿集区地面沉陷现状遥感调查. 中国地质灾害与防治学报, 22(1): 87-93.

王海燕. 2013. 煤矿废弃地景观更新设计研究. 煤炭工程, 9: 19-21.

王和平. 2006. 马家塔露天煤矿土地复垦与开发. 露天采矿技术, (2): 56-57.

王洪秋, 许霞. 2011. 黑山铁矿窄轨铁路运输安全生产研究与实践. 河北冶金, (12): 68-70.

王家臣, 许延春, 岳尊彩. 2009. 奥陶系石灰岩含水层钻孔隐性漏水机制与防治方法. 岩石力学与工程学报, 28(2): 342-347.

王建伟, 徐琴. 2013. 城市发展对地下空间的需求研究. 中华民居, (2): 26.

王景平. 2000. 煤炭资源开发对环境的影响及防治对策——以山东省夏庄煤矿为例. 河北师范大学学报, 24(4): 544-547.

王军, 李红涛, 郭义强, 等. 2016. 煤矿复垦生物多样性保护与恢复研究进展. 地球科学进展, 31(2): 126-136.

王军, 杨庆. 2017. 工业旅游资源概念及其特点探析——以黄石市为例. 旅游纵览, (8): 108, 110.

王军涛, 李福林, 张克峰, 等. 2012. 淄博市煤矿矿坑水水化学特征分析及处理利用研究. 科技信息, (4): 33-34.

王凯丽, 袁彩凤, 张晓果. 2018. 我国大气环境承载力研究进展. 环境与可持续发展, 43(6): 35-39.

王来贵, 潘一山, 赵娜. 2007. 废弃矿山的安全与环境灾害问题及其系统科学研究方法. 渤海大学学报, 28(2): 97-101.

王莉. 2017. 我国矿区生态安全法制建设. 北京: 中国政法大学出版社.

王起静. 2006. 旅游产业经济学. 北京: 北京大学出版社.

王青云. 2003. 资源型城市经济转型研究. 北京: 中国经济出版社.

王清明. 1978. 我国的盐矿资源及其在国民经济中的地位. 井矿盐技术, (3): 37-41.

王淑梅. 2012. 铁法矿区地质灾害监测与评价. 能源与节能, (4): 65-66, 88.

王涛. 1993. 龙口矿区矿井水资源化问题浅析. 煤矿环境保护, 7(2): 45-46.

王婷婷, 曹飞, 唐修波, 等. 2019. 利用矿洞建设抽水蓄能电站的技术可行性分析. 储能科学与技术, 8(1): 195-200.

王伟, 舒雪松. 2013. 南京栖霞山铅锌矿-625 米以浅水文地质现状浅析. 科技创新与应用, (18): 120.

王炜航. 2011. 沈阳市区采矿诱发的环境地质问题与防治. 山西建筑, 37(16): 70-72.

王文才, 赵婧雯, 付鹏, 等. 2016. 露天矿生态环境的 AHP 与模糊数学评价法. 金属矿山, (1): 142-146.

王文明, 尚志凯. 2003. 营造绿色丰碑——神华神东煤炭公司复垦绿化矿山纪实. 国土绿化, (7): 17.

王星. 2011. 煤矿塌陷影响区对高速公路影响及对策研究. 阜新: 辽宁工程技术大学.

王秀玲. 2006. 邢台矿剩余煤炭资源前景分析和研究. 河北煤炭, (1): 6-7.

王洋. 2019. 辽阳市水资源承载力综合评价. 水土保持应用技术, (3): 19-21.

王一鸣, 李凡荣, 凌月明, 等. 2018. 中国天然气发展报告(2018). 北京: 石油工业出版社.

王一鸣, 李凡荣, 凌月明, 等. 2019. 中国天然气发展报告(2019). 北京: 石油工业出版社.

工英汉. 2001. 西马煤矿煤与瓦斯突出同地质因素的关系//瓦斯地质新进展. 中国煤炭学会, 北京.

王煜琴, 王霖琳, 李晓静, 等. 2010. 废弃矿区生态旅游开发与空间重构研究. 地理科学进展, 29(7): 811-817.

王煜琴. 2009. 城郊山区型煤矿废弃地生态修复模式与技术. 北京: 中国矿业大学(北京).

王张卿, 梁杰, 梁鲲, 等. 2015. 鄂庄烟煤地下气化反应区分布与工艺参数的关联特性. 煤炭学报, 40(7): 1677-1683.

王兆峰. 2008. 区域旅游产业发展潜力评价指标体系构建研究. 华东经济管理, (10): 31-35.

王志忠, 解治宇, 解生辉. 2011. 预裂爆破技术在齐大山铁矿岩石破碎基坑施工中的应用. 现代矿业, 27(4): 82-84.

维岳, 李忠明, 王成绪. 2002. 废弃矿山引起的环境地质灾害. 煤田地质与勘探, (4): 33-35.

位振亚, 罗仙平, 梁健, 等. 2018. 南方稀土矿山废弃地生态修复技术进展. 有色金属科学与工程, 9(4): 102-106.

魏建新. 1997. 酸性矿井水处理技术综述. 青海环境, 7(3): 121-124.

魏清青. 2012. 工业旅游开发对策研究. 成都: 四川师范大学.

魏庆喜, 刘丽民. 2008. 废弃矿井煤层气来源及赋存状态. 科技情报开发与经济, (16): 119-121.

魏有惠. 2012. 辽宁省杨家杖子多金属矿田及外围二轮找矿潜力分析. 科技创新与应用, (31): 79-80.

温茹. 2015. 浅谈中国稀土现状. 科技创新与应用, (27): 99-100.

温翔. 2014. 地下式污水处理厂的设计研究. 重庆: 重庆交通大学.

巫莉丽. 2006. 德国工业旅游的发展及其借鉴意义. 德国研究, (2): 54-58, 79.
吴必虎. 2010. 旅游规划原理. 北京: 中国旅游出版社.
吴东升. 2008. 高盐高铁酸性矿井水处理研究. 煤炭科学技术, 36(8): 110-112.
吴文, 侯正猛, 杨春和, 2005. 盐岩中能源(石油和天然气)地下储存库稳定性评价标准研究. 岩石力学与工程学报, 24(14): 2497-2505.
吴相利. 2002. 英国工业旅游发展的基本特征与经验启示. 世界地理研究, (4): 73-79.
吴晓磊. 1995. 人工湿地废水处理机理. 环境科学, 16(3): 83-86.
吴吟, 吴璘. 我国煤炭落后产能及其市场化退出机制研究. 中国煤炭, 2017, 43(9): 5-9.
吴应兵, 赵永强, 高宏兵. 2009. 神经网络在潮流模拟中的研究. 中国勘察设计, (9): 44-46.
武红艳. 2010. 浅析德国鲁尔区工业遗产旅游的模式及启示. 太原大学学报, 11(3): 77-79.
武强, 崔芳鹏, 刘建伟, 等. 2007. 解读国家矿山公园的评价标准与类型. 水文地质工程地质, (4): 129-132.
武强, 董东林, 傅耀军, 等. 2002. 煤矿开采诱发的水环境问题研究. 中国矿业大学学报, (1): 22-25.
武志德, 郑得文, 李东旭, 等. 2019. 我国利用废弃矿井建设地下储气库可行性研究及建议. 煤炭经济研究, 39(5):
席建奋, 梁杰, 王张卿, 等. 2015. 煤炭地下气化温度场动态扩展对顶板热应力场及稳定性的影响. 煤炭学报, 40(8): 1949-1955.
向武. 1998. AMD 处理技术及其进展. 有色金属矿产与勘查, 7(4): 60-62.
肖晓存,韦连喜. 2008. 平煤集团矿山排水的综合利用研究. 工业安全与环保, 34(1): 12-13.
解世俊. 1982. 房柱法在不良顶板缓倾斜薄矿体中的应用. 化工矿山技术, (3): 22-24.
谢德明, 方金益. 1990. 江苏金坛盐矿特征及开采工艺的建议. 中国井矿盐, (4): 5-9.
谢和平, 高明忠, 高峰, 等. 2017. 关停矿井转型升级战略构想与关键技术. 煤炭学报, 42(6): 1355-1365.
谢和平, 高明忠, 刘见中, 等. 2018. 煤矿地下空间容量估算及开发利用研究. 煤炭学报, 43(6): 1487-1503.
谢和平, 高明忠, 张茹, 等. 2017. 地下生态城市与深地生态圈战略构想及其关键技术展望. 岩石力学与工程学报, 36(6): 1301-1313.
谢和平, 侯正猛, 高峰, 等. 2015. 煤矿井下抽水蓄能发电新技术: 原理、现状及展望. 煤炭学报, 40(5): 965-972.
谢和平, 刘见中, 高明忠, 等. 2018. 特殊地下空间的开发利用. 北京: 科学出版社.
谢娜娜. 2017. 全域旅游视角下旅游与城市发展的耦合研究. 泉州: 华侨大学.
谢平. 2006. 水生动物体内的微囊藻毒素及其对人类健康的潜在威胁. 北京: 科学出版社.
谢晓文. 1982. 介绍美国一座全自动的煤矿酸性废水处理厂. 建筑技术通讯(给水排水), (2): 45-46.
谢永俊, 彭霞, 黄舟, 等. 2017. 基于微博数据的北京市热点区域意象感知. 地理科学进展, 36(9): 1099-1110.
辛洪波. 1993. 弓长岭铁矿采场地压活动规律及控制方法的研究. 金属矿山, (9): 9-14, 47.
修海峰, 朱仲元. 2009. 神东矿区高矿化度矿井水资源化探讨. 能源环境保护, 23(6): 31-33.
胥洪成, 王皆明, 李春. 2010. 水淹枯竭气藏型地下储气库盘库方法. 天然气工业, 30(8): 79-82.
徐大海, 王郁. 2013. 确定大气环境承载力的烟云足迹法. 环境科学学报, (6): 1734-1740.

徐国良, 袁菊如, 等. 2012. 废弃矿井的综合利用. 中国人口・资源与环境, 22(S1): 360-362.

徐建文, 于东阳, 孙康. 2010. 我国煤矿矿井水的资源化利用探讨. 江西煤炭科技, (3): 92-94.

徐柯健. 2011. 北京首云铁矿工业旅游开发研究. 资源与产业, 13(2): 120-126.

徐乐昌, 任长顺, 高洁, 等. 2013. 低放废物近地表岩洞处置实践. 核安全, (1): 73-78.

徐丽生, 仪明峰. 2017. 浅析城市污水处理厂环境影响及治理措施. 建筑工程技术与设计, (9): 1977.

徐培, 陈亮亮, 高勇. 2017. 大平矿断裂构造突水危险性的研究. 工程建设与设计, (5): 71-73, 78.

徐鑫. 2016. 英德煤矿关闭政策及煤炭工业转型经验. 中国煤炭, 42(7): 96-100.

徐星宽. 2003. 邵武煤矿矿井水充水机理水害成因与治理方式分析. 福建能源开发与节约, (4): 28-31.

徐永艳. 2009. 平顶山矿区四矿矿井水资源化研究. 焦作: 河南理工大学.

徐正五. 1989. 红透山铜矿的采矿方法演变及应用评述. 有色矿山, (6): 8-11, 54.

许才. 2010. 浅析灵州矿区矿井水综合处理技术. 神华科技, 8(4): 46-48.

许广铎, 2015. 龙岩翠屏山矿区地层特征及煤层稳定性分析. 企业技术开发, 34(16): 49-51.

许金宝. 2012. 矿井水仓水位监测监控系统设计及应用. 阜新: 辽宁工程技术大学.

闫闯, 项晓丽, 崔艳. 2014. 废弃矿山引起的环境地质灾害及其防治研究. 科技资讯, 12(4): 230-231.

闫善郁, 王洪德. 2005. 矿山废水控制与处理. 煤矿安全, 36(7): 27-29.

颜亚玉. 2005. 英国工业旅游的开发与经营管理. 经济管理, (19): 76-79.

颜玉坤, 黄芳友, 蔡学斌. 2004. 任楼煤矿地下水系统的水化学特征. 西部探矿工程, (10): 89-91.

兖州煤炭设计研究院, 1990. 济宁二号矿井的设计改革及实施. 矿井开拓部署改革论文集, (S1): 14-18.

杨春和, 李银平, 陈锋. 2009. 层状盐岩力学理论与工程. 北京: 科学出版社.

杨井志. 2014. 井下采矿技术与方法的探讨. 科技创新与应用, (4): 101.

杨铭铎, 郭英敏. 2016. 国外工业科普旅游的发展对我国工业科普旅游开发的启示. 科普研究, 11(1): 63-68, 99.

杨睿, 李惠军. 2009. 基于人工神经网络的纱线断裂伸长预测. 纺织科技进展, (3): 8-9, 12.

杨仕教, 丁德馨, 李应南, 等. 2003. 七四五矿蕉坪 1 号矿体原地破碎浸出开采深孔筑堆技术研究与实践. 中国核科技报告, (2): 206-217.

杨先光, 李仕荣, 陈家蔺, 等. 2007. 中国的锰矿资源. 电池工业: 52-101.

杨潇, 马军, 杨同峰, 等. 2010. 主题模型 LDA 的多文档自动文摘. 智能系统学报, 5(2): 169-176.

杨晓坤, 秦德先, 冯美丽, 等. 2007. 广西大厂矿田三维地球化学模型的研究及应用. 金属矿山, (1): 58-59, 86.

杨永均. 2017. 矿山土地生态系统恢复力及其测度与调控研究. 北京: 中国矿业大学(北京).

杨振. 2009. 我国工业旅游产业发展特征及组织优化. 山东农业大学学报(社会科学版), 11(1): 84-89, 95.

叶婉星. 2011. 浅析矿区废弃地的景观更新与改造. 铜业工程, (3): 45-47, 37.

易晓峰. 2009. 合作与权力下放: 1980 年代以来英国城市复兴的组织手段. 国际城市规划, 24(3): 59-64.

尹国勋, 王宇, 许华, 等. 2008. 煤矿酸性矿井水的形成及主要处理技术. 环境科学与管理, 33(9): 100-102.

由世宽. 2010. 浅谈合理利用菱镁矿资源. 辽宁建材, (10): 49-50.

于志军, 孙杰, 刘天绩, 等. 2017. 废弃矿井瓦斯抽采利用技术初探——以呼鲁斯太矿区乌兰特矿为例. 中国煤炭地质, 29(7): 24-27.

余力. 1990. 煤炭地下气化的过去余与未来. 矿业译丛, (4): 1-10.

俞孔坚, 奚雪松. 2010. 发生学视角下的大运河遗产廊道构成. 地理科学进展, 29(8): 975-986.

袁航, 石辉. 2008. 矿井水资源利用的研究进展与展望. 水资源与水工程学报, 19(5): 50-57.

袁亮, 姜耀东, 王凯, 等. 2018. 我国关闭/废弃矿井资源精准开发利用的科学思考. 煤炭学报, (1): 14-20.

袁亮, 张农, 阚甲广, 等. 2018. 我国绿色煤炭资源量概念、模型及预测. 中国矿业大学学报, 47(1): 1-8.

袁亮. 2017. 煤炭精准开采科学构想. 煤炭学报, 42(1): 1-7.

袁亮. 2018. 我国煤炭资源高效回收及节能战略研究. 中国矿业大学学报(社会科学版), 20(1): 3-12.

袁亮. 2019. 推动我国关闭/废弃矿井资源精准开发利用研究. 煤炭经济研究, 39(5): 1.

翟宇, 李占五, 邓寅生, 等. 2010. 改性沸石吸附矿井水中氟离子的试验研究. 煤炭科学技术, 38(9): 121-124.

张滨, 王凡华, 郜普涛. 2014. 深部工作面顶板砂岩水害防治研究与应用. 能源与节能, (10): 139-141.

张晨逸, 孙建伶, 丁轶群. 2011. 基于 MB-LDA 模型的微博主题挖掘. 计算机研究与发展, 48(10): 1795-1802.

张成梁. Li B L. 2011. 美国煤矿废弃地的生态修复. 生态学报, 31(1): 276-285.

张传平, 高伟, 刘乐, 等. 2014. 资源型城市克拉玛依的生态可持续发展研究——基于改进的生态足迹模型. 中国石油大学学报(社会科学版), 30(6): 21-25.

张红日, 石潇, 牛兴丽, 等. 2008. 山东省矿山地面塌陷状况与恢复治理. 地质灾害与环境保护, (3): 20-23.

张洪瑞. 2013. 矿井水危害分析与治理技术. 青岛: 山东科技大学.

张建立, 沈照理, 李东艳. 2000. 淄博煤矿矿坑排水的水化学特征及其形成机理的初步研究. 地质论评, 46(3): 263-269.

张健, 隋倩婧, 吕元. 2011. 工业遗产价值标准及适宜性再利用模式初探. 建筑学报, (S1): 88-92.

张洁. 2011. 工业旅游在德国发展历程的实证分析. 安徽建筑, 18(4): 16-18.

张金山. 2006. 国外工业遗产旅游的经验借鉴. 中国旅游报. 29(7).

张径伟, 杨树旺. 2016. 我国和谐矿区评价体系构建及应用研究. 中国国土资源经济, 29(4): 33-37.

张敏. 2015. 关于加快推进非常规水源利用的可行性分析. 黑龙江水利科技, 43(11): 29-31.

张农, 阚甲广, 王朋. 2019. 我国废弃煤矿资源现状与分布特征. 煤炭经济研究, 39(5): 4-8.

张琪, 2015. 煤矿废弃地景观再造规划研究. 杭州: 浙江大学.

张仁瑞, 杨伟华, 郭中权. 1998. 国外缺氧石灰石沟法处理酸性矿井水. 煤矿环境保护, 12(1): 38-39.

张涛, 王永生. 2009. 加拿大矿山土地复垦管理制度及其对我国的启示. 西部资源, 2(15): 47-50.

张小东. 2004. 开滦矿区矿井水资源化研究. 唐山: 河北理工大学.

张永利. 2012. 菏泽市利用煤矿塌陷区建设蓄水工程初探. 水利建设与管理, 32(12): 83-84, 79.

张紫昭, 郭瑞清, 周天生, 等. 2015. 新疆煤矿土地复垦为草地的适宜性评价方法与应用. 农业工程学报, 31(11): 278-286.

章晶晶, 卢山, 麻欣瑶. 2015. 基于旅游开发的工业遗产评价体系与保护利用梯度研究. 中国园林, 31(8): 86-89.

赵峰华, 孙红福, 李文生. 2007. 煤矿酸性矿井水中有害元素的迁移特性. 煤炭学报, 32(3): 261-266.

赵景礼. 2004. 厚煤层全高开采新论. 北京: 煤炭工业出版社.

赵孟云. 2018. 北京市植被覆盖动态变化与污染气体浓度关系分析研究. 软件, 39(11): 197-201.

赵双健, 弓太生, 周浩. 2017. 矿山废弃地的再利用模式与影响因素探究. 美与时代(城市版), (1): 37-38.

赵威成, 祁向前, 叶欣, 等. 2018. 地形对植被覆盖度估算方法的影响. 安徽农业科学, 46(36): 38-41.

赵忠玲, 姜晓云, 孔德志, 等, 2016. 彭庄煤矿余热综合利用可行性研究. 煤炭技术, 35(10): 178-180.

郑斌, 刘家明, 杨兆萍. 2009. 资源型城市工业旅游开发条件与模式研究. 干旱区资源与环境, 23(10): 188-193.

郑得文, 胥洪成, 王皆明, 等. 2017. 气藏型储气库建库评价关键技术. 石油勘探与开发, 44(5): 794-801.

郑景华, 范军富. 2005. 阜新矿区矿井水净化处理的实验研究. 露天采矿技术, (4): 40-42.

郑丽丽, 郝迎成, 丁新军, 等. 2017. 基于 AVC 分析的工业遗产旅游开发价值评价. 工业技术与职业教育, (1): 86-88.

郑媛. 2012. 矿井水处理工艺在彬东煤矿的应用. 煤炭工程, (S1): 66-68.

钟能文. 2016. 翠屏山煤矿水害防治措施初探. 企业技术开发, 35(14): 175-176.

周吉光, 丁欣. 2012. 河北省矿产资源开采造成的环境损耗的经济计量. 资源与产业, 14(6): 148-155.

周建军, 虎维岳, 刘英锋. 2011. 废弃矿井含水介质场特征和水流运动特征分析. 煤炭科学技术, 39(1): 107-110.

周建军, 虎维岳, 张壮路. 2008. 废弃矿井地下水回灌模拟分析研究. 西安科技大学学报, (3): 434-438.

周士园, 常江, 罗萍嘉. 2018. 采煤沉陷湿地景观格局与水文过程研究进展. 中国矿业, 27(12): 98-105.

周小燕. 2014. 我国矿业废弃地土地复垦政策研究. 江苏: 中国矿业大学.

周志付, 魏德洲, 王中谦, 等. 2002. 沈阳红阳三矿煤中硫的赋存状态. 东北大学学报, (2): 164-166.

朱家明, 苗宇. 2019. 基于因子分析法安徽省区域经济发展水平的评价. 晋中学院学报, (4): 36-39.

朱梅安. 2013. 后工业景观的生态规划设计研究. 杭州: 浙江大学.

朱岩. 2019. 我国矿山土地复垦现状及对策研究. 国土资源, (6): 48-49.

朱英, 杨成军. 2012. 安全标准化体系在金安的独特创建过程. 中国核工业, (7): 43-45.

祝霞, 杨海霞, 蒋琪. 2015. 矿山生态修复与旅游业的融合发展. 商场现代化, (23): 129.

Argonne National Laboratory, Acres American Incorporated. 1976. Siting opportunities in the U.S. for compressedair and underground pumped hydro energy storage facilities. Buffalo: Acres American Inc.

Banks D, Younge P L, Arnesen R T, et al. 1997. Mine-water chemistry: The good, the bad and the ugly. Environmental Geology, 32(3): 157-174.

Chapin F S, Matson P A, Mooney H A. 2002. Principles of Terrestrial Ecosystem Ecology. New York: Springer.

Cravotta C A. 2008. Dissolved metals and associated constituents in abandoned coal-mine discharges, Pennsylvania, USA. Part 1: Constituent quantities and correlations. Applied Geochemistry, 23(2): 166-202.

Dufaux A. 1990. Modelling of the UCG process at Thulin on the basis of thermodynamic equilibria and isotopic measurements. Fuel, 69(5): 624-632.

Finizio A, Villa S. 2002. Environment risk assessment for pesticides: A tool for decision-makers. Environmental Impact Assessment Review, 22(3): 235-248.

Geidel G, Caruccio F T, Barnhisel R I, et al. 2000. Geochemical factors affecting coal mine drainage quality. Reclamation of Drastically Disturbed Lands, 36(2): 105-129.

Japan Atomic Energy Agencyy. 2017. National report of Japan for the sixth review meeting. Tokyo: Japan Atomic Power Compan: 10-186.

Jennings A A, Cox A N, Hise S J, et al. 2002. Heavy metal contamination in the brownfield soils of Cleveland. Soil and Sediment Contamination, 11(5): 719-750.

Johnson D B. 2003. Chemical and microbiological characteristics of mineral spoils and drainage waters at abandoned coal and metal mines. Water, Air and Soil Pollution: Focus, 3(1): 47-66.

Johnson E A, Miyanishi K. 2010. Plant Disturbance Ecology: The Process and the Response. Holand: Academic Press.

Kleinmann P L P, Crerar D A, Pacelli R R. 1981. Biogeochemistry of acid mine drainage and a method to control acid formation. Mining Engineering, 33(3): 300-312.

Lesage P, Ekvall T, Deschênes L, et al. 2007. Environmental assessment of brownfield rehabilitation using two different life cycle inventory models. The International Journal of Life Cycle Assessment, 12(7): 497.

Li Z, Ma Z, van der Kuijp T J, et al. 2014. A review of soil heavy metal pollution from mines in China: Pollution and health risk assessment. Science of the Total Environment, 468: 843-853.

Zhang X, Yang L, Li Y, et al. 2012. Impacts of lead/zinc mining and smelting on the environment and human health in China. Environmental Monitoring and Assessment, 184(4): 2261-2273.